新华人文修养丛书

中国建筑简明读本

赵逵 丁援 李纯 ◎ 著

丛书主编 要力石

新华出版社

图书在版编目（CIP）数据

中国建筑简明读本 / 赵逵, 李纯, 丁援著.
北京：新华出版社, 2016.2
ISBN 978-7-5166-1460-0

Ⅰ. ①中… Ⅱ. ①赵… ②李… ③丁… Ⅲ. ①建筑史
－中国－普及读物 Ⅳ. ①TU-092

中国版本图书馆CIP数据核字(2015)第006688号

中国建筑简明读本

作　　者：赵逵　李纯　丁援			
责任编辑：王晓娜　梁秋克		封面设计：马文丽	
责任印制：廖成华		责任校对：刘保利	

出版发行：新华出版社
地　　址：北京石景山区京原路8号　　　　邮　　编：100040
网　　址：http://www.xinhuapub.com　　http://press.xinhuanet.com
经　　销：新华书店
购书热线：010-63077122　　　　　　中国新闻书店购书热线：010-63072012
照　　排：北京厚积广告有限公司
印　　刷：北京文林印务有限公司
成品尺寸：170mm×240mm
印　　张：17.75　　　　　　　　　　字　　数：314千字
版　　次：2016年6月第一版　　　　　印　　次：2016年6月第一次印刷
书　　号：ISBN 978-7-5166-1460-0
定　　价：45.00元

引言

一、绪论

二、中国古代建筑与自然环境

三、中国古代建筑与礼制规范

四、中国古代建筑营造手法

五、宫殿建筑

六、祭祀建筑

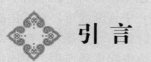 **引 言**

中国 5000 多年积累深厚的建筑文化传统，在世界建筑历史上写下了辉煌的篇章。写一本介绍中国建筑的书，面对的材料是浩瀚的，如何以简明读本的形式相对客观、完整、真实地进行书写，是笔者思考关注的焦点。

本书的特色主要体现在以下三个方面。

第一，相对客观地反映中国建筑历史，增加对南方建筑的关注。

其实，历史永远是在后人的演绎修正中逐渐成形，真实的历史却淹没在时间的长河中无法恢复。中国在冷兵器时代，一直是北方部族对南方不断入侵、统治的过程（直到明代，火器在战争中起重要作用，中国南方势力才开始崛起），北方的武力入侵，长期压制了南方文化的话语权，这必然也导致了南方文化研究的滞后崛起。中国正统历史，大多是北方统治者视野下的历史，宋以前，南方文明的灿烂多样性并不被过去的历史研究者充分认识，以至于现代大量的考古发掘，如良渚遗址、三星堆遗址、金沙遗址、巫溪遗址……对古代南方的文明，都有许多颠覆性认识。

对历史建筑的认知，也基于对历史认知的局限，过去的建筑史，多是北方帝王将相的宫宅庙堂史。建筑史界戏言，中国 70% 的地面建筑在山西，100% 的宫殿建筑在长江以北，而南方建筑的灿烂多样，却被很少论及。但是，随着当代建筑史学的研究深入，并配合当代考古挖掘的不断涌现，特别是对明清至民国的大量现存建筑的研究，南方传统建筑的重要意义逐渐显露。本书结合当代建筑史学的最新研究成果，在整书编排上，力求客观展现南北建筑的多样性和丰富性，特别是在民居、会馆、书院、祠堂等章节，展现中国传统建筑从北至南，由东至西各自不同的地域特色，这也将是本书的重要特色。

第二，注重文化线路上的建筑交流与传承关系。

中国的文化交流，可以总结出巨大的隐形文化交流带：北方的丝绸之路，南方的茶马古道，西部的川盐古道，东部的海上航道，这是中国文化交流的大环线；而北部的黄河，南部的长江，西部的汉水，东部的运河，却是中国人口稠密区最重要的文化交流的内环线，正是这内外两条大环线，孕育了中华文明的大框架，许多重大历史事件都在这两条大环线展开，而重要的古迹村镇也主要分布形成在这两条环线的主要交通线路上。中国的历史文化，在这两条大环线上衍生不息，而建筑却是无形历史文化的实物载体，历史在传统建筑的传承中得以再现。笔者的传统建筑研究视野，许多也是沿着这两条文化交流大环线展开的。

第三，关注中国历史建筑的精神表达。

中国的传统建筑研究不同于西方，西方现存的古代建筑，可以大量在古希腊古罗马中找到实物，这些遗存有着超过 2000 年的历史。而中国 2000 年前的秦汉建筑，只有在古墓文献中探索蛛丝马迹。中国古建筑遗存的窘境，一方面，由于中国 2000 多年以发展木构建筑为主，而木构不易保存，以致现存最早的建筑只有寥寥数座唐代木构留在山西；但另一方面，中国人对建筑倾注了比西方更浓厚的人文思想和个人情感，中国文人善于把无形的情感寄托于有形的物质上，而建筑不止是生活的居所，更是情感与经历的寄托。这种建筑与情感寄托互相叠加的人文情怀，使得中国建筑远不止是遮风避雨的场所，而要满足对精神层次的追求。这一方面促使中国历史上建造大量精美辉煌的建筑，另一方面，随着战争或改朝换代，建筑作为精神的宿主总是首当其冲，遭到彻底毁坏。中国古代记载大量烧城毁城事件，这在西方是不多见的，西方攻城略地过程中，城池作为战利品被保存继承下来，而中国，建筑却经常被当做对前朝思想的清除而一并清除，从项羽火烧阿房宫，到近代"文革"毁寺拆庙，无不由于国人在毁灭精神的同时，也把精神的宿主——建筑一同毁灭了。这也或许可以解释为何中国从来没有一座像欧洲遍地可见的维持上千年的完整的古城（中国的历史文化名城，大多七拼八凑，零星散布些明清建筑，很难有千年以上的建筑），中国辉煌的传统建筑，成于情感的寄托，亦毁于情感的包袱。

中国的传统建筑，有着与西方完全不同的语境和传承体系。中国古代，上至帝王下至士人、工匠、平民都参与了建筑营造活动，他们"象天法地"，使建筑环境能与自然山川浑然一体；他们注重人伦，建立了严密而又灵动的建筑空间秩序；他们充分发挥了土、木、砖、石等材料的特性，极大地丰富了建筑空间和形式的艺术感染力。那些流畅飘逸的屋顶曲线，色彩鲜明的琉璃构件，层层叠叠的梁枋斗拱，丰富而和谐的雕饰彩绘，无不显示出前人对建筑艺术本质的深刻理解。中国古典建筑以自己端庄而优雅的线形和色彩，以其深邃而稳重的空间格局，成为世界建筑史上最美丽、最典雅、最适于人类居住的建筑体系之一。

人们常常因皇家宫苑的宏伟与华丽而惊叹，为江南宅院的秀丽典雅而感动。而当我们更加深入地从不同角度去认识中国传统建筑的时候，我们甚至能从中体会到古人的内心世界，会被中国传统建筑文化所达到的精神境界所深深折服，而遗憾的是，这种精神层面的揭示，往往多是中国文人感性的吟咏，却缺少建筑者专业理性的剖析，本书希望能从专业的角度，引导读者对这种赋予传统建筑之上的独特精神气质进行诗意的探索和发现。

赵逵

2015.12.10

一、绪论

1 中国古代建筑的基本内涵

对于古代建筑，我们往往会被它的外观所吸引，特别是某一单个建筑的"样式"往往成为关注焦点。进而我们会对那些体现古代匠师精妙创意和高超技巧的加工工艺和局部细节感兴趣，比如梁架、斗拱、雕刻、彩绘等等。但建筑的艺术是一种空间的艺术，它的核心是"空间"。而且，建筑尽管有着浓厚的艺术色彩，但它并不是单纯的艺术品。建筑要满足复杂的物质和精神功能，包含极其丰富的历史文化信息，这一点在中国古代建筑中表现得尤为突出。因此，要欣赏中国古代建筑，首先要对中国古代建筑的基本内涵有所了解。

建筑的产生

人类最初的营造活动——"营穴"，古人类的洞穴仅仅是为了躲避严寒和猛兽的侵害，为自己建造一个栖身之所，与其他物种所经营的巢穴并没有根本的区别。从距今约一万多年起，气候急剧变暖，冰雪消融，洪水肆虐。于是有了尼罗河三角洲的洪水泛滥，有了诺亚的方舟，有了大禹治水的传说。大自然以它特有的方式鞭策人类走向文明，而人类的第一批真正意义上的"建筑"，作为人类文明最早的标志，也在此时开始出现在地平线上。这时的建筑已不仅仅是一个栖身之所，它已成为人类生活环境的重要组成部分。高耸的建筑成为一个标志，成为人们精神上的依托，使他们敢于远离居所，去探索更广阔的天地。尽管这时的建筑还是简单粗陋的，但人们已经朦胧地认识到建筑的精神作用和审美价值，它促使人们在此后数千年里，不断地探索营造建筑的法则，不断赋予建筑物某些特定的"语言"，以表达其精神内涵。在文字产生以前，他们就开始用建筑的语言表达对上苍的感激和敬仰，表达自己与自然、宇宙对话时的喜悦与豪迈的心情。通过建筑语言，他们把最美的诗句奉献给上苍，把自己对宇宙的理解传达给后人。

早期人类建筑活动的根本目的归结起来只有两个：满足"遮蔽性需求"和"标识性需求"。前者使人类获得更适合的更广阔的生存空间，后者使人们更确切地把握自己的时空位置，确立自己在自然界，进而是人类社会中的地位。"遮蔽性"的实现，有赖于建筑物有坚固的结构和可靠的围护，这一点即使在远古时期也不难做到。而"标识性"的实现，却成为当时的一大难题。

许多动物都有自己独特的定位方式，鸟类靠视觉，地面动物靠嗅觉，它们都可以准确地判定方向，迅速地迁徙。而非常不幸的是人类在这两方面都不发达，古人类的迁徙必定是艰难而漫长的过程。地面建筑的出现，给人类提供了一种可靠的定位坐标。随着文明的发展，人们建造了许多仅具有标示性功能的建筑，如灯塔、航标、钟鼓楼以及宗教建筑中的塔幢、钟楼、邦克楼等，前者适用于现实世界而后者适用于精神世界。要实现建筑的"标识性"，无非通过两个途径，一是高大其体量，二是提高其形态的可识别性。体量的大小受技术条件限制，不可能无限增长，而提高形态的可识别性却可以通过某种手法来实现。采用某些方法可以使建筑物从繁杂的背景中突显出来。为提高建筑物的标识性，古人开始认真地探索建筑营造的规律并试图确定建筑形式的基本规则。建筑形式规则的确立对于古人来说是一项艰难而浩繁的工作。许多建筑的规则在今天看来是理所当然的，但对于古人来说，发现和准确地把握这些规则是具有重大意义的历史事件。

古人没有现成的经典可以参阅，唯一的师法对象就是宇宙、自然。在这方面，大自然给人类提供了很好的范例。"天圆地方"的直观感受，为我们提供了易于把握的基本几何形状，日升日落的自然现象，为我们提供了方位感；山林水域为我们提供了尺度的参考；四季变换、山峦起伏让我们懂得了节奏和韵律的意义；海纳百川、众星拱月给人们作出了主从等级的示范。通过对自然的体验和实践经验的积累，人类逐渐把握了上与下、先与后、主与从等概念，掌握了大与小、前与后、中间和边缘等关系。人们发现完整的、简单而易于把握的几何形，适当的尺度变化，按一定秩序（节奏和韵律）组合排列的形体，较容易从背景中显现出来，而这一切恰恰是传统艺术的基本法则，并且也成了组织人类社会的基本原则。在山东临沂发现的东汉画像石上，我们发现有女娲、伏羲手持规、矩的图像。将人类社会的诞生和建筑设计的基本工具联系在一起，表达了古人对尺度、形状和秩序重要意义的认识，也说明古人已经认识到，建筑环境空间秩序与人类社会行为秩序的内在联系。人类对自然秩序的思考，反过来促进了自己对环境事物间的关系和秩序的理解。建筑标识性的实现，使人类的建筑环境空间具有了某种秩序和规则，从根本上区别于动物的巢穴。所谓环境空间的秩序不仅涉及物质环境层面，最终也涉及人类社会行为层面。实现这种环境秩序，有赖于建筑语言规则的确立。通过处理复杂的建筑空间和建筑构件的关系，进一步触发了对社会秩序的新的构想，也加深了人类对天、地、人、神之间关系的认识。因而，在许多古老文明中，建筑营造活动被视为建立新的世界秩序工作的一部分。建筑不仅作为部落的标志显现给族人，也作为人类的标志显现给天地神灵；它不仅用来指示人们回家的道路，也用来指示人类精神的归宿。

远在5000多年前，我们的祖先就尝试着将组织建筑空间的一些基本手法运用到建筑营造活动中，从内蒙古莎木佳祭坛遗址中我们可以看到，当时人们已经创造出十分严整的中轴线，并且沿着这条中轴线，按照一定的规则布置建筑体量，形成有严格秩序的空间序列（图1-1-1）。

在我国陕西省临潼地区的仰韶村，由于在这里发现了一处新石器时代村落遗址，仰韶村的名字就和中华文明的源头联系到了一起。由这个遗迹所代表的文化被称做仰韶文化。从发掘的部分来看，这处遗迹大致呈圆形，西南角被临河切去一块，其余部分皆有堑壕围护。有房屋遗址近百座，其中五座大房尺度远大于其余。所有房屋均围绕五座大房形成五个组团，各组团又围绕中心广场作环形向心布置。五座大房入口都朝向广场中心。遗址的布局有明确的中心，有明显的层级结构，有主从关系。它的布局手法显然和星空有关系，和古人对宇宙形态的理解有关系。

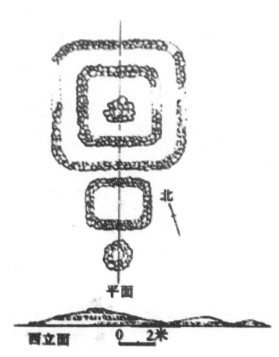

图1-1-1　内蒙古莎木佳祭坛遗址

这些新石器时代的建筑，体现了一定的技术水平，实现了"遮蔽性"的需求，同时也满足某种精神功能，具有了一定的审美价值。此时的建筑已经具备了成为完整意义上的"建筑"的基本条件。

建筑的发展演变

回顾中国古典建筑的发展历程，我们会发现其中有两个现象值得注意。第一，中国古典建筑发展至唐代木结构体系成熟，此后1000多年里其结构技术再无任何明显进步和变化。第二，自宋代起，建筑体量日益缩小，且建筑样式趋于简单化。这和我国宋、明两代经济、技术突飞猛进的发展形成了反差，好像违背了建筑发展的普遍规律。其实，和其他任何民族一样，中国早

（竖排）中国建筑简明读本

期的建筑也追求高大的体量和完整的几何形构图，也追求建筑的体形变化与和谐，也追求材料、结构技术的发展和完善。从商代到南北朝时期，中国最具代表性的建筑是所谓的"高台建筑"。也就是将建筑修建在一个个高大的夯土台基上，并且将建筑主体安置在一个几何形的，多半是方形或圆形广场的中心位置。并在此基础上形成了建筑群体组合的基本规则，比如宫殿建筑中的"东西堂"[1]制度。但早在西周时期，已出现了另一种思路。在陕西凤雏村发现过一处西周宫殿遗址（图1-1-2）。这组建筑空间布局严谨，建筑低矮，

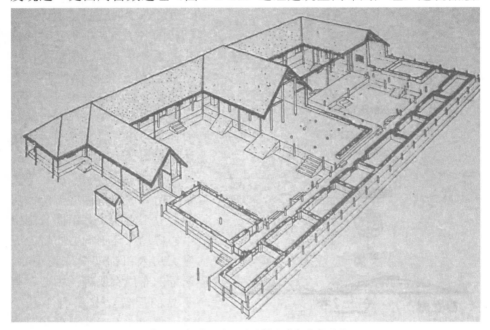

图1-1-2 陕西岐山凤雏村西周宫室复原图

所有建筑空间沿着一条南北中轴线布置，大小、朝向不同的房间围合成一个个院落，封闭的、半封闭的、开敞的空间按一定秩序交替出现，不同建筑有明确的等级关系，有严格的功能分区。这种布局手法在此后的1000多年中，并没有在建筑实践中得到普及，但在儒家经典《礼记》中被记载下来，成为西周礼制的组成部分。直到隋朝建造（《中国古代居住与住居文化》）大兴城太极宫后，这一思路才得以在实践中大范围推广，并产生了宫殿建筑中的"三朝五门"[2]制度以及合院式民居建筑。但直到唐代，建筑设计的思路仍然在"东西堂"制度和"三朝五门"制度间游移不定，唐代大明宫的正殿含元殿仍

---

1 宫殿建筑中举行大典的殿堂称"大朝"，处理日常朝政的殿堂称"常朝"。大朝居中，常朝分列东西两侧的布局方式被称作东西堂制度。
2 源于西周的宫殿布局方式，其主要特征为大朝在前，常朝在后，三朝纵列。

然保留有"东西堂"的影子，唐代建筑在关注群体关系的同时，还在追求单体建筑的高大与丰富。直到明清时期，高台建筑的影响基本消失。这时的单体建筑才变得简洁平实，而群体关系更加井然有序。

中国古典建筑的发展过程，从其思想背景来看，和儒家思想的成熟和进步有密切的关系。"三朝五门"制度实际上是儒家"礼"、"乐"思想的具体化表现，其空间体系反映出明显的君臣、尊卑、长幼、内外、主从关系，它的建筑空间关系，与儒家期望的社会行为规范所要求的个人行为模式高度吻合。同时，建筑环境与自然环境的交流也是这一建筑模式关注的问题。通过游廊、敞厅等半开放空间，人们可以方便地进入室外环境，每一个房间都可以享受到阳光、月色，可以看到树木和天空，可以享受花香鸟语。受这一思想背景的左右，中国古代的匠师们从隋唐时期起，就逐渐地把注意力从单个建筑的技术方案、艺术手法上转移到建筑群体关系上，转移到空间体系的构思上。如何使建筑环境空间与社会、与自然和谐相处成为设计思考的出发点。许多近代学者、建筑师们对于宋以后，中国传统建筑的简化与缩小发出过许多哀叹，其实多半是出于误解。

中国宋代以后的建筑匠师们设计的建筑也许小了些，但他们的眼界和胸怀更广阔，思想更深邃，对建筑本质的理解更深刻。在这里，建筑的"三要素"不再是功能、技术和艺术手法，而是"个人"、"社会"与"自然"的关系问题。从这一层面出发，现代建筑师所面临的诸如：艺术多元化，新的功能要求层出不穷、技术突飞猛进如何取舍等问题都变得无足轻重。实际上，许多现代建筑师（比如莱特）已经自觉或不自觉地尝试从这一新的角度思考问题，但他们对中国传统建筑理论和实践活动中已经取得的成果却未必了解，多数人只是在重复过去已经完成的工作。中国传统建筑理论自身也并非无懈可击，其中也有矛盾之处。要使传统理论适应现代要求，势必面临更多的矛盾。但从"个人"、"社会"、"自然"三者关系出发来思考建筑设计问题，这个思路无疑是正确的。或许，这代表着未来建筑活动发展的趋势。

2 中西建筑的比较

　　"建筑"作为科学的一种，或者更确切地说，作为一门学科，本质上应该是没有中国建筑和西方建筑的区别的——正如"物理"没有区别"中国物理"和"西方物理"一样。然而，"建筑"作为艺术和技术的融合品，它的中西之别又显而易见。有意思的是，中国传统建筑的成就，在很长的时间里不被欧洲建筑学家所认同——正如现代物理学并不推崇中国的"格物"，著名的欧洲建筑史学家弗莱切曼在其大作《世界建筑史》里将中国建筑放到了一个很低下的位置（图1-2-1）。

　　很多中国和日本的学者对《世界建筑史》里的这张图表达了不满，觉得西方建筑史家缺乏眼光。客观地看，学者们习惯的中西建筑的比较，其实只是中西传统建筑的比较。文化、环境的不同造就了世界上曾经的七个独立的建筑体系。这[1]些体系中，古埃及、古西亚、古代印度和古代美洲建筑，或早已中断，或流传不广，成就和影响相对有限；只有中国建筑、欧洲建筑、伊斯兰教建筑被认为是今天仍然发挥重大影响的世界三大建筑体系。而当今世界的建筑的确在科技的不断引领下，百川汇聚，集合到欧洲建筑的主流而浩荡向前。另一方面，要一位没有到过中国的欧洲学者理解"院落组合"、"园林意

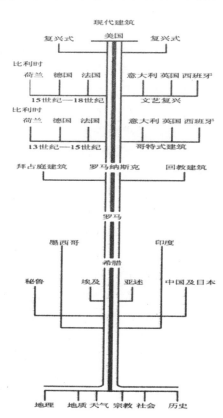

图 1-2-1 建筑树

1　附图1-2-1：建筑树（原载于英国弗莱切曼著的《世界建筑史》一书中扉页的插图，在弗莱切曼的观点中，中国及日本建筑不过被视作早期文明的一个次要的分支而已。原图有此附注：这棵"建筑之树"表示各种建筑形式主要的成长或者演进过程，实际上只不过是一种示意图：因为较小的影响不能在这样的图解中表达出来。

趣"、"天人合一"是不容易的。我们大可不必愤慨和苛责。

作为一个独特的建筑体系，中国古代建筑与欧洲传统建筑在用材、布局、审美等很多方面有着不同的处理。

选材的不同：传统的西方建筑是以石头为主；而传统的中国建筑则一直以木头为主要材料。在现代建筑未出现之前，世界上所有已经发展成熟的建筑体系，包括属于东方建筑的印度建筑在内，基本上都是以砖石为主要建筑材料营造的，属于砖石结构系统。诸如埃及金字塔、古希腊神庙、古罗马斗兽场、中世纪欧洲教堂……无一不是用石材筑成的，唯有中国传统建筑是以木材来做房屋的主要构架，属于木结构系统，因而被誉为"木头的史书"。

中西方的建筑对于材料的选择，除由于自然环境的不同之外，更重要的是由于不同文化、理念的结果，是不同的民族性格在建筑中的普遍反映：

中国以原始农业为主的经济方式，造就了原始文明中重生长、偏爱有机材料的特点。由此衍生发展起来的中国传统哲学，所宣扬的是"天人合一"的宇宙观。中国人相信，自然与人乃息息相通的整体，人是自然界的一个环节，中国人将木材选作基本建材，正是重视了它与生命之亲和关系，重视了它的生长、腐坏与人生循环往复的关系的呼应。

另一方面，采用木结构的建筑有许多优点：首先，它施工简易、工期短。其次，木结构房屋室内的内隔墙一般较少用于承重，结构空间较为自由。此外，木结构房屋有良好的抗震性能。木结构由于结构的弹性和自身重量轻，地震时吸收的地震力也相对较少，所以具有较强的抵抗重力、风和地震能力。

而西方传统建筑主要采用的是垒石结构，荷重完全是靠石墙，即使后来创造出石质的梁、柱和墙壁共同承担的，这是由于石料形体比较小、跨度不可能很大。由于墙壁用以荷重，墙上开辟门窗必然减损荷重能力，因而其门窗的位置、大小、数量的安排就受到极大的限制，门窗与墙壁构成了建筑中的一对矛盾。

设计的不同：在西方，一直以来建筑物都被人们看作是一种与雕塑无异的造型艺术。在建筑的两大构成要素——实体与空间中，西方古代建筑师们显然对建筑的实体部分更加看重，他们像塑造雕塑作品一样极力刻画着建筑物本身，在实体界面（立面墙壁、屋顶天花、地面、梁柱、各种隔断……）上做足了工夫，在造型、装饰方面取得了极高的艺术成就。

然而在中国，有一句建筑上的俗话：三分匠人、七分主人。主人其实是负责空间安排的设计师，匠人就是建筑工匠，他们负责中国古建筑的梁架、柱子、斗拱、藻井等结构部件的造型、施色，甚至彩绘。但中国建筑的主要决定权在于主人对空间的理解和安排。所以，中国建筑不可能如西方建筑一般，把建筑师的塑像置于建筑之前，或者把建筑师的头像放在建筑立面的某一位置。

有意思的是，美国建筑大师赖特第一个将中国古代哲学家老子（图1-2-2）的话拿出来说明自己的创作意图——埏埴以为器，当其无，有器之用；凿户牖以为室，当其无，有室之用；故有之以为利，无之以为用。赖特把这里的"无"称为"空间"，他在阐述其建筑理念时曾多次谈到老子，他说：

据我所知，正是老子，在耶稣之前五百年，首先声称房屋的实质不是四面墙和屋顶，而在其所围合的内部空间。这个思想完全是"异教徒"的，是古典的所有关于房屋的观念的颠覆。只要你接受了这样的概念，古典主义建筑就必然被否定。一个全新的观念进入了建筑师的思想和他的人民的生活之中。这个观念精确地表达了曾经在我的思想和实践中所抱有的想法，原先我曾自诩自己有先见之明，认为自己满脑子装有人类所需要的伟大预见，但我终究不得不承认，我只是后来者，几千年前就有人作出了这一预言。

作为异代知音，建筑师赖特隔着2400多年的岁月烟尘，以自己的方式向老子表达了敬意。这之后，西方建筑便逐渐摆脱了"造型艺术"的身份，开始被当作"空间艺术"来看待了。

图1-2-2 老子

布局的不同：从建筑的空间布局来看，中国建筑是封闭的群体的空间格局，在地面平面铺开。中国无论何种建筑，从住宅到宫殿，几乎都是一个格局，类似于"四合院"模式。中国建筑的美是一种"集体"的美。例如北京明清宫殿、明十三陵、曲阜孔庙都是以重重院落相套而构成规模巨大的建筑群，各种建筑前后左右、有主有宾、合乎规律地排列着，体现了中国古代社会结构形态的内向性特征，宗法思想和礼教制度。

与中国建筑不同，西方建筑是开放的单体的空间格局，向高空发展。以相近年代建造、扩建的北京故宫和巴黎卢浮宫比较，前者是由数以千计的单个房屋组成的波澜壮阔、气势恢宏的建筑群体，围绕轴线形成一系列院落，平面铺展异常庞大；后者则采用"体量"的向上扩展和垂直叠加，由巨大而富于变化的形体，形成巍然耸立、雄伟壮观的整体。其实，从古希腊古罗马的城邦开始，西方建筑就广泛地使用柱廊、门窗，以增加信息交流及透明度，用外部空间来包围建筑，从而突出建筑的实体形象。这可能与西方人很早就经常通过海上往来互相交往及社会内部实行奴隶民主制有关。古希腊的外向型性格和科学民主的精神不仅影响了古罗马，还影响了整个西方世界。

如果说中国建筑占据着地面，那么西方建筑就占领着空间。譬如罗马可里西姆大斗兽场高为48米，万神殿高43.5米，中世纪的圣索菲亚大教堂，其中央大厅穹隆顶离地达60米。文艺复兴建筑中最辉煌的作品圣彼得大教堂，高137米。这庄严雄伟的建筑物固然反映西方人崇拜神灵的狂热，更多是利用了先进的科学技术成就给人一种奋发向上的精神力量，以此来掩饰自身的恐惧感，将安全寄托于外界。

中国古代建筑在平面布局方面有一种简明的组织规律，就是每一处住宅、宫殿、官衙、寺庙等建筑，都是由若干单座建筑和一些围廊、围墙之类环绕成一个个庭院而组成的。一般地说，多数庭院都是前后串联起来，通过前院到达后院，这是中国封建社会"长幼有序，内外有别"的思想的产物。家中主要人物，或者应和外界隔绝的人物（如贵族家庭的少女），就往往生活在离外门很远的庭院里，这就形成一院又一院层层深入的空间组织。"庭院深深深几许"和"侯门深似海"都形象地说明了中国建筑在布局上的特征。

这种"庭院深深"的组群与布局，一般都是采用均衡对称的方式，沿着纵轴线（也称前后轴线）与横轴线进行设计。比较重要的建筑都安置在纵轴线上，次要房屋安置在它左右两侧的横轴线上，北京故宫的组群布局和北方的四合院是最能体现这一组群布局原则的典型实例。这种布局是和中国封建社会的宗法和礼教制度密切相关的。它最便于根据封建的宗法和等级观念，使尊卑、长幼、男女、主仆之间在住房上也体现出明显的差别。

中国的这种庭院式的组群布局所造成的艺术效果，与欧洲建筑相比，有它独特的艺术魅力。一般地说，一座欧洲建筑，是比较一目了然的，而中国的古建筑，却像一幅中国画长卷，必须一段段地逐渐展看，不可能同时全部看到。走进一所中国古建筑也只能从一个庭院走进另一个庭院，必须全部走完才能看完。北京的故宫就是最杰出的一个范例，人们从天安门进去，每通过一道门，进入另一庭院；由庭院的这一头走到那一头，一院院、一步步景色都在变换，给人以深切的感受。故宫的艺术形象也就深深地留在人们的脑海中了（图1-2-3）。

中国古代的"单体建筑"不同于西方的个体建筑，基本不具有独立性，单体建筑只是一处组群建筑中的一个空间使用单位或曰组群建筑的一个构成元素，这是中西方建筑在空间形态上的本质区别。例如同属宗教建筑，如果说西方的某教堂，多可以指定为一栋独立的个体建筑（其当然也包括一些配

图 1-2-3　故宫全景

属建筑在内），说中国的某佛寺却不能指为任何一栋独立的建筑物——单体建筑，而必须是指由若干栋"单体建筑在内"所组成的建筑群体——组群建筑，一般情况下也都不会联想到它的主体建筑——大雄宝殿本身，因为所有的大雄宝殿几乎是一样的形制。

中国古代有很多建筑名称，如厅、堂、楼、阁、宅、馆、轩、榭、房等，基本上都指的是单体建筑，但是这些名称本身并不代表某种固定的功能和用途，所以并不能作为或属于通常以功能来划分的建筑。只有当这些单体建筑组合在具体的组群建筑之中，按照整体组群建筑的功能性质和其在整体族群中所处的位置与环境，才能获得其本身的功能性质，并决定其形式和体量。

意趣的不同：法国文学家维克多·雨果曾概括过东西方两大建筑体系之间的根本差别："艺术有两种渊源：一为理念——从中产生了欧洲艺术；一为幻想——从中产生了东方艺术。"西方建筑在造型方面具有雕刻化的特征，其着力处在于两维度的立面与三维度的形体等；而中国建筑则具有中国绘画的特点，其着眼点在于富于意境的画面，不很注重单座建筑的体量、造型和透视效果等，而往往致力于以一座座单体为单元的、在平面上和空间上延伸的群体效果。西方重视建筑整体与局部，以及局部之间的比例、均衡、韵律等形式美原则；中国则重视空间，重视人在建筑环境中"步移景异"的审美感受，是动态美、静态美、意象美的统一。

中国的四合院、围墙、影壁等，显示出某种内向、封闭的思想倾向，乃至有人认为"中国是一个'秦砖汉瓦'的围墙的世界"；西方强调应以外部空间为主，称中心广场为"城市的客厅"、"城市的起居室"等等，有将室内转化为室外的意向。比如，始建于 1756 年的法国凡尔赛宫，其占地 220 亩的后花园与两旁对称且裁剪整齐的树木、一个接一个的水池群雕相即相融，一直伸向远方的城市森林。中国一些较大的宅院或府第一般都把后花园模拟成自然山水，用建筑和院墙加以围合，内有月牙河，三五亭台，假山错落……显然有将自然统揽于内的倾向。可以说，这是中国人对内平和自守、对外防范求安的文化心态在建筑上的反映和体现。

中国建筑尤其是院落式建筑注重群体组合，"院"一般是组合体的基本单位，这是中国文化传统中较为强调群体而抑制甚至扼制个性发展的反映，或与之有很大的关系。比如，一望无际的大大小小、方方正正的四合院，从地面上层层展开，在时间中呈现她的音韵，每一片清一色的灰色屋顶下，安住着一个温暖的家。而西方的单体建筑则表现个性的张扬和"性格"的独立，认为个体突出才是不朽与传世之作。像法国巴黎的万神庙、高达320米的埃菲尔铁塔，意大利佛罗伦萨的比萨斜塔等等，都是这一理念的典型表现。这些卓然独立、各具风采的建筑，能给人以突出、激越、向上的震撼力和感染力。

中国较为强调曲线与含蓄美，即"寓言假物，不取直白"。园林的布局、立意、选景等，皆强调虚实结合，文质相辅。或追求自然情致，或钟情田园山水，或曲意寄情托志。工于"借景"以达到含蓄、奥妙，姿态横生；巧用"曲线"以使自然、环境、园林在个性与整体上互为协调、适宁和恬、相得益彰而宛若天开。"巧于因借，精在体宜"的手法，近似于中国古典诗词的"比兴"或"隐秀"，重词外之情、言外之意。看似漫不经心、行云流水，实则裁夺奇崛、缜密圆融而意蕴深远。西方则以平直、外露、规模宏大、气势磅礴为美，比如开阔平坦的大草坪、巨大的露天运动场、雄伟壮丽的高层建筑等等，皆强调轴线和几何图形的分析性，平直、开阔、外露等无疑都是深蕴其中的重要特征，与中国建筑的象征性、暗示性、含蓄性等有着不同的美学理念。

中国园林里的水池、河渠等，一般都呈现某种婉约、纤丽之态，微波弱澜之势。其布局较为注重虚、实结合，情致较为强调动、静分离且静多而动少。这种构思和格局较为适于塑造宽松与疏朗、宁静与幽雅的环境空间，有利于凸现清逸与自然、变换与协调、寄情于景的人文气质，表达"情与景会，意与象通"的意境。宛如中国的山水画，一般都留有些许的"空白"，以所谓的"知白守黑"达到出韵味、显灵气、现意蕴的艺术效果和感染力。而西方园林中的喷泉、瀑布、流泉等，大都气韵恢宏而且动态感较强，能表现出某种奔放、灵动、热烈、前涌之势。这一点犹如中国人发明了气功（静态），而西方人发展了竞技体育（动态）一样，其间的异同与意趣，既令人困惑，又耐人寻味。

中国古代建筑与自然环境

1 中国地理环境与中国建筑

中国的地理环境特征

各民族早期文明的发展，无外乎依托农业和商业经济。纵观世界历史，多数文明古国都占据了优越的地理位置，土地肥沃交通便利，便于耕植同时具有良好的商贸条件。利用这样的"地利"可以通过商业贸易甚至战争掠夺，得以在短期内积累大量财富。如古埃及、特洛伊、古巴比伦和古希腊等。对于许多古老民族而言，战争是发展经济的重要手段，有时甚至是最为有效的手段。通过战争可以掠夺财富和劳动力，又可以控制商贸通道。这些人类文明早期的地理状况有时甚至可以决定一种文化的基本价值观和主要特征。特定的地理环境在早期文明形成过程中具有重要的意义。环地中海地区的地理环境决定了这一地区的各民族重视商业和用战争手段获取利益，而中国的自然条件则从开始就导致了中国文化重农业、重视稳定和秩序的特点。从自然地理特征可以发现，中国虽然地域广阔，气候适宜居住和发展农业，但对外交通条件却不甚理想。即使和同为农业大国的印度相比，中国古代的商业贸易条件也相差很远。在炎黄部族基本统一长江、黄河"两河流域"各部之后，对外贸易活动在当时以及后来相当长的一段历史时期中显得极其困难。主要是受限于交通和贸易对象两方面的条件。

中国有着漫长的陆地疆界和海岸线，从表面上看与其他国家和地区的交通似乎有许多选择余地，但实际上并非如此。虽然黄河与长江流域中下游各部间交通条件尚好，但与亚欧大陆其他地区的联系却有很大的问题。中国的东北方向是西伯利亚的荒原和森林，北面是利于游牧民族活动的蒙古草原和沙漠，西面有青藏高原的阻隔，东、南濒临波涛汹涌的太平洋。对古人来说，这些障碍几乎是无法逾越的。环绕中国的疆界，只有祁连山脉与蒙古的巴丹吉林沙漠之间有一条通道勉强适宜于商队和军队的通行，由于这一通道正好位于黄河的"河套"[1]地区以西，所以又称"河西走廊"。于是，中国与欧亚其他国家和地区的联系主要通道只有两条，一是从海上通过南太平洋向西经马六甲海峡进入印度洋，可抵达印度、波斯湾、红海及非洲东海岸。如欲抵达

---

[1] 黄河因受地势影响，在中游形成了一个包含了陕、甘、宁和内蒙古部分地区的"门"字形区域，被称为"河套"地区。由于河套地区水草丰美，历史上有"九曲黄河，唯富一套"的说法。

非洲西海岸及欧洲地中海地区，则必须绕过好望角。这条线路风险高、距离远，作为商业通道必须有高超的航海技术支撑。直到南宋以后，随着航海技术的进步，这条"海上丝绸之路"才开始发挥出巨大的经济效益。另一条线路就是陆路，通过河西走廊向西绕过天山山脉，有天山北麓和南麓两条通道进入中亚哈萨克斯坦和塔吉克斯坦地区。这条线路沿着戈壁沙漠，中途要翻越海拔 5000 米以上的山口，条件非常恶劣，只有驼队可以通过。直到汉武帝时期，张骞率使团出使西域才基本探明这一条通道，之后西汉名将霍去病数次远征，驱除了匈奴势力，后世所谓的"丝绸之路"才得以通行。但由于中亚一带民族众多，战争频仍，这条商路一直是时断时续。而且由于路途遥远艰险，作为商路的效率其实十分低下，它对于文化交流的作用远大于对国家经济的意义。

　　另一方面是贸易对象的问题。中国北方的大漠草原适宜于游牧民族活动。这些民族经济水平相对落后，作为贸易对象其贸易规模非常有限。且游牧民族生性剽悍，居无定所，反而对农耕地区经济发展形成了威胁。有趣的是，河西走廊这条中国早期最为重要的对外通道同时也是许多游牧民族东进威胁中原农耕地区的一个大门。中国在秦代修建长城以及汉武帝对匈奴的战争就是为了解决这个问题。至于西南太平洋地区，虽也有诸多岛国，但也同样存在经济规模偏小、经济发展水平滞后的情况。且太平洋的交通条件与地中海有天壤之别，巨大的风险和有限的贸易量，使得中国早期的海上贸易成为经济"鸡肋"。无论是海上还是陆地上，中国周边适当的距离之内，在古代几乎没有进行商业贸易或是战争掠夺的合适对象，自身反倒是一个极好的被掠夺的目标。特殊的地理环境导致中华民族没有什么"致富"的捷径，于是中国人从石器时代起就只能潜心经营农业。农业的积累需要长期稳定和平的环境，需要全社会协作以应对各种天灾人祸，需要对自然环境的深刻了解，需要对自然环境有相当的掌控能力。所有这些因素从一开始就决定了中华文明的现实主义和人文主义色彩及关注人与自然的关系、重视社会结构的稳定的特征。

　　古代中国在进行大规模商贸活动的条件上先天不足，但发展农业的条件却是得天独厚的。尤其是黄河流域和长江流域具有非常优越的农业发展条件：厚厚的土层、充足的水源、大面积的平原等。而且对于农业来说，最为有利的是长江中下游与黄河流域的雨热同季气候。也就是阳光充足、气候温暖适于农作物生长的春夏两季，正好也是雨量最为充沛的季节，这是最适合农作物生长的气候类型。相对而言，欧洲多数地区一年的降水却集中在秋冬两季，是不利于农作物生长的。正因如此，中国沿长江、黄河各地在新石器时代先后进入了农耕定居社会，早至 6000—7000 年前的河姆渡文化时期就已经发现了人工种植稻的遗存，说明当时已出现了"男耕女织"的定居生产生活模式，定居生活对建筑发展具有重要意义。虽然许多早期游牧民族也曾建造了颇为壮观的诸如祭坛或神庙类的宗教建筑，但对建筑深入地理解和精确地把握毕竟需要一个长期安定的环境，从这个角度上看，农业经济具有它的优越之处。但另一方面，农业经济也有其局限性和不利的一面，特别是在交通贸易条件不利的情况下，仅靠农业，财富的积累是非常缓慢而艰辛的。

目前中国农业经济最为发达的地区主要是中原地区、长江中下游平原和东北的三江平原，也就是所谓的"三大平原"。在隋、唐时代以前，长江中下游地区开发相对不足，而东北地区多为游牧民族控制，农业经济尚未充分发展。和我们现在看到的情况不同，那时的长江中下游地区在农业方面远不如中原地区。当时的长江中下游平原地势太低、太潮湿，土壤黏性太大，旱季土壤板结而雨季又过于泥泞，在古代的技术条件下不易耕作。中国大约是在明代人口过亿[1]，此前多数年代全国可耕地面积平均来说是足够且有富余的。各地农业经济水平的高低取决于劳动力数量和每个劳动力所能耕作的农田面积大小。华北平原和黄土高原由于土壤松软宜于耕作，单位劳动力可耕种的土地面积大大高于长江流域地区。特别是陕西一带，东、北、西三面临黄河，南面有秦岭，被称为"四塞"之地。由于中国东部地区的人们进入这一带需要向西经过函谷关、潼关等关隘，所以又被称为"关中"或"关西"。这一带有厚达十余米的黄土层，有黄河、渭河、泾河等众多河流，又有天然屏障可以依托而无须四处分兵把守，因而史称关中有"百一之利"。也就是关中地区的一个劳动力可抵得上其他地区一百个的意思。故周、秦、汉、唐四朝均选择此处作为京畿重地。

山西、河南、河北沿黄河地带地势平坦，海拔高度适宜，与中国其他地区的交通也较为便利。由于黄河中游流经黄土高原，河流带来大量肥沃的泥沙，就如尼罗河三角洲一样，这一带土地平坦且土层肥厚，水流带来的沙土透水性适中、松软易于耕作。中原地区秋、冬两季较干燥、多西北风，冬季最低温度在 -15℃ 左右；春、夏两季多雨、多东南风，夏季最高温度约 38℃。冬季降雪使得厚厚的黄土层略含水分，立春以后气温回升冰雪消融，伴随着阵阵春雨万物复苏大地一片生机。总之，中国这种"雨热同季"的气候模式是最适宜于农业耕作的，这点与欧洲夏秋干燥而冬季多雨正好相反。黄河中下游的华北平原和黄土高原都具有可耕土层厚而松软的特点，而且黄河中下游地区地势平坦交通便利。相对而言，长江中下游平原当年水网沼泽纵横，交通不便。中原各部族正是利用了这些有利条件，在技术水平并不占据绝对

优势的情况下，完成了黄河流域乃至长江流域的部分统一，形成了华夏民族的雏形。在这个过程中，炎、黄部族的贡献最为重要，因此直到今天，所有华人都尊奉黄帝为文化共祖。

今天的长江中下游经济水平已远高于全国其他地区，导致这一结果原因有三。其一是西部地区包括"关中"，数千年来逐渐变得干燥。黄土地厚实肥沃的优势没有充足的水源即无法发挥。其二是魏晋南北朝以后，随着农具进步和地方政权的开发，江南农业得到充分的发展。由于长江流域气候温暖，雨量充沛，在人口持续增长和农具不断改进的背景下，长江流域粮食和经济作物产量开始超过中原地区。三是随着商品经济的发展和航海技术的成熟，江南地区手工业和商业的水平也逐渐超过中原地区。特别是南宋以后，江南的丝绸、茶叶、瓷器贸易空前发展，导致长江流域经济水平远远超过其他地区，经济、文化中心也逐渐向南方转移。至明中期，全国经济最为繁荣的"四大名镇"：朱仙镇、汉口镇、景德镇、佛山镇，除朱仙镇处于中原范围之内，其余三个都在长江流域及其以南地区。隋朝开凿京杭大运河，就因关中粮食供给已不得不依赖江南。至明、清时期，湖广、江南已成为朝廷的粮食、财赋重地，但源自中原的文化"基因"早已根植于每个中国人思想深处。

地理环境与古代建筑

建筑风格的形成取决于自然、经济、宗教文化等多种因素，特别是与特定地域的自然条件有着密切的关系，这点在建筑发展初期尤其明显。中国传统地理学包含有自然科学和人文科学的双重内涵，其中人文科学内涵的地位甚至高于自然科学的内涵。中国各个新石器文明证实，至迟在5000年前，有关宫殿建筑的基本技术和艺术手法已分别体现在各个史前文明的建筑之中。中原的自然环境条件以及由自然条件决定的发达的农业经济无疑成为夏、商两朝筛选和融合这些技术手法的重要依据。我们的祖先在7000多年前已经进入农业社会，至商代已有3000多年历史，但直到商代我们的宫殿建筑依然只是一些"茅屋"而已。我们在夏、商两代的建筑遗迹中没有发现过砖、瓦的遗存，说明当时的宫殿建筑只用了土、木、草等原始材料，与石器时代的仰韶、龙山文化建筑相比，就材料来看并没有太大进步。而就在中国的商代，埃及人已经开始在吉萨修建金字塔群，著名的胡夫金字塔就是这一时期的作品。比较之下我们就可以发现，仅仅依靠农业经济的积累是多么艰难。

农业经济本身就是现实的，虽然比较稳定却又积累缓慢。人们在从事农业生产的时候，除了春天向上苍祈求一个好年成，秋天庆贺一下丰收以外，只有靠自己的双手辛勤劳作。谁都清楚，农业生产不能指望有什么奇迹发生，财富要靠几代人的辛勤劳动加上节俭的生活才有可能积攒起来。这就使得我们的先民们对待建筑的态度也非常现实和理性。在夏、商两朝的宫殿建筑遗址中，我们没有发现建筑上有任何"可有可无"的物件的迹象。实际上这种现实或者说是"真实"的建筑风格一直保留到了明清时期，也就是保持了4000多年。但是，朴实的建筑风格并不妨碍对建筑艺术和技术手法的探索。恰恰相反，在排除了那些让人头晕目眩的奢华装饰之后；在放弃了对虚伪夸张的体量和造型的追求之后，展现在人们眼前的才是建筑的本质。在夏、商代建筑粗陋的外表下，我们不难发现，当时人们对建筑形式美的基本法则的掌握能力已不亚于任何其他民族的建筑师。夏、商两代的建筑已经完成了"列柱围廊"式的单体建筑外观，已能自如地运用多种空间艺术手法，营造以宫殿建筑为核心的由门、廊、院和正殿组成的、通过主轴线组合起来的建筑空间体系。在技术方面改进了木结构屋架系统，完善了河姆渡人发明的榫卯结构，布设了工艺精致得令人难以置信的排水管网系统（图2-1-1）。

图 2-1-1 殷商时期的陶质排水管

在装饰方面沿用了源于龙山文化的白灰抹面做法，为保护木构件，发展了建筑木构件髹漆技术。所有这一切，都为后代的宫殿建筑奠定了技术基础。

中原地区的气候是非常适合于古代农业发展的，但人和庄稼对气候的要求并不完全相同，也就是说中原的气候并不舒适宜人。雨热同季的气候意味着夏季湿热，这种气候对于刚从冰川中走出来的人类来说是极不舒适的。于是中原的宫殿建筑在确保遮风避雨的前提下必须建造得轻盈、通透，有良好的通风条件，同时又能很好地遮蔽阳光。这样的要求并不算高，许多热带民族的非常简单的建筑都能满足这些条件。问题在于中原地区的冬季却又寒冷无比。由于受西伯利亚寒流的影响，中国黄河、长江中下游地区温度比起世界其他同纬度地区要冷得多。我们以北京为例，与北京冬季平均气温相近的城市有：海参崴、莫斯科、魁北克、底特律、雷克雅未克（冰岛首都）等等。这些地方纬度比北京要高得多，像雷克雅未克几乎就挨着北极圈，但由于海洋环境的原因气候相对温暖。多数古文明发祥地气候都是非常优越的，比如两河流域、古埃及和爱琴海地区，有些地方人们几乎可以终年待在室外，至多是找个大树遮蔽一下盛夏的阳光。印度大部分地区也是雨热同季气候，夏季湿热，但冬季气候却远比中原温暖。即使是气候不太让人喜欢的英国，虽然冬季阴冷但夏季却非常舒适。而中国宫殿建筑却必须应对几乎是"从赤道到北极"的所有气候问题。由于中国宫殿建筑的世俗性，作为一个民族建筑的最高代表，比起其他民族的神庙或教堂来说对居住舒适性的要求却偏偏是最高的。

为了解决舒适性的问题，中国古人对宫殿建筑的形式和技术作过反复探究。首先就是选址的问题，最好是冬天能够"避开"西伯利亚寒流，又要在夏天能够通风散热。中原地区冬季多西北风而夏季多东南风，故坐北朝南、背山面水就成为最理想的居住建筑基址。建筑本身如要解决潮湿和炎热的问题，必须高敞通透，最简捷的方案就是将房屋建在高高的台基上面，同时要有灵活的墙面，也就是墙面可以方便的拆装。这些要求听上去就很复杂，我们现在的建筑也不容易做到。对于古代建筑来说就更加困难，最困难的就是墙面的灵活性问题。由于多数古代建筑体系都是由墙体承受屋顶的重量，直到钢筋混凝土框架结构技术成熟，墙体才基本得到解放，这是 20 世纪以后才成熟的技术。为满足墙体灵活性要求，中国古代建筑从一开始就只能选择木材作为结构材料，并采用木屋架结构，在这样的结构体系中除了柱子作为屋面的支撑，其余墙面都可灵活处理。现代建筑的四位大师之一，法国建筑师勒·科布西耶于 20 世纪初在他的《走向新建筑》一书中提出了"新建筑五点"，内容大致是："底层架空；屋顶花园；自由的平面；自由的立面；带形的长窗。"这些特征都是针对当时刚刚出现的钢筋混凝土框架结构技术提出来的，显示出一位现代建筑先驱对于建筑墙体得到解放以后的兴奋情绪。但我们看一下 7000 年前的河姆渡建筑就会惊奇地发现，除了在屋顶建造花园这一条由于河姆渡建筑采用的是坡屋顶而无法实现，除此以外，河姆渡建筑可以满足新建筑五点中的其余四点。中国传统建筑一直保留着这种灵活性，不仅墙体可根据需要灵活布置，甚至有部分墙体被做成花格、壁板可随时安装拆卸。高台上的开敞的木构建筑，就是台榭建筑的准确注释（图2-1-2）。

图2-1-2 春秋台榭建筑效果图

台榭建筑无疑解决了夏季湿热的问题，但却是"高处不胜寒"。台榭式宫殿建筑不得不采取各种采暖设施，抵御来自西伯利亚的寒流。人们最早发现和使用煤炭就和台榭建筑的采暖有关。据记载，曹魏铜雀台中："北曰冰井台，亦高八丈，有屋百四十五间，上有冰室，室有数井，井深十五丈，藏冰及石墨焉。石墨可书，又然（燃）之难尽，亦谓之石炭"《水经注·浊漳水》（图2-1-3）。古人将煤炭称为石墨或石炭，知道它"燃之难尽"。但这样的建

图2-1-3 铜雀台复原图

筑成本高昂，不仅是建造成本，使用成本也太高。并且采用这种大量消耗能源的强制制热方式也不符合中国人历来"顺其自然"的传统思维方式。合院式建筑的兴起与解决建筑舒适性难题也有一定关系。围合的院落和坐落在北面的大堂有利于挡住部分寒冷的北风，主要房屋的南面开敞，冬季阳光充足而夏季则南风通畅，屋檐下的敞廊和庭院中的树荫是夏季纳凉的最好去处。

在合院式建筑中，庭院的重要性不亚于厅堂，但院落中的私密活动暴露在外人面前是不太雅观的，特别是在夏天袒胸露背的时候。所以中国的合院建筑必须有影壁和多重门墙的遮蔽，这也成为中国古代建筑"门堂制度"形成的因素之一。

合院式建筑成为后世中国建筑的主流，有自然环境气候等原因，但更重要的是文化传统因素。通常人们认为合院的产生是一个再简单不过的过程：人们先选择一个最好的朝向建造了一幢房屋，当需要扩建时，在它的对面再建一幢，然后是东西两侧，于是就自然形成了四合院。这个分析并不适合于中国四合院的产生，其理由有二。其一，在中原气候条件下，朝向是非常重要的，将所有房屋保持南北向，沿着轴线一路建成一列更为合理。这样布局的村落在湖南南部、广东北部的山区是确实存在的，这些地方相对闭塞，很可能还保留着远古遗风。其二，在二里头文化和商代遗址中，南北向的殿堂前都有一个庭院，这个庭院是用柱廊围合而成的，并非由房屋围合自然形成的，而是"为庭院而庭院"。在中国传统建筑特别是宫殿建筑中，"庭"的地位非常重要，它是传统礼仪文化的体现。在汉语中，家庭、门庭、法庭、朝廷[1]等以"庭"字为落脚点的词汇涵盖了社会结构的几乎所有层面，在宫殿、庙宇等建筑中，"庭"的地位与房屋相同或更高。因此，中国传统建筑中庭院并非房屋建筑的"副产品"，相反，合院建筑中的房屋是为形成庭院而布置成围合状态。

自然环境并非决定建筑风格的唯一因素，甚至不一定是最重要的因素。但在中原地区这种比较特殊的环境下，它确实发生了特殊的作用。在长江流域也有四合院式建筑，但它演化为狭窄高耸的"天井"比中原地区的四合院更节约用地，而且高耸的天井有"拔风"的作用，利于夏季通风散热。古罗马也有四合院，但它与其他居室的关系并不密切，不具备空间组合中的统帅地位。同样是合院式建筑，出现在气候不同的地方，它们之间的差异也不见得仅仅是为了解决舒适性问题。有些时候，自然环境会通过其他的方式和途径对早期建筑产生间接影响，比如影响到人们看待世界、看待人类社会的方式进而影响到建筑的技术途径等。由于中国传统文化对自然、对人与自然的关系极端地看重，中国宫殿建筑的发展就必然与自然环境有着各种不同层面的联系。

---

1 "廷"与"庭"字义相同，朝廷的"廷"去掉广字头是为表示对朝廷地位的尊崇。

❷ 中国建筑中的"仙境"意象

自然地貌的启示

"地理"一词在中国古代文献中最早见于《易·系辞上》："仰以观于天文，俯以察于地理。""文"与"理"在此含义相近，即"纹理"的意思。在天为文，在地为理，都是指事物外在的纹样或机理。而"理"又有事物内在规律即"道理"的意义。因而在汉语中"地理"这一词汇我们也可理解为"大地所体现的道理"。在"天人合一"这个思想背景之下，"大地所体现的道理"不仅是自然科学意义上的道理，更重要的是"自然之道"对人类社会的启示意义。

人类与自然界的关系最直接地体现在人与人们生存的这片大地之间。中国自然地理条件十分复杂，山川河流众多，高山、丘陵、沙漠、草原、森林、沼泽等地貌条件一应俱全。这里有世界最高的山脉、欧亚大陆上最长的河流。由西部的青藏高原至东南沿海，海拔高度差竟然达到5000米以上。古老的中华民族就由分布于这片广袤疆域上的数以千计的原始部落融合而成。"禹之时，天下万国，至于汤而3000余国"[1]，"昔者周，盖千八百国"[2]。不同部落带来了不同地域的环境信息以及基于不同自然环境而产生的不同的习俗和信仰，当然也带来了矛盾与冲突。中华民族的融合过程早在5000年前就已启动，那时的人们不得不以石器时代相对简单的知识和技术面对这片全世界最复杂的大地上发生的人类历史上最为复杂的民族大融合。中国人传统的地理观念就产生于这样一个风云激荡的时代背景之下。

人们意识到自然环境特别是地理环境所带来的文化差异，那么解决的方案就是设法消除这个差异。当然，各地自然环境的差异绝不是人类的力量可以消除的，人们可以做到的是缩小由自然环境所带来的思想上的差异。当时在中原地区的黄帝部落在经济发展上取得了优势，成为最大部落联盟的盟主。于是，这次大融合的任务将主要由他们来主持完成。他们没有采取强制统一宗教信仰或消灭异教徒的方法，而是试图采用一个更巧妙的方案，那就是建立一个统一的、各部族人民一致认可的"神界的框架"，将各部落掌握的局部

1　《吕氏春秋·用民》
2　《汉书·贾山传》

的宗教信仰纳入这个统一的大框架之中。在万物有灵的泛神崇拜时代，要给诸多的山神、水神建立起秩序，首先就要完成全国的地理模型。出于这样的目的，中国传统的"地理学"从一开始就带上了浓重的人文色彩。而地理环境又不可能孤立地影响人类，它总是和气候密切相关的。因此，从开始关注地理问题，中国人就强烈地意识到，我们很难抛开人文、天文孤立地谈论地理，这也是中国传统的天、地、人整体宇宙观的发端。

早期人类对山岳有着特殊的情感，旧石器时代人们就埠陵而居，面对平原旷野上的洪水猛兽，山是人们安全的庇护所。对于文明初期那些敢于走向平原的部落居民来说，对山上先祖们的遥远记忆加上"山"的没入云端的神秘面貌，"山"自然成为人们心目中神圣的具有某种神秘力量的地方。高耸入云的崇山于是成为可以与上天和祖先交流的神圣场所。当然不是所有的山都具有这种神秘力量，这种力量也不仅是由山的高度决定的，"山不在高，有仙则灵"。《山海经·大荒西经》记载："大荒之中有山，名曰丰沮玉门，日月所入。有巫山、巫咸、巫即、巫盼、巫彭、巫姑、巫真、巫礼、巫抵、巫谢、巫落，十巫从此升降，百药爰在。"这里记载的"丰沮玉门"究竟在何处我们根本无法考证，想是当时人们所能达到的最西边的高山，所以是"日月所入"的地方。只有"巫×"可以登临此山，与天交流，而且可以带回解除病痛的"百药"，这对古人来说就更为神秘了。在那个"天下万国"的时代，各国或许都有自己的"圣山"，都有自己的"巫×"。

各部族对于各自的"圣山"或祖先的崇拜不是什么大问题，但"巫×"们从各自的"圣山"上随意地在天地间"升降"就会带来大麻烦。如果所有部落都能直接得到"天意"就意味着谁都可以借口天意发动战争，这正是盟主部落要解决的首要问题。所以盟主要做的第一件事情就是"绝地天通"。首先实施这一措施的是帝颛顼。据《史记·五帝本纪》记载："黄帝子昌意，昌意居若水娶蜀山氏女，昌意生高阳，黄帝崩，葬桥山。其孙高阳立，是为帝颛顼。"颛顼是黄帝的孙子，黄帝部落首领和盟主的继任者。这一次变革或者叫宗教改革在中国文化史上占有极为重要的位置，它为中国地理观念的形成乃至未来国家的建立奠定了基础。所谓"绝地天通"的变革在中国早期历史上进行了不止一次，每次变革的目的并不完全一样，帝颛顼的这次变革具有开天辟地的意义。

它使人们清楚地解"神"的"主次之位"，了解山川、神祇、祖宗、姓氏的出处和上下等级秩序。同时建立天地神民类物"五官"的政治制度，五官各司其序，使"人"与"神"的关系不再混乱，从而达到"民神异业"，人们对神"敬而不渎"的境界。帝颛顼在这次变革中，并没有直接完成由多神崇拜向一神论的转变，而是建立了一个包容了各部族所崇拜的自然神的宗教体系，同时由本部落垄断了这个体系的顶端，即"通天"的权力，从而向天地人合一的整体宇宙观迈出了关键的一步。对于这个新的众神体系来说，最好是有一个完整的地理学模型与之对应，有一个对天下人都具有说服力的圣山作为唯一的通天场所。这就需要对天下建立一个整体的地理模型，以确定天下山川河流的高下、主次、先后、内外等关系。在当时的条件下，人们要想解决这一问题在技术上无疑会面临极大的困难。

关于我国最早的地理典籍《山海经》的成书年代学界看法不一。"唯殷先人人有册有典"，称其成书于夏代的可能性不大，但其中无疑保留了许多上古时期的地理观念。《山海经·大荒经》中记述了众多的"通天"神山，例如：大言山、明山、鞠陵、孽摇群羝、壑明俊疾、方山、灵山、日月天枢、吴姖天门、大荒之山以及前文提到的丰沮玉门等等。这些山究竟坐落何处，今天几乎全都无法核实，极有可能都是上古时期各部族崇拜的"神山"。而《山海经·海内西经》记载有关于昆仑山的信息："海内昆仑之虚，在西北，帝之下都。昆仑之虚方八百里，高万仞。上有禾木，长五寻，大五围。面有九井，门有开明兽守之，百神之所在……"关于昆仑山的坐落方位《山海经·海内西经》亦有记载："西胡白玉山在大夏东，苍梧在白玉山西南，皆在流沙西，昆仑虚东南。昆仑在西胡西，皆在西北"。根据这段描述，大夏和苍梧之间大致相当于现在的新疆与广西、贵州之间，也就是现在被称为青藏高原的这片区域。昆仑在其西北方，也就是青藏高原北部。也许是现代地图沿用了古代的山名，《山海经》所说的昆仑山方位与现代地理上的昆仑山脉大致吻合。

对照现代的中国地图就会发现，昆仑山的确位于青藏高原北部，长江、黄河源头以西。中国山脉河流大都由这一带发源，呈树状向东"生长"出去。其中向北一路有天山山脉、阿尔泰山山脉、大、小兴安岭山脉直达日本海；中部则有祁连山脉、贺兰山脉、阴山山脉、太行山脉、燕山山脉沿黄河北岸直达渤海；黄河南岸沿线则有六盘山、秦岭、至泰山抵达黄海之滨；南边起始于长江源头的巴颜喀拉山脉向东分为两枝：一枝沿大雪山、大娄山、大巴山、大别山山脉抵东海；一枝经乌蒙山、苗岭、雪峰山、五岭山脉直至武夷山脉。整个中华大地的山形地势如同一棵大树，根部就是"昆仑山"。昆仑山位于中华大地最西端"日月所入"的方位，是华夏地区山川河流的总源头，其高不可测，其遥不可及。无论从哪个角度看，只有昆仑山具有成为中华众山之朝宗的条件。

昆仑山远处华夏西陲，关于它的传闻多半来自当时由河西走廊进入中原的游牧民族。昆仑山与华夏文明的联系与《穆天子传》一书的流传有关。该书最早于西晋时期一座魏国墓葬中发现，由于其内容离奇长期被当作后人编撰的神话看待。近年发现穆王时期的礼器"班簋"，铭文中记录有《穆天子传》中提到过的穆王时期的大臣毛班，人们因而认为它是相当古老的文献，也使得这个故事具有了一定的真实性。《穆天子传》讲述了周穆王西巡登昆仑山的故事，其中提到"天子登昆仑之丘，以观黄帝之宫"的情节，从此将昆仑山与华夏文明联系起来，也将中国人文与地理的宗祖黄帝与昆仑联系在一起。此后，昆仑山作为中国传统地理观念中的山脉之源，迅速与早期地理学说融合。汉代的马融将中国山脉分布归纳为东西向的"三条"，其弟子郑玄则将中国山脉归纳为东西向的"四列"，这两种学说与实际地理状况都能大致吻合。至此，中国总体地理模型得以完成，中华大地上的各山脉、河流与各州、郡城池的地理状况和相互关系有了完整的描述。当然大地不可能孤立地存在，人们通过上一章提到的分野理论建立了地理与天象的关系，于是中国传统观念中的宇宙自然——"天"的形象变得丰富而具体起来。

地理与"仙境"意象

黄帝与昆仑山实现了人文与地理的完美结合，在之后的年代里得到广泛的认可和进一步发展。这一理论如果出现在"天下万国"的时代能起多么大的作用我们很难想象，但它出现得好像是晚了些。周穆王的时代正值西周鼎盛时期，轰轰烈烈的民族大融合工程至此已告一段落，中华民族早已由"神话"时代进入"仙话"时代。华夏大地理模型的完成，促使中国的人文地理"风水学"的完善和系统化，使得"择地而居"的技术方法从过去局部的感性经验条文发展为完整系统的理论体系。中国上古时代的帝王具有人与神的双重属性，宫殿建筑也面临着体现"神性"还是"人性"，是"象天"还是"亲民"的矛盾。"仙"的概念在某种程度上调和了人与神的矛盾，提供了一个天人之间的新境界。而黄帝的昆仑"仙话"更是为宫殿建筑提供了全新的审美模式，找到了一个天地之间的"适中的"位置，为人间的宫殿建筑表现天地之"大美"提供了一个更具可操作性也更具美感的范本。

汉代关于昆仑山有这样的描述："掘昆仑虚以下地，中有增城九重，其高万一千里一十四丈二尺六寸。上有禾木，其修五寻。珠树、玉树、琔树、不死树，在其西；沙棠、琅玕在其东；绛树在其南；碧树、瑶树在其北。旁有四百四十门，门间四里，里间九纯，纯丈五尺。旁有九井，玉横维其南北之隅。……昆仑之丘，或上倍之，谓之悬圃，登之乃灵，能使风雨。或上倍之，乃维上天，登之乃神，是谓太帝之居。"[1]

---

1 《淮南子·地形训》

这段描述说道：昆仑山的"太虚幻境"有九层高大的城池拔地而起，高达一万一千里。上有珍奇树木，树上结满诸如：珠、玉、碧、瑶、琬等奇珍异宝。城池周围开设四百四十座城门，门间距四里。城旁有九个井，玉桥联系其南北两端。向上攀登一倍高度可达昆仑巅峰，是一个空中花园，在那里可以呼风唤雨。再登高一倍即可达"神"的世界，是天帝的居所。关于昆仑山类似的描述屡屡出现在不同时期的史籍中，其中描述文字或有不同，但有个总体趋势就是关于昆仑山"通天"功能的描写越来越"浮皮潦草"，关于"仙境"的美妙之处的细节描写越来越丰富和具体。

《博物志》关于昆仑的描述："地南北三亿三万五千五百里。地部之位，起形高大者，有昆仑山，广万里，高万一千里，神物之所生，圣人、仙人之所集也。其山中应于天最居中，八十城布绕之。"这段文字的昆仑山规模与《山海经》中相近，但在突出它是天地之最中心的地位之外还强调了它是"神物所生"、"仙人所集"的地方。关于昆仑仙人的形象在《拾遗记》里有更为生动的描述："昆仑山有昆陵之地，其高出日月之上。山有九层，每层相去万里。有云色，从下望之，有城阙之象。四面有风，群仙常驾龙乘鹤，游戏其间"。这里的仙人们居然是驾鹤乘龙"游戏"其间，这样的描述实际上反映了当时人们对一种理想的世俗生活的想象和向往。

这些关于昆仑的描写都强调了它通天的特征，可以直达"太帝之居"。这反映了华夏民族几千年来寻求一个共同圣地的初衷。但它的氛围与我们对于这样一个神圣场所的想象似乎有所不同，它没有那么严肃和崇高。它风景优美，布满奇花异卉，而且有成群的仙人"游戏其间"（图2-2-1）。

关于黄帝"成仙"的故事在中国几乎是尽人皆知：一条黄龙来迎接黄帝前往昆仑仙境，群臣纷纷"攀龙附凤"以至龙须被扯断，掉下来的人为失去成仙机会而痛哭。古人对于这个神圣时刻的描写竟然如此幽默。世界各个古老民族都有将自己"先贤"列入"神界"的习惯，黄帝作为中华文明初祖却被列入"仙班"。原因在于至西周穆王的时期，人们已经过了长期的和平安宁生活，"天下万国"时面临的信仰

图 2-2-1　仙游图

危机已不复存在。即使是战乱频仍的春秋战国时期，人们关心的问题也早已从统一信仰避免宗教冲突转为寻求更理想的自然生活环境和社会生活模式。以昆仑山为中心的华夏地理模型从凝聚人心的宗教工具转而成为中国传统环境美学的理论基础。

"仙"字为左右结构，左侧是"人"右侧是山，含义是"山中的人"，其深层含义是与自然和谐相处的"人"。人们虽常将"神"与"仙"合称"神仙"，但"神"和"仙"是有本质区别的。在古人心目中，"神"和"仙"的共同之处在于都不受生老病死的约束，都拥有某些超自然的力量，除此之外并无共同之处。"神"是有责任有职务的，"仙"则自由自在无拘无束；人们对"神"只能顶礼膜拜，对"仙"的境界则是可以向往的；"神"与人有明确的界限，"仙"也称"仙人"，从根本上说也可以是"人"之一类。人们也将那些在山中修行道德高深的人称为"真人"，也就是真正的人。"仙"就是摆脱了物质和精神羁绊的，可以自由地遨游于天地之间的真正的人，所以对"仙"的境界的向往本质上不同于对"神"的崇拜。"仙"的境界与德国戏剧家席勒所说的"自由的游戏"的境界有类似之处，是一种具有审美意义的境界。从人们对仙山、仙人的描述就可以看出神与仙的区别：仙山不如神山、圣山那么神圣崇高，它们的环境特征是风景优美而且气候宜人；仙人没有上帝、诸神那么严肃认真，他们的品格特征是风度优雅而且行为自由。

"仙"的境界为人们提供了一个几乎可以企及的理想生活模式，这一模式抛开诸如追寻"不死药"这样一些与日常生活不相干的迷信因素之后，它对人们的世俗的物质和精神生活提出了许多至今看来仍是"先进"的观念。它强调人与自然的高度和谐；提倡个人品行修为达到"内心自在"的精神状态。从外在环境到内心境界；从物质层面到精神层面对人们的生活提出了"美"的要求。仙境的构想为皇家建筑提供了绝佳的思路。自春秋时期开始，各国宫殿开始直接模仿传说中的仙境，有黄帝的昆仑也有舜帝的"九嶷山"。不过这时的"仙境"还没有完全与"神界"脱离关系，它们多半与历代先帝这样的"半神"有关。"仙境"也没有完全解决"可行性"的问题，由于"通天"功能留下了尾巴，仙境太高了，高得让人望而却步。

黄帝去了最西边的昆仑山，黄老学说却出自最东边的齐国稷下学宫。五岳之一的东岳泰山位于齐地，但泰山虽美却与人间没有保持足够的距离，于是齐地的方士们又"设计"了一个更美妙的仙境。这是一组位于东海上的"仙岛"——蓬莱、瀛洲、方丈。这个有山、有水、有奇花异草的海上仙境地方比起昆仑山来更具现实意义，因为它们尺度适宜、距离恰当，而且这个地方与"三皇五帝"没有关系，它完全不属于任何"神"，它也不再企图在高度上"通天",而是一个实属于"天人之间"的地方。"仙境"中的环境素材实际上多数来源于现实生活而又高于现实生活,对"仙境"的模仿使宫殿建筑"象天法地"的手段中增添了自由创作的内容,宫殿建筑环境设计进入了"创作"阶段。仙境这个由原始宗教和地理学研究带来的"副产品"成为战国、秦、汉时期宫殿建筑最重要的主题之一。虽然唐代以后宫殿建筑营造思想和建筑风格都出现了很大变化,但直到明清时期宫殿建筑仍保留了许多神仙文化的痕迹,例如模仿"神仙海岛"的皇家园林部分,以及来自昆仑和蓬莱传说中的陈设品(图2-2-2)。

图2-2-2 "金銮殿"上的香炉、仙鹤等陈设品

古代建筑对"仙境"意象的表达

古代文明对山的崇拜大都和洪水的记忆有关,山是躲避洪水最好的避难所,旧石器时代遗迹多在山区坡地附近,新石器遗迹才逐渐由近山的平原沿着河流向平原发展。因而各个古文明都保留了对山的美好而神圣的回忆。就如古希腊人对奥林匹斯山的崇拜一样,中国古人对昆仑山的敬仰也是由来已久,在殷商甲骨文字中就有"昆山"的字样。殷墟的宫殿建筑遗迹显示,当时的宫殿建筑群坐落在临水的一个高地上,各宫室因地制宜地布置,关系比较自由。古希腊最具代表性的建筑项目雅典卫城的布局方式似乎也与此类似,一组由若干庙宇、山门、雅典娜金像组成的建筑群布置在城市边的高地上,建筑之间的关系取决于观赏角度,布局也显得比较自由。殷墟与雅典卫城这两个看似无关的建筑群所体现出来的相似性是有其内在原因的。将建筑群置于高地之上,环境因素中具有山林、池沼这些基本的环境因素,这样的建筑选址和环境布置一方面是出于舒适安全的考虑,另一方面也符合对祖先居所的意象表达。

商朝以后的建筑逐渐向高、大、丰富的方向发展,其原因除经济、技术的进步之外,还有一个重要的技术基础就是"台"的世俗化和范围的非功利化。"台"设于园囿之中原是属于一种宗教祭祀建筑,从旧石器时代至明清时期都有类似设施,比如天坛的圜丘。古人所谓"轩辕之台"大约说的就是昆仑山,"台"也就是昆仑山的象征。但自夏、商时代起,有些"台"逐渐被赋予世俗色彩，成为皇家宫室建筑之一部分，当时主要是用在离宫中。《史记·殷本纪》记载纣王时期："益收狗马奇物充仞宫室，益广沙丘苑台。"再如纣王所筑"鹿台"等更是广为人知。《尔雅》载："观四方而高曰台，有木曰榭。"作为世俗用途，露天的台是不适用的，必须"有木"，也就是有木构建筑，由此形成了台榭建筑，又称高台建筑。另一方面，台榭建筑利于"观四方"，适于置于苑囿等景观丰富的地方作为观景场所，于是它反过来又促进了苑囿设施的非功利化。苑、囿本来具有的皇家苗圃、菜园、畜栏、鱼塘、猎场等功能逐渐向观赏性山水苑园转变。从使用功能角度看，台榭式宫苑也是当时最佳选择。夏、商都城多位于黄河南岸，当时气候比现在湿热，雨量也大，台榭建筑既干爽通风又可防洪水，一举数得。于是台榭加苑囿的宫殿建筑形式迅速得到推广。

有趣的是同时期的周文王也不甘人后，大约是看到纣王的宫苑有些眼红，于是几乎在同时营造了台榭式宫苑——灵台。《诗经·大雅·灵台》中有"经始灵台，经之营之。庶民攻之，不日成之。经始勿亟，庶民子来"的诗句。《孟子·梁惠王章句》记载有"文王以民力为台为沼，而民欢乐之，谓其台曰灵台，其沼曰灵沼"。周国的灵台有台、有沼，园林素材已经是山水具备，足以成为台榭式宫殿与半观赏性苑囿结合的范例。不过孟子可能有意忽略了一个重要的问题。商代的"台"与宗教建筑尚未完全脱离关系，认为它是"天文台"也无不可。"灵台"多半具有通天的功能，"绝地天通"以后，"通天"是天子的特权，诸侯绝不允许观天、通天。那么周文王在当西伯候的时候建造灵台说明这位"圣王"其实在做诸侯时就有僭越之举。台、榭、苑的结合完全可以满足宫殿建筑表现"仙境"对建筑技术和环境艺术手法的需求。有趣的是，中国宫殿建筑具有宗教和世俗建筑的双重属性，而"台"和"榭"的结合正是宗教和世俗建筑的结合。

台榭式建筑在春秋时期为各国所接受并得到极大的发展。其中最具代表性的作品当属楚国章华台，各类文献关于章华台的记述可谓汗牛充栋。从目前对遗迹发掘的情况看，确实是我国春秋时期最大最完善的台榭宫苑。汉代贾宜所著《新书》记载："翟王使使楚，楚王夸之，飨之于章华之台，三休乃至"。由于台榭建筑十分高大，中途需休息三次方能登顶，此后即有了"三休台"之说。据北魏郦道元《水经注·沔水·注》载："台高十丈，基广十五丈。"也就是说直至北魏，其台基残高尚存30米，宽45米。1987年发掘的放鹰台，面积更达75×60平方米，规模远大于"三休台"。章华台建筑群总面积约200公顷（已发掘面积），相当于北京紫禁城的2.5倍，包含台榭建筑十余座。[1] 章华台建筑群坐落于荆江三角洲上，处丘陵之地，临江、汉、大泽之滨，兼容自然山川之壮丽、宫室台观之巍峨、锦绣文章之灿烂于一身，足为一时之鼎盛。这一时期台榭式宫苑并非只有章华台一处，而是盛行于各诸侯国，史籍记载还有如楚洞庭宫、吴越姑苏台、越王台，齐国路寝台，赵国丛台、燕国黄金台、晋国九层台等等，这里无法一一列举。台榭式建筑已然成为当时宫殿建筑主流，其中最具代表性的仍然是楚国章华台。

章华台在使用功能、建筑的结构和装饰技术工艺、建筑环境处理上，集中反映了春秋时代中国人对于建筑环境的最高追求，使得台榭宫苑的总体效果达到了近乎完美的程度。首先，它的功能最为完备。章华台满足朝政、居住、宴乐、田猎、观景等所有帝王生活内容需求，并在建筑处理上将这些功能有机地结合在一起，是当时最为完善的宫殿建筑群。其次，在选址上，充分利用了自然山水地貌。在规划上，巧妙处理了台、湖和山的关系。据记载，当地"罗岩九峰，各导一溪。岫壑负岨，异岭同势"，有舜陵"九嶷山"之意。主体建筑背山面水，各台观以章华台主体为视觉中心，依山就势分布于周围，更引汉水入苑营造湖面水景，在建筑艺术手法和环境处理的美学意象上，都为后代提供了一个重要范例，对秦、汉乃至后世宫殿建筑设计产生了深远影响。更重要的是，它确立了建筑另一种审美意象，就是营造一个介于天人之间的神仙境界；确立了达到这一目标的手段是充分利用自然环境，使建筑与环境融为一体、相得益彰。从此以后，"象天法地"有了明确的审美意象，那就是营造一个"仙"的境界。

经过春秋时期台榭宫苑技术的发展，加上天文学、阴阳学说和方士文化的逐渐丰满，到秦汉时期，宫苑建筑对于神仙境界的模仿达到顶峰，其内容更加丰富，手段更复杂，规模更是大到了无以复加的程度。《秦记》中记载："始皇都长安，引渭水为池，筑为蓬、瀛，刻石为鲸，长二百丈。"《元和郡县志》记载有："兰池陂，即秦之兰池也，在县东二十五里。初，始皇引渭水为池，东西二百丈，南北二十里，筑为蓬莱山，刻石为鲸长二百丈。"文中提到了"筑为蓬、瀛"的景观，这是关于宫殿建筑环境模仿蓬莱、瀛洲这些神仙海岛的最早的例子。在中国古代建筑营造中，建筑与园林并无明确分界，反倒是一直试图建立某种刻意的联系。随着建筑环境空间的发展，逐渐从功能明确的建筑群中，演化出一个分支，这个分支向注重景观的方向转化，成为后世所谓"园林"建筑的发端。

关于园林这里有两点必须强调一下：第一，在中国建筑中，"园林"始终是作为住宅、庙宇或宫殿建筑的组成部分而存在的；或者反过来说，一座完

1　王铎，《中国古代苑园与文化》，湖北教育出版社，2003年3月版。

33

整的建筑物它就理所当然地包含园林部分。第二，在中国建筑中，园林部分和居住建筑部分的地位是平等的，园林不是建筑与环境的过渡空间，它和居住建筑是相互依存的关系。秦代的兰池宫在皇家园林发展过程中扮演了极其关键的角色。尽管当时的艺术手法还显得生硬造作，与自然环境也未必能和谐融洽，但与当时大而化之的"象天法地"和直接利用自然环境相比，它开启了人为设计、人为营造自然环境意象的先河。对神仙海岛的模仿虽然仍是模仿，但神仙海岛毕竟是人们想象中的境界而不是现实环境，事实上是人们理想的环境模式的集中体现。它已经完全摆脱了现实世界中山川环境的制约，其尺度、形态不再受局限。它可以将人们意识中最理想的自然因素集中起来，同时将不利因素拼除，并可以不完全受制于自然环境。从此后，"一池三山"成为中国皇家园林建筑的一种程式化主题，正是这一主题为中国自然山水园林发展开辟了新的途径。

在汉代后期的宫苑环境营造中，同时出现了两种表面上相似的手法。一个是继承先秦时期的利用自然山川，效仿"天地"和宇宙的模式。模仿的原型或是当时人们心目中的整个宇宙，或是先帝们的归属如"昆仑山"、"九嶷山"之类。这些地方在现实中是确实存在的，都是人们自然环境中可以看到甚至可以到达的地方，也就是说，它有一个具体的形象原型。具体原型的存在一方面束缚了创作的自由，另一方面这类形象原型在尺度上极其巨大，导致宫苑建设的成本居高不下。即使是像汉高祖刘邦和之后的文帝、景帝这样以节俭著称的皇帝也无法改变宫殿营造劳民伤财的局面。而另一种方式，即模仿"神仙海岛"的方式则要自由得多。"神仙海岛"更大程度上是传说或想象中的场景，从没有人见到或到达过。秦始皇派遣的"寻仙大使"徐福最终也没有将"仙境"的具体形象和尺度带回中原。于是这一素材完全成为想象中的东西，也就为自由地创作提供了条件。并且"仙境"的尺度和位置选择也具有更大的灵活性。所以，无论模仿神仙海岛的初衷如何，在客观上都为宫苑环境的营造创造了更加自由的条件，因而将中国建筑环境营造技巧大大地推进了一步。

西汉前期以黄老学说为治国理念，建筑上自然将效法黄帝昆仑和东海神仙海岛作为宫苑营造的主要美学意象。尤其到汉武帝时期，醉心于封禅求仙，建造建章宫时将"神仙海岛"的意象表现到登峰造极的程度。从建章宫的布局来看，由正门圆阙、玉堂、建章前殿和天梁宫形成一条中轴线，其他宫室分布在左右，全部围以阁道。宫城内北部为太池，筑有三神山，宫城西面为唐中庭、唐中池。中轴线上有多重门、阙，正门曰阊阖，也叫璧门，高二十五丈，是城关式建筑。后为玉堂，建台上。屋顶上有铜凤，高五尺，饰黄金，下有转枢，可随风转动。在璧门北，起圆阙，高二十五丈，其左有别凤阙，其右有井干楼。进圆阙门内二百步，最后到达建在高台上的建章前殿，气魄十分雄伟。宫城中还分布众多不同组合的殿堂建筑。璧门之西有神明台高五十丈，为祭金人处，有铜仙人舒掌捧铜盘玉杯，承接雨露。建章宫北为太池。《史记·孝武本纪》载："其北治大池，渐台高二十余丈，名曰太池，中有蓬莱、方丈、瀛洲象海中神山、龟鱼之属。"总面积达五平方公里左右。除建章宫外，汉朝历年建造的宫苑如甘泉宫、上林苑等亦皆采用台榭宫观与自然山川结合的手法，规模都是极其宏大而且几乎都以蓬莱仙境为环境素材。

至东汉时期，台榭建筑开始走向衰落，在建筑史上被认为是中国木结构技术成熟的标志。因木结构技术已解决了高层、大跨度等技术问题，可以不再依赖夯土台基来夸大建筑的高度和体积。导致台榭建筑衰落更主要的原因在于，东汉时期儒家学说的影响开始在建筑领域体现出来，建筑制度开始向注重秩序的"周制"转变。这个背景导致宫殿建筑的风格开始变得平实理性，建筑所表达的意象开始由"天象"和"仙境"向人间礼乐秩序转变。但这个过程很快就在魏晋时期中断了，在东汉以后的魏、晋时期，中国的建筑风格甚至出现了先秦风格的一次短暂回潮，我们可以称之为"复古风"。东汉末年曹操在自己封地邺城建造的铜雀台最能代表一时的风尚。北宋郦道元所著《水经注·浊漳水》中有如下记载：

城之西北有三台，皆因城为之基，巍然崇举，其高若山，建安十五年魏武所起，平坦略尽。《春秋古地》云：葵丘，地名，今邺西三台是也……中曰铜雀台，高十丈，有屋百一间，台成，命诸子登之，并使为赋。陈思王下笔成章，美捷当时。

从该建筑的名称我们就能发现，这个建筑是台榭式建筑。而且开篇就出现了"巍然崇举，其高若山"这样赞美建筑高大宏伟的词汇。其后又有"中曰铜雀台，高十丈"这样形容建筑单体建筑如何宏伟的描述。对比于张衡的《东都赋》，似乎当时建筑环境的营造手法一夜之间回到了西汉以前。数十年后，后赵石虎对铜雀台的改造扩建更显现出这一次的"复古风"有多么强劲。

石虎更增二丈，立一屋，连栋接榱，弥覆其上，盘回隔之，名曰命子窟。又于台上起五层楼，高十五丈，去地二十七丈，又作铜雀于楼巅，舒翼若飞。南则金虎台，高八丈，有屋百九间。北曰冰井台，亦高八丈，有屋百四十五间，上有冰室，室有数井，井深十五丈，藏冰及石墨焉。石墨可书，又然（燃）之难尽，亦谓之石炭。

如果说曹操当年的营造尚有所保留，那么后赵石虎的扩建就完全恢复了台榭式宫苑全盛时期的风貌。他在原台基上"更增两丈"，"又于台上起五层楼，高十五丈，去地二十七丈"。这个尺度已达到当年楚王"三休台"的水平。不仅是建筑规模宏大，生活设施也出现了追求完美的倾向。有储存夏季制冷用冰的"冰井"，还存有冬季采暖用的燃料"石炭"。这是人类历史上首次出现用煤采暖的记载。接下来，郦道元对邺城宫苑城池的描述进一步揭示出，当时宫苑环境的审美意象彻底回归到对"天界"或"仙境"的直观模仿。

凤阳门三台洞开，高三十五丈，石氏作层观架其上，置铜凤，头高一丈六尺。东城上，石氏立东明观，观上加金博山，谓之骼天。北城上有齐斗楼，超出群榭，孤高特立。其城东西七里，南北五里，饰表以砖，百步一楼，凡诸宫殿，门台、隅雉，皆加观榭。层甍反宇，飞檐拂云，图以丹青，色以轻素。当其全盛之时，去邺六七十里，远望苕亭，巍若仙居。

从文中描述可以看出，这时的邺城，有高达35丈的凤阳门三台、有"头高一丈六尺"的铜凤、有称为"骼天"也就是以天为骨骼的金博山，而建筑彩绘具有"图以丹青，色以清素"的道家色彩。总而言之，"当其全盛之时，……巍若仙居。"也就是说邺城宫殿环境又回到对神仙境界的模仿上来。这段文字包含了许多当时建筑技术进步的信息。比如"其城东西七里，南北五里，饰表以砖"，说明当时城墙表面已用砖包砌。再如"层甍反宇，飞檐拂云"，汉代之前大屋顶的屋面都是倾斜的平面，汉以后屋面已采用了"反宇"的形式，所谓"反宇"就是将屋面做成一个反曲面，屋檐和屋角升起有飞动的效果，所以说是"飞檐拂云"。还有"图以丹青，色以轻素"，说明当时建筑彩画已广泛运用于宫苑建筑营造之中。这些都是我们现在看到的中国传统建筑的基本技术特征，这些技术在魏晋时期得以充分发展。可以想见，如果不是历经战乱，经济凋敝，在当时技术条件下，这种追求建筑宏伟、高大、华丽的"复古风"不定会吹出什么结果来。在这次复古的风格背后是材料、结构和装饰技术的飞速发展，预示着这场复古风将会成为一次建筑变革的前奏。

魏晋时期是中国艺术发展史上最重要的时代之一，宫苑建筑的这场"复古风"有着深刻的思想背景。自西汉武帝以来，儒家思想成为治国指导思想到此已有300余年，此时却面临一场空前的危机。国家陷入长期战乱，儒家思想的僵化、教条受到广泛的质疑，出现了全社会哲学思想大讨论的局面，可以说是引起了一场"思想风暴"。道家和佛家理念加入进来，引发了对儒、释、道三家思想的深入探讨和交流，极大地促成了各领域理论思想的繁荣和发展。总的来讲，这场"思想风暴"源于对儒家治国理念的质疑，是对作为当时主流思想的儒家教条的反思和反动。于是，宫苑建筑刻意地采用与儒家提倡的"周制"建筑不同的风格。

在古代，一种建筑风格的形成和完善，往往要经历千百年的时间。人们不可能马上创造一种新的建筑风格去取代旧的，于是只好重新拾起更老的。同样的事情也曾发生在欧洲，意大利的文艺复兴和法国启蒙运动时期，人们都用源于古希腊和古罗马的古典主义风格，与带有宗教色彩的哥特风格或巴洛克风格对抗。这样的"复古风"并不意味着建筑思想的倒退，而是相反，它往往是新风格诞生的前奏。

模仿"仙境"的表现手法在皇家宫苑建筑和皇家园林环境中一直沿用到明清时期，我们今天在故宫中还能看到许多源自"仙境"中的雕塑陈设品。在皇家园林中 2000 多年来更是一直保留着"一池三山"的蓬莱仙境的环境意象（图 2-2-3）。

无论是故宫旁边的北、中、南三海，还是颐和园，尽管尺度上已大为缩减，建筑素材也有所改变，原有的道教建筑有的已被佛教建筑取代，但"神仙海岛"的布局依然如故。这种将神转化为仙的思路也影响到民间建筑和园林的发展，在唐代即出现了民间的"山池院"，使得"仙境"普及到寻常百姓

图 2-2-3　北海静心斋景观体现的"仙境"意象

家。随着私家园林的发展，宋、明以后"仙境"被进一步地世俗化，成为文人园林中的自然山水意象并被锻造为举世闻名的江南私家园林。

3 中国建筑中的"风水学"

传统地理观念与"风水学"

所谓"风水学"又称"堪舆"，源自上古时期住宅、墓穴环境选择和改造的一些技巧和经验。其范围包含住宅、宫室、寺观、陵墓、村落、城市诸方面。其中涉及陵墓的称阴宅，涉及住宅方面的称为阳宅。《尚书·召诏》中即有关于"卜宅"的记述："惟二月既望，越六日乙未，王朝步自周，则至于丰。惟太保先周公相宅。越若来三月，惟丙午朏。越三日戊申，太保朝至于洛，卜宅。厥既得卜，则经营。"这里提到的"卜宅"亦即建筑选址工作，"厥既卜得，即经营"，也就是一经找到合适基址，就开始营造。古人语言简练，原则也很简单，背风、向阳、河澳、近水高地，加上一点"占卜"结果，建筑基址就可以选定了。我们从上古时期的村落墓葬遗迹中就可发现当时人们对于住宅、墓葬基地选择的这些标准。《周礼·保章氏》说："堪舆虽有郡国所入，度非古数也。"许慎注曰："堪，天道；舆，地道。"堪舆也就是研究天地自然与人工环境对应关系的学说。

至秦汉时，风水学说已趋于系统化，出现了像《周公卜宅经》、《供宅地形》、《图宅卜》等著作。可惜这些著作都已散佚，仅有只言片语出现于其他文献之中。完整保留至今的最早风水学著作是《葬书》和《宅经》，前者传为晋时郭璞所作，后者的作者已不可考，估计均为魏晋时期作品。其中《宅经》又称《黄帝宅经》，是现存最早的关于居住建筑选址的理论著作，体系庞杂而且内容完备，具有极高的理论价值。"风水"一词最早就出现于《葬经》一书中："葬者，乘生气也。气乘则散，界水则止。古人聚之使不散，行之使有止，故谓之风水"。意思是墓葬要借助自然界的"生气"，既不能让"生气"散去，也不应使"生气"受到阻滞，必须使"生气"维持有规律地运行，风水学认为维持"生气"关系到主人家族的命运。中国古代的"天地气运图"对"生气"的概念作了完美的图示（图2-3-1）。仔细分析"天地气运图"不难发现它其实就是现代地理学教材中的"水循环图"。地球生态环境取决于水的循环，将水循环说成"生气"的循环也无不妥。风水学所说的"生气"包含有自然生态的意义，而自然生态的状况无疑与主人家族命运相关，只是发生作用的原理我们与古人的理解不尽相同。在具体的风水操作中，我们发现它处处为环境着想，为人工环境与自然环境的衔接与融合费尽心思。

唐代杨筠松著《撼龙经》一书继承发展了东汉郑玄和马融的理论，提出"三大龙脉"之说，成为中国风水学说的地理基础。龙脉即山脉，"三大龙脉"学说认为：天下龙脉皆出一源，也就是昆仑山。昆仑山发脉分为东西南北四大山脉，其中南脉进入中国，在中国又分为北、中、南三支，是为"三干龙"。三龙脉之间又有三大水系。黄河、长江当仁不让，《撼龙经》认为第三水系包括湘、汉、淮、济等较为杂乱。宋代《朱子大全·地理》认为："天下水有三大处，曰黄河、曰长江、

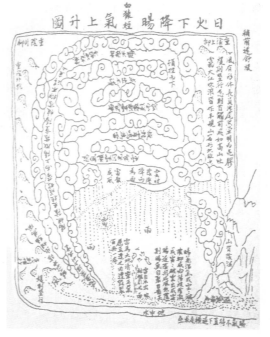

图 2-3-1 天地气运图

曰鸭绿江。今以舆图考之，长江与南海夹南条干龙尽于东南海，黄河与长江夹中条干龙尽于东海，黄河与鸭绿江夹北条干龙尽于辽海"。宋代的地理模型显然清晰准确得多，与现代地图也基本吻合（图 2-3-2）。

基于"天人合一"宇宙观这个大背景，中国古人总是将自然科学和人文

图 2-3-2 中华龙脉图

科学联系在一起，再加上语言习惯以及后人故弄玄虚的因素，很容易给人神秘或迷信的印象。但这些理论是直接用来指导建筑营造的，也就是说要"兑现"的，如果仅靠迷信其实很难长期糊弄世人。实际上风水学的内核是融合了从天文、地理、地质、天候到环境评价、场地设计、可行性研究、施工管理等一系列学科的系统的综合学说。下面列举《宅经》关于住宅建设理论的几个要点，我们从中可以体会到风水学的基本特征。

（1）判定宅性。用后天八卦确定宅基阴阳属性（图2-3-3），大体上北为阳、南为阴，住宅宜"座阳朝阴"或"座阴朝阳"。实际含义是住宅应该大致上采用南北朝向。

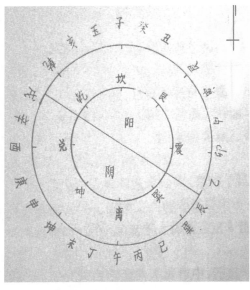

图2-3-3　后天八卦方位图

（2）宅位命座。宅基各方位与不同家庭成员命运有关，比如"巳位"为龙头，对应一家之主，在此方位不得打井，否则伤害家长性命等等。此类要求目的在于确定合理的功能关系，避免不必要的险情出现。

（3）建宅顺序。如阴宅宜由"巳方"（东南角）顺时针顺序修到"巽位"。阳宅应由亥位（西北角）顺时针修至"乾位"等。实际上说的是由主及次，由内而外的施工顺序问题。

（4）建宅时令。施工在季节上应避开"四王神"，也就是掌控春夏秋冬四季和东南西北四方的青帝、赤帝、白帝、黑帝。比如春季不宜修建东屋、夏季不宜修建南房、秋季不宜修建西房、冬季不宜修建北房以免触怒"四王神"。从方位和季节的对应关系来看，有施工顺序安排适应气候条件的意义。

（5）虚实问题。有"五实五虚"之说。诸如：宅大人少、门大宅小、墙院不全、井灶布置不当、庭院大房少，是为"五虚"，反之为"五实"。虚则不吉，家族衰落；实则有利，子孙富贵。这一原理实际谈的是建筑的完整性、比例协调性和功能布置合理性问题。特别是强调了人的多少和建筑尺度的关系，将人数与建筑规模的比例作为建筑比例关系问题之一，也算是典型的中国特色。

风水师在陵墓和建筑选址方面有若干步骤。首先是"寻龙望势",即查勘山脉的发源、分支、结束位置等。这是对局部地形与总体地理环境的关系的分析,也是最重要的环节,反映了古人在考虑建筑环境问题时的大视野和大局观。中国古代建筑小至一座竹篱茅舍、大至帝王都城都会通过这一程序对广大范围内的地理状况作系统的分析,对建筑环境的选择分析范围之广眼界之大,是现代建筑师望尘莫及的。第二步是"观砂",也就是对局部环境的考察。"砂"指的是附近的山丘。"观砂"是对建设基地临近环境的评估,要分析山势形成的环境空间形态是否完整、尺度是否适宜、生态是否健康、"四象"之山体形是否美观等。其中也包含根据地貌分析推断地质条件和生态状况的内容。第三步是"察水定局"。即观察确定水口(来水出口和两水交汇处)、流向、水流形势等。也就是对地表水文状况的考察,以及根据地形地貌和地表水系状况对地下水位的分析,并以此决定大体布局。第四步是"辩龙阴阳"。也就是借助罗盘确定龙脉的阴阳属性,作为选址的最终依据,这也是精测定建筑方位的工作。最后是"点穴",也就是最后确定基址的准确位置。在风水学的这个操作过程中,从"天下"大地理环境出发,从整体到局部、从山脉到河流、从自然到人文综合分析了与建设项目相关的几乎所有因素,包含了环境科学与环境美学的双重意义。

从风水学的基本原则和操作过程来看,对于一般民间住宅和墓葬,风水查勘的要点在于对自然要素包括阳光、气流、水文、山势的分析和建筑布局与环境要素之间若干关系的确定。所有自然因素都具有"利"与"害"的双重性,各项因素的利用会有矛盾冲突,对这些条件的利用需要综合平衡。比如中原地区的纬度决定了居住建筑以坐北朝南为最佳朝向,也就是所谓"背阴向阳"的方位。这个方位可以避开北风并且获得充足的日照。但上午较冷更需阳光,所以多数地区的住宅以东南向为最好。在东部沿海地区,由于上午常有大雾,阳光不足,故当地房屋又以采取西南向为上。对风的利用又有"避风"与"聚气"的矛盾。避风是为了防寒容易理解,但若无风则不利空气流通,过于通风又无法保留水汽,会导致环境恶化。因此,理想的"风水宝地"在东南方应有高度适宜的山丘使气流在此放缓,以保持空气湿度,这点说明古人对大气物理的理解是相当深刻的。

水对人类生活至关重要,对水环境的准确把握是性命攸关的事情。有水利就有水患,近水才有给排水的方便,但也有被洪水淹没的危险。风水学有"临水居澳"的原则,就是河湾的内侧方位(图2-3-4)。河水之所以在此绕行而形成"河澳",正说明此处地质坚实,这是一个简单易于操作的原则。在河湾内侧的"河澳"还有一种现象,就是河水带来的沙土会在此沉积使得用地

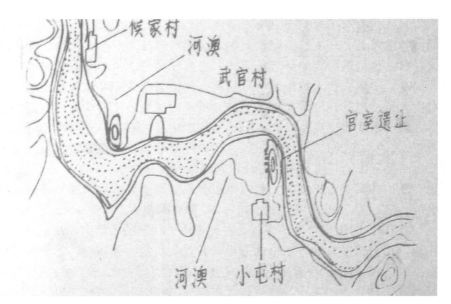

图 2-3-4 "临水居澳"示意图

面积缓慢扩大呈现"生长"的状态，而且"河澳"之处三向面水，景观与观景条件均系最佳。安阳殷墟的选址上清晰地体现了这一原则。而处于"河澳"对面的位置则情形相反，有诸如地质较松软、洪水来时首当其冲、用地在河水冲蚀下逐渐缩小等一系列弊端。因此在风水学中，有所谓"冲射水"、"反背水"、"割脚水"等一系列"不吉利"的水文条件，所指的基本都是这同一种情况。

晋代郭璞以及之后的许多风水大家都曾提出具体的理想环境模型，这些模型基本上遵循了相同的原则，包括：基地背后（北面）依托逐渐升高的连绵群山可以"藏风"，这些群山最终会联系到某一著名山脉，直至昆仑山。面前（南面）是蜿蜒绕过基地的河流，最好是由西北至东南（与中原地区常年主导风向一致）。在东、西、南三面还要有特定形式的小山头以便"聚气"。四面的山头根据方位分别是玄武山、青龙山、朱雀山和白虎山。但在人口众多的中国，每个人都拥有绝对理想的环境模式是不太现实的。于是风水学也提供了环境要求的变通和改造方案，下面是比较典型的几种：一是在没有合适的山丘"藏风聚气"的情况下可以"比庐藏风"。也就是用相应位置的房屋代替四方山丘，四合院建筑的形成推广即有此因素。人们常将最后一进院落的北房建得高些，这在中原地区非常普遍。其二是在无合适河流的地方可开渠或凿泉代替，在面对"冲射水"的地方可以开挖湖面，缓冲水流以改变

"水品"[1]。安徽著名的宏村就是改造水系的典型案例（图2-3-5），村口的这个漂亮的大池塘就是为改善"水品"而挖掘的。其余变通如在西北无山的地方"崖"可代替靠山，在南方水可以代替山龙。即使在无山又无水的平原上也有变通方案，唐代杨筠松在《撼龙经》中说："高水一寸即是山，低土一寸水回环"。也就是高处为山，低处为水。

图2-3-5　村口改造"水品"的池塘

最为重要的是风水对环境的保护和培养措施。由于风水对环境要素的形式布局有严格要求，对某些方位上的山、水系有特别严格的禁忌，其结果是严格保护了当地的"风水"，也就是自然环境。武夷山下梅村东约500米处有一个无名小山头，植被格外茂盛。笔者2005年踏勘现场时发现山脚下有一处光绪年间摩崖石刻，上书"阖乡公禁"四字（图2-3-6），百余年间无人在此山采樵。经观察发现，这座小山位于下梅村的"青龙"方，是村落"聚气"的关键所在。所谓"聚气"前文已说过，就是减缓风速使水气停留下来的意思。一条叫"笋溪"的小溪流经村庄，此山恰是"笋溪"的发源处，"笋溪"至今碧流淙淙水源丰足，与风水禁忌不无关系。

必须强调的是，风水学的理论基础是建立在"天人合一"这个总前提之下的。因此它不主张消极地适应自然，而是试图在人与自然间建立"相生"的关系。中华民族是世界上最敢于"战天斗地"的民族，而且从大禹治水时

1　水品即水系的品质和品格。

图 2-3-6　下梅村"阖乡公禁"摩崖石刻

就开始显示出这种"天分"。中国古代完成了一系列规模无与伦比的建设项目，比如秦代的都江堰、灵渠，始于春秋时期完成于隋代的京杭大运河以及万里长城等，如果愿意这个名单还可以更长。这些工程有的改变了自然山川的肌理，有的贯通了不同水系，有的改变了河流走向。这些项目留下了许多谜题，但可以肯定的是，所有这些项目都在很大程度上改善了自然环境，而且在今天它们都成了景观胜地。这些项目中所体现出的高水平的地理、地质、大地测量学以及建筑技术水平自不待言，尤其令当代人不解的是，前人究竟是靠什么保证了这些举国规模的建设工程不是破坏而是极大地促进了自然的发展？在风水学著作看似迷信的言辞背后尚有许多值得我们发掘的内容。

古代建筑中"风水"思想的体现

　　中华地理模型的形成、儒学"天人感应"学说的出现、风水学的成熟，这三大工程都在汉代完成并非偶然。依托这些成就，中国传统环境美学理论走上了人文与理性的快车道，古代建筑对"天地之大美"的表现有了坚实的理论基础，其宏大之象，囊括天地宇宙；其精微之意，渗入每一座宫室殿堂、每一组梁枋斗拱[1]、乃至于雕饰彩绘之中。风水学中"藏风聚气"、"临水居澳"之类原则首先被放大到整个"天地之间"。建筑群的规划设计与国土规划、都城规划衔接起来，经过严密的论证，它的每个细节都被纳入整体的宇宙大框

1　斗拱是中国古代建筑特有构件，是梁柱与屋顶之间的托架系统，由斗、拱、升、昂等构件组合而成。

架之中，成为其中有机组成部分。

周、秦、汉、唐四代王朝首都在关中的长安，关中乃"四塞"之地，有"百一之利"，无疑是风水宝地，但这些有利条件都是相对中原而言的，考虑的是局部的形势，缺乏胸怀天下的"王气"。且关中地区偏安一隅，地域窘迫，到经济繁荣人口众多的唐代已是不堪重负。风水学的意义在明清北京城和宫殿建筑的建设中得到最完美的体现。相对关中而言，北京所处地域开阔，"北倚山险，南控区夏，若坐堂皇，俯视庭宇"，它的地利是对全中国而言的。北京作为中国封建时代的帝都经历了京中都、元大都、明清北京三个阶段，历经800余年（图2-3-7）。

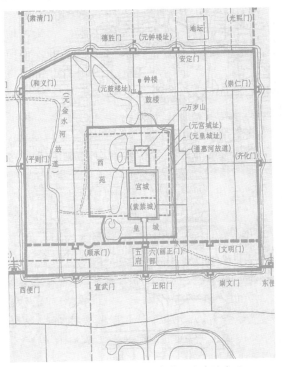

图2-3-7 元、明北京城及宫城的变迁

其作为首都的风水学依据极其充分。首先，它所依托的燕山山脉正是"北干龙"的正脉。左有泰山为"青龙"，右有华山为"白虎"，前有嵩山为"朱雀"，且有江淮、江南、华南层层山脉为"案山"[1]。帝王在此，依昆仑之正脉，可北控燕、代，南面而治天下。

根据"分野理论"，此地对应于"紫微垣"，乃天地之枢纽，帝王的象征，以此地建都无疑是上应天象、下合地理、中得人心。这个布局囊括天地，气吞山河，具有在整个中国至高无上的形胜之势。至于北京城的周边环境则是北倚居庸关、南面永定河、西有昆仑之北干龙直达西山、东有坛山等群山据守青龙，背山面水"藏风聚气"，局面也是无可挑剔。故宫本身则在北面建有景山、南面开凿玉带河建金水桥，使得宫殿、城池与自然山川衔接一气。中国传统地理学特征，以及其中包含的环境美学思想在此得到了最充分、最完美的体现。风水学的功用不仅体现在城市建设的大环境的选择和处理上，在宫殿建筑单体和局部处理方式上，也是处处体现出风水学的指导

1 风水学认为，建筑基地正南东西向山丘如同人面前的书案，称"案山"。

意义。

虽然我们说风水学具有地理学的特点，但在中国传统天人合一这个大背景之下，风水与天文和人文是密切相关的，它向上关乎天意、天数的解读，向下关系人类社会及个人命运。在汉代"天人感应"学说和"象数"易理学说出现以后，人们将天象与人间的一年四季时令变化，风、晴、雨、雪的气候变化联系起来，进而与人事之吉凶乃至社会礼制联系在一起，实现了"堪"和"舆"的结合。人们在"绝地天通"工程中对天上星宿建立了秩序规定，将人间秩序"投射"到天上，现在，利用风水学理论，人们可以"精确地"将天上的秩序"反射"回人间。天上的"三垣"对应于地上的宫室衙署，天之十二度二十八宿对应于地上十二州二十八山岳川泽，太极、阴阳、五行生克等天地之"理"在建筑中以方位、形状、数量等方式体现出来，天文、地理和礼制有了准确定量的关系。风水的理论背景与古代天文学密不可分，但风水学的实践意义则远高于天文学，它在具体把握环境要素的功能方面比直接"象天"更具可操作性。对于建筑来说，它将"天命"和"天意"通过地理环境与建筑联系起来，通过"象数"学的引入，解决了早期"象天"之形与自然地貌之间的矛盾，从而使得风水学对于建筑的指导意义在建筑选址、群体布局、环境处理和建筑结构乃至建筑装饰等各个层面充分显现出来。这套方法体系精微庞大，我们下面借一两个例子作简单说明。

天地万物源于"道"，或可称为"太极"、"无极"，以数字表达为"一"。一生二，其中数字"二"与数字"一"代表阴阳两仪。"天一、地二；天三、地四；天五、地六；天七、地八；天九、地十。"[1] 其中单数为天、为阳，偶数为地、为阴。对应于"五行"则有"一曰水，二曰火，三曰木，四曰金，五曰土"[2] 的关系。在方位上，北方为水、黑色；东方为木、青色；南方为火、红色；西方为金、白色；中央为土、黄色。在这个体系中"九"为阳数之极，"五"代表中央之"土"位，故"九"与"五"最为尊贵而专属于皇帝，只有皇帝能享有"九五至尊"。对于中国古代建筑来说，这些因素成为极其重要的等级秩序体现方式隐含于建筑形制之中。

例如明清北京故宫，它的中心位置布置的是坐落于三层汉白玉台基上的三大殿（图2-3-8），这里也是"天下"权力的中心。其中"大朝"太和殿是最高权力的象征，它必须用建筑的语言来表明这种权力源自"上天"。首先，三大殿所在院落和它的台基长宽比例均为3：2，这是阴阳相生的比例也是"天"与"地"的比例。为何不用1：2而用3：2，这就只能

1　《易传·系辞》
2　《尚书·洪范》

图 2-3-8 坐落于三层汉白玉台基上的 "三大殿"

解释为向 "美感" 妥协了。3:2 的比例关系广泛运用于中国传统艺术构图之中，就如古希腊人重视黄金分割比一样，实际上两者相差也不大。而院落与台基的比例就更有意思。院落东西宽为 243 米，台基东西宽 129 米，243：129=9.05：5 ≈ 9：5,[1] 这一比例即包含 "九五至尊" 的含义。在明朝永乐年间兴建太和殿时，采用的开间数为九间，九为阳数之极。在欧洲古典时期的庙宇中，庙宇规格高下是以柱子的数量来表达的，在中国则以柱间的空间数量来表达，称为 "开间"，其中原因我们后面还要详述。太和殿的开间数在清代改为十一间，两位以上的数字本不在阴阳 "象数" 的运用范围之内，由于太和殿屡毁于火灾，清代以此数重建太和殿有 "厌胜" 之意。

　　三大殿位于故宫乃至天下的中心，方位属 "土" 位，它的台基如果以皇帝坐北朝南的视角看去是一个 "土" 字形（图 2-3-9），殿内装饰以金黄色为主，一切都具有属 "土" 的特征。人们通常会注意到太和殿前广场上没有任何树木绿化，对于这个问题有许多解释，比如防范刺客等等。实际上故宫的戒备极其森严，历史上几乎没有发生过外来刺客潜入的情况。太和殿前没有树木绿化的真正原因在于五行生克关系中 "木能克土"，位于 "土位" 的太和殿自然不能允许殿前有 "木" 生长。在风水观念的具体运用中，许多地形地貌要求被 "幻化" 为艺术造型符号，成为建筑空间塑造手法。比如 "玉带河" 和 "金水桥" 的形式，直接来源于 "临水居澳" 的环境选择要求（图 2-3-10）。

1 傅熹年，中国古代城市规划布局及建筑设计方法研究，建筑工业出版社，2001：25。

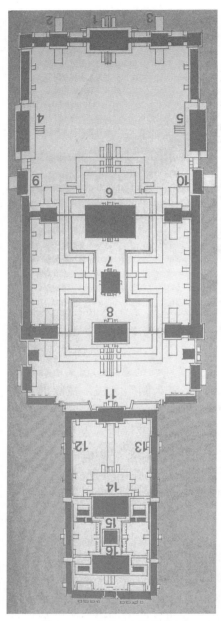

图 2-3-9　故宫三大殿的"土"

图 2-3-10　北京故宫中的"玉带河"

这个形式在故宫中出现在两个位置，一个字形台基是在天安门前，另一个在太和门前。金水河的造型舒缓优雅，与严肃方正的宫殿建筑和院落形式风格形成鲜明对比，它的作用已从判断环境是否"安全适用"转化为塑造"美观"的环境，在传统建筑中这样的例子可以说不胜枚举。

在中国古代建筑中，从屋脊上的兽吻、垂兽到梁枋彩绘甚至台基上的纹饰都具有风水学意味，但中国传统建筑同时也是最"干净"的古代建筑，所有这些装饰物都具有结构或构造功能，同时也具有装饰作用。只有中国传统建筑做到了形式象征、技术功用和审美意义的完美统一。这些都与风水学说有着密不可分的关系。对于广泛存在于中国传统建筑中的"象数"、"阴阳"、"五行生克"等理论的运用，人们往往以非理性的、神秘主义的乃至迷信的这样一些判断来看待，从而忽略了其中包含的理性的、符合自然规律的和美学规律的内核。这是一个与现代科学截然不同的独立的思想和语言体系，我们无法用现代科学思维和语言对它做出完美的、一一对应的解释，但这一思想体系又实实在在地为中国古代建筑发展完善起到了无可替代的作用。正是在这个理论框架之下，才形成了中国传统建筑成熟稳定的风格特征。任何人要想真正地读懂中国传统建筑，都需要对这一思想体系有所了解，并且以这种独特的角度来观察、体验它。

"风水学"的建筑美学意义

风水学试图解答的问题简单地说就是人与自然的关系问题，也就是达成"天人合一"这个目标的具体技术措施的问题。中国传统观念中的"天"广义上指整个宇宙，其中当然也包含"地"和"人"这两个要素。中国传统观念中的天文、地理、人文存在着密切的内在联系，风水学就是从地理、地质的角度去衔接人与自然。这样的思路即使用现代科学的观念去理解其实也无可厚非，在现代科学的宇宙模型中，地球也是一个天体。中国人的这种不愿意割裂宇宙的思维方式直到今天仍有所表现，即使对现代科学研究也具有一些积极的意义。我国著名的现代地质学家李四光在20世纪70年代曾写过一本书，书名叫做《天文、地质、古生物资料摘要》[1]，用"资料摘要"四字似乎有谦虚的意思，实际上书中有大量理论分析和个人观点，其中的古生物部分从原始单细胞生物一直谈到人类进入石器时代。李四光先生用当时最先进的现代科学理论，描述了宇宙的产生、发展过程和未来趋势。他老人家将现代科学知识和语言，也许是在无意中结合了传统"天人合一"理论结构模式，奇妙之处在于这本书现代人读起来也并无任何异样的感觉。

风水学的语言给人们"迷信"的印象，但其目的和实际效果却反映了这样两方面的特征，一是通过地理将"天"与"人"的关系协调起来；另一方面是为"天""人"关系的建立提供了一套行之有效的技术手段。前文我们已提到，中国人对生活环境的要求是营造一个人间的"仙境"、一个体现自然之"意象"的境界，单纯的模仿是不足以满足这个要求的，必须有一套完整的理论和技术体系来指导这个创作活动，这个理论体系还必须易于说明、容易操作。风水学正是为满足这个需求而产生的。与天文学相比它最大的优势就是地理的问题与人的关系更加密切也更加具体，从地理角度入手具有更好的可

1　李四光，《天文、地质、古生物资料摘要》，科学出版社，1972。

操作性。一旦剥开风水学迷信语言的外衣，我们就会惊奇地发现其中包含环境科学尤其是环境美学思想所具有的深远意义。风水学的环境美学意义集中体现于如下几个方面。

首先是它所特有的大局观和全局观。传统地理学建立了一个囊括"普天之下"的地理模型，这就决定了风水学所特有的远大目光。在环境选择的问题上，掌握全局是实现因地制宜的前提条件之一，只有了解"外地"的环境才能真正把握"本地"的特点，充分发挥"本地"的优长。这种思路在现代的建筑设计前期工作中的合理性是尽人皆知的，但在具体操作上现在反倒没有一个被广泛认可的理论框架。这样一种系统的理论体系出现在古代当然就显得非常"超前"了，何况它的视野之开阔远远超过现在的任何分析方法。在风水学对环境作分析时，优先考虑的是整个天地大局，再及于各级主、次山脉和水系，然后才是对具体环境的分析。根据这套理论，从都城开始，包括各级州、郡、县、乡、村，所有这些城池聚落作为一个个人为的环境空间能够做到顺其自然地、和谐融洽地同时又是井然有序地与自然环境融合在一起，于是整个"天下"的人工环境作为一个整体系统能够有序地与"天地"自然环境系统"嵌合"起来，唯有如此人工环境之美与天地自然之大美才能够相得益彰。

其次是风水学对自然的理解和尊重。这种尊重是建立在充分理解的基础上的，风水学处理自然环境与人工环境关系的方式上可以归纳为选择、利用、改造、保护、培养五个内容。在自然条件优越的条件下，人们对环境当然是采取顺应和利用的方式。在自然环境略有缺陷的情况下可以人力予以改造，但改造环境在程度上是有限度的。风水学中有所谓"客土"的说法，客土也就是外来的土壤，风水学认为外来土壤与本地土壤气脉不通，会阻隔天地气运贯通，故不能对环境作太大的改造，于是有所谓"小为无害"的观念。至于风水学说对环境的保护与培养的重视在上节已有说明就不再重复。在"藏风聚气"这个基本原则之下，建筑环境周边的植被水面都被认为关乎主人家族命运，草木丰茂流水潺潺是气运亨通的表征，当然是需要精心呵护的。

第三，风水学是中国环境意象营造的艺术理论。如果我们用另一种语言风格描述"背山面水"、"藏风聚气"的环境模式，脑海中浮现出的将会是一个诗意的居住环境：一个村落，它以一座不太高大的山丘作为背景，山上郁郁葱葱林木茂盛，云雾缥缈的远山形成背景的层次感。村落的左、右两侧是青龙山和白虎山成为这个"画面"的"边框"将人们的视线聚集到村庄上，一条小河从群山中蜿蜒而下，平静舒缓地流过村前。这实际上就是"桃花源"的意境，在风水学理论指导下建造起来的千万个村落就是千万个"桃花源"。

当然，谈到环境意象的营造，江南私家园林才是最高境界。明代造园大家计成的《园冶》可说是真正达到了中国环境营造理论的最高水平，并且全书文字优雅充满诗意。相比之下，风水学的著作往往在表面上显得语言庸俗，思想迷信荒诞。但《园冶》中体现的环境营造理论也有它的弱点，它相对而言显得狭隘、做作、书生气十足。它的适应范围有限，不仅有空间范围上的局限，也有受众群体的局限。这就决定了它无法面对全"天下"的问题，也很难推广到全社会各阶层。而风水学理论语言通俗，条理清晰，即使是古代的农夫村妇也可以听得懂、做得到，它的实践意义是计成的造园理论无法相比的。在中国传统文化体系中，风水学、堪舆术是古代人生活中必须且无可替代的内容，尤其是对中国古代的环境建设而言，大到国土规划，小至一所茅屋的选址建设都起到了至关重要的作用。

我们可以用英国学者李约瑟的一段话作为这一节的总结："堪舆术大概是整个传统时期的中国文化中植根最深的一种。它导致了对任何地形情况的正确评价，……许多尚未完全理解的术语，被用于地形描述，并使其以各种不同的方式与阴阳、龙虎、大地、行星和恒星等联系起来。保护一个地点免受有害影响，一直是非常重要的大事，达到阴阳力量的平衡，也极为重要，于是峭壁和巨岩间点缀以竹丛、圆形的山丘和平静的湖面。……尽管在许多方面这些原理有时纯属迷信，但总体上这一思想体系在整个中国文化领域中，对农舍、庄园、乡村和城市的异常优美的定位无疑做出了贡献。凡参观过北京北部景色秀丽的山谷中明代皇帝陵墓的人，都可能对堪舆家们尽其所能而做到的事情有所了解。"[1]

---

1 李约瑟，《中国科学技术史（第四卷，第一分册）》，科学出版社、上海古籍出版社，
  2003：240。

三、中国古代建筑与礼制规范

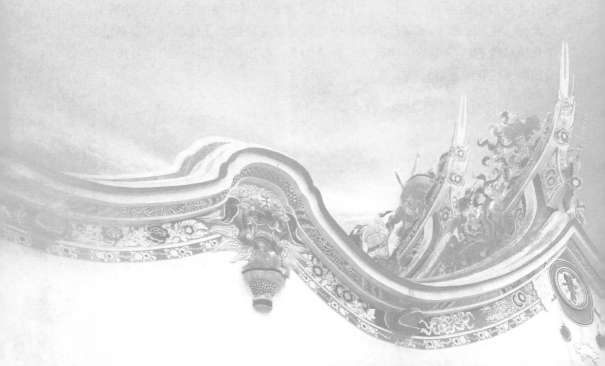

1 礼制与建筑制度

建筑礼制的基本观念

"礼制"也称为"礼乐制度",是中国传统文化的核心内容之一。它涉及中国古代社会生活的各个层面,从国家结构到个人的行为都有"礼制"上的要求。大篆"礼"字有一个"示"字边,在殷商甲骨文中就有"大示"、"小示"字样出现,是大宗、小宗的意思,古文中的"示"就是祖宗的"宗"。之后这个偏旁多用于表示与祖宗祭祀有关的意思,如"祖"、"神"等字都带有这一部首。右边从形象上分析是一个盛满食物的"豆"[1]、"鼎"或"簋"一类的容器,这类容器在古代多用于祭祀活动,而且通常被叫做"礼器"。很明显,"礼"字的原始含义与宗教祭祀活动中的仪式有关。在汉语中很多带有"礼"字的词汇至今仍然常用,例如:礼貌、礼节、礼仪、典礼等等。其中的"礼"字有两层意义,一是对个人的行为举止的评价,另一层含义是某项正式的、带有纪念性的群体活动的组织仪式情况。在中国古代社会生活中,"礼"的含义逐渐被引申放大,具有了社会结构上的意义,用以表达不同人群的贵贱亲疏远近关系。管仲曾经说道:"贵贱有等,亲疏之体谓之礼"。[2]

"礼"的这种区分贵贱亲疏的功用成为建立古代社会等级秩序关系的思想基础。古人认为"礼"所表达的秩序源于上天,颛顼帝的"绝地天通"就是一次建立"礼制"的尝试,实际上就是通过对"天人关系"制定规则,进而将"天人之间"的规则"反映"到人与人之间,从而达到建立人类社会"礼制"的目的。礼制的行为模式最初是从"通天"的祭祀活动中体现出来的。"绝地天通"以后,对礼制秩序的解释权也就掌握在唯一的"王者"手中。"王"在"通天"活动中的若干规则演化为人世间最初的"礼乐"秩序。即使是对鬼神存而不论的孔子,也时常表达出对"天"的敬畏。"在《论语》中,除复音词如'天下'、'天子'、'天道'之类外,单言'天'字的一共十八次。在十八次中,除掉别人说的,孔子自己说了十二次半"[3]。最具代表

---

1 豆是古代一种高足的盘状容器,多用于祭祀时盛放食物。
2 《管子·心术》
3 杨伯峻,《论语译著·试论孔子》,1980年12月第二版,第10页。

性的如："天何言哉！四时行焉，百物生焉，天何言哉！"[1]人类社会固然是复杂丰富的，但与整个宇宙中的万物相比就不算什么了。对古人来说，"天"对人类社会的示范意义是最为重要的，"天"可以在无声无形之中，将万物运行得井然有序。"天"能在自然而然之中让天下万物丰富多彩、井井有条、生机勃勃，相对于人类社会面临的春秋乱世，无怪乎孔子会对上天发出由衷的感叹。

在中国古代政治体制中，多数时候"礼"的地位都是至高无上的，国家设有专门机构处理有关各项仪式、典礼、礼制监察事项。在"三公九卿"制度中，负责礼制问题的最高机构是"光禄寺"，其首长称"光禄勋"，是三公中的大司徒属下，官阶是"卿"一级。在六部制时期，"礼部"为六部之首，除各类典礼活动以外，还分管教育、科举等，兼有教育部的职能。在内廷往往还设有一个主管皇室内部礼制问题的机构叫"宗人府"，专门负责纠察处理皇室成员遵守"礼制"的情况，是维系皇权的重要机构。在古代中国，"礼乐制度"就是社会结构的总体模型，是关于国家政治文化的理论框架，是维系一个王朝稳定发展的制度基础。

之所以选择了"礼"这个字，是由于在祭祀"典礼"活动中，人们必须妥善处理人与"天"、人与祖先以及人与人等多方面的等级秩序关系。在这个场合中，天、地、人的和谐统一、欢乐共处的理想可以得到最最完美的表达。在这里，一切事物井然有序，整个过程丰富、完整、愉悦，具有强烈的精神感染力。祭祀的过程触及每个人的灵魂，使参与者受到一次精神上的"洗礼"，它本身就是最理想的"教化"过程。古人的祭祀活动中所包含的天、人之间和谐有序的关系、优美动人的艺术的表现力使得许多先哲深受触动，由此产生了建立一个"礼制"社会的理想。人们首先发现了"典礼"活动有两方面的内容，一是它的秩序性，另一个是它的艺术性，也就是"礼"和"乐"。这里的秩序不是靠威压、逼迫来实现的，人们的欢乐情绪也是"适度的"。建立"礼乐的社会"这个灵感源于原始宗教活动，就仿佛是上天的启示，让人们建立一种"快乐的秩序"，让人类拥有一个快乐而有序的社会。于是，"礼乐制度"就成为中国几千年来所追求的社会目标。

"礼乐制度"中的"礼"代表制度、秩序的意思，"乐"则具有快乐、艺术、美好等含义，这些意义与最初的祭祀仪式和典礼已经是相去甚远了。将"礼"与"乐"结合并以之为目标建立一个美好社会，这个想法即使在今天看来也是够"大胆"的。既要有严格的制序，又要让人们快乐地接受，实现起来无疑"难于上青天"。实现这个设想注定要经历无数波折，克服难以想

---

1 《论语·阳货篇》

象的困难。到春秋时期，"礼"这个字的含意包括从国家结构到个人日常行为规范等社会生活的全部规则。春秋各学派都回避不了礼制的问题，只是对推行"什么样的礼制"有分歧。孔子认为周礼最完美，因为周礼最丰富、最具系统性、最具人文精神。在战争年代，用和平手段推行"礼乐"社会的理想难度可想而知。但让人感动的是，孔夫子和他的门生以及继承人们，在2000余年中坚持不懈地追寻这个目标，直至几近于完成。"礼乐制度"只是一种社会形态并非宗教信仰，虽然有时人们称"儒家"为"儒教"，但儒家并不具备宗教的基本特征，它只是一种世俗的学术派别，其目标也是针对现实社会的。但这一思想的缘起却与中国原始宗教有着深刻的联系，它与"天下万国"时期的宗教统一有关。从建立神界的秩序联系到建立人间的秩序，从祭祀神明的"礼乐"出发，衍生出日常生活中的"仪礼"，从而让"礼制"渗入人类社会生活的方方面面。

礼制的发展普及最终深入中国社会生活的各个层面经历了长久的历史过程。夏、商时期礼制建设的关注焦点还是"天人关系"，人们试图通过"通天"权力的集中以达到集中政权的目的，这段时期礼制的建设着重于国家政治体制和政权机构的建立和完善。西周时期的礼制建设是比较系统的，其礼乐制度涉及"天"与人、国家、家族与个人的关系，重点是通过理顺人类社会内部的等级秩序以求达到人类社会的长治久安。夏、商、周三代的礼制建设明确了"天"界的秩序、天与人的关系，也建立了详细而且森严的人类社会的等级秩序。但显然还不够完善，这些"礼制"秩序几乎完全掌握在天子与贵族手中，除非依靠法律、军队和经济手段来维持，否则很可能陷入"礼崩乐坏"的境地。要想使礼制思想成为全社会每个成员的共识、成为人们的自觉，只能通过"教化"活动，通过对全民的教化使人们的思想乃至举止言行"自然而然"地符合礼制的规范。建筑作为日常生活"衣食住行"的基本内容之一，不仅本身要符合礼制的规范，还要承担起一部分"教化"功能。建筑空间可以对人们生活中的行为加以某种限制，让人们在日常生活中随时体验礼制的规范。

礼制与社会结构相关、与祭祀典礼行为和人们的生活交往行为有关，而这些行为多在建筑中进行，所以建筑的空间秩序必然与礼制秩序有着密切的关联。在中国传统观念中的建筑不属于艺术的一个门类，人们将建筑看作构成社会制度或秩序的一个重要组成部分。古代中国的建筑设计工作不是由建筑师而是由房屋的主人完成的，皇家建筑和国土城池的规划设计多由王公贵族或政府高官主持，如汉代主掌国家建设的"大司空"，位居三公之列，是行政级别最高的官员之一。所以古代中国也不用诸如风格、造型等评价艺术品的词汇来评论建筑，而是用"制度"或"形制"这样的词语，说某某建筑的制度是怎样的，或者说某建筑的形制是怎样的。这种传统说明中国传统建筑与社会制度也就是"礼制"的建设有着密切的关系。

从夏、商时期建筑遗迹中我们就可以发现一些为满足礼制要求的设置，如门、堂、室的区分和"二阶堂"的殿堂模式等。周公"制礼作乐"奠定了西周王朝数百年的稳定繁荣。孔子从整理历史典籍和普及全民教育着手，试图在恢复"周礼"的基础上重新建立"礼乐制度"，他的工作为后来儒家的兴起提供了基本思路，也为中华文明发展延续数千年而不中断扎下了坚实的根基。汉儒董仲舒在综合了道家、法家、阴阳家等其他学派理论基础上以儒学为核心建立了贯穿神权、君权、父权、夫权的完整的礼制秩序，使得"礼乐制度"成为建立强大中央集权政治的思想理论基础。朱熹从"理一分殊"的本体论出发，提炼出"仁、义、礼、智、信"等社会纲常秩序，建立起新的礼乐制度框架。朱熹认为："万物皆有此理，理皆同出一源，但所居位置不同，则其理之用不一。如为君须仁，为臣须敬，为子须孝，为父须慈。物物各具此理，而物物各异其用，然莫非一理之流行也。"[1]他一方面将礼制之根源统一于"天理"，另一方面将"礼制"深化、具体化以落实到"物物"，也就是一切具体事物，从而使得"礼乐制度"真正成为贯穿天、人，深入全社会的完整而全面的秩序框架。

"礼制"实际上包含了整个国家的体制结构，涉及政治、宗教、艺术乃至个人日常生活的方方面面。它首先是一种贯穿了"天、地、人"三界，囊括了士、农、工、商各个阶层，包容了宗教与世俗生活的宏大的思想框架，中国传统的天文、地理、政治、文学、艺术等各个领域无不体现出"礼制"的思想根基。"礼制"的精微之处在于它的实践性和可操作性。大到国家体制建构，小到一个人的衣食住行、言谈举止处处都可以它作为参照。由于礼制与人们生活中的行为模式相关，因此直接影响到建筑空间的形态和空间秩序关系。就如陕西岐山凤雏村西周宫殿遗址所体现的那样，中国古代建筑在空间布局上显得非常"早熟"。在西周时期，中国宫殿建筑已经出现了简化建筑外观造型，注重内部功能，也就是"形式服从功能"的倾向，而"形式服从功能"作为新建筑运动的口号被提出来，是 20 世纪初的事情。当然，中国宫殿建筑的世俗性决定了它注重实用功能的特征，但对于空间布局、流线、尺度的深入细致的推敲则更多的是出于"礼制"的要求。

建筑礼制与祭祀典礼

中国的先哲们普遍认为，礼制的规范必须是源于"天"的，人间秩序的

1 《朱子语类》卷十八

建立是必然要与天地自然的运行规则建立某种内在联系的。一方面，天地运行的规律可以成为人类社会秩序的参照；另一方面，这种"天、人关系"最直接、最直观的体现在对天、地、祖先的祭祀活动之中。这些祭祀活动需要一个合适的场所，需要一套合适的仪式。既然是"仪式"，那么就必然有严格的秩序，参与其中的每个人都有明确的、特定的位置、行动线路和言行方式。祭祀典礼活动必然也包括华丽的仪仗和乐舞表演，一场成功的祭祀典礼是"礼"与"乐"的完美结合。祭祀典礼的内容和行为模式自然成为生活中的行为规范的参考，也就成为建筑空间布局所参考的最重要的依据。礼制规范对人的行为模式做出了规定，人们的行为模式对建筑空间形态提出了要求，而参与各类祭祀典礼活动无疑也是人们学习、体验和掌握礼制规范的重要途径。在这里，建筑空间的规则与人的行为规则相互作用，促进了建筑空间营造手法的发展进步。

　　早期的"典礼"行为现代人无法亲眼看到，但通过古代建筑文献和遗迹我们还是大致可以了解一二的。西周时的重要礼制建筑"明堂"是古代最重要的"礼制建筑"（图 3-1-1）。"天子立明堂者，所以通神灵，感天地，正四

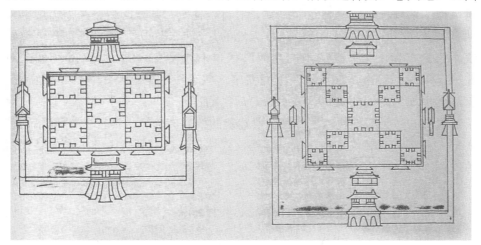

图 3-1-1　西周（左）和西汉（右）明堂平面示意图

时，出教化，宗有德，重有道，显有能，褒有行者也"[1]，在一方面，它是王者与神灵、天地交流的场所，另一方面也是推出礼制，教化万民的地方，目的在于对"有德、有道、有能、有行"的人与事予以褒奖，让人们懂得"天"的善恶标准。汉武帝独尊儒术的标志性措施就包括建明堂。明堂的根本职能说到底就是聆听"天意"进而制定社会行为规范并颁布于天下予以推行的机

1　《白虎通·卷二下·辟雍》

构，因而明堂也就成为"礼乐制度"的象征和国家制定"礼乐制度"的唯一的权威机关。

在西周时期，明堂包括东方的青阳，南方的明堂，西方的总章，北方的玄堂，中央的太庙共五个主要建筑空间内容。根据《礼记·明堂位》的描述，天子根据时令，一年四季居于明堂不同位置，处理不同类型的政务。政令与时令关联，也就是与"天"相关；有太庙居于其中，也就是侍奉在祖宗身边。这就是说，周代的明堂为"天"、祖先、天子提供了一个和谐共存的空间系统，明堂中发出的声音，来自上天和祖先，明堂就像是一个为说明"天人合一"而建的"建筑模型"。秦始皇为凸显皇权，于宫室外另建极庙（太庙），这时才将祖先祭祀与行政建筑空间脱离开来。之后历朝建立的"明堂"更多的是一种文化象征，与皇家权力机构没有实质上的关系。

祭祀典礼的过程就像一曲雄浑的交响乐或是一首史诗，它的氛围是庄严肃穆的、纪念性的，体现的是崇高的美感。典礼行为对建筑空间的要求是"象天"的，强调秩序感、庄严感。典礼建筑多数都是通天、通神的，对建筑风格的要求使得这些建筑要高大、对称、稳定，其空间秩序必须体现"天地"的秩序，许多早期形成的象征天地的几何形式如方形和圆形都在这类建筑中长期保留下来。运用不同几何形状和不同尺度的建筑体量和空间的对比；运用中轴线来体现天地四维的秩序这些手法都是这类建筑的重要特征。而这类体现纪念性的建筑营造手法对后世的宫殿建筑产生了深刻的影响。除了其附属的各类祭祀建筑之外，宫殿建筑的核心部分——"前朝"和"后寝"在很大程度上也是仪式性建筑，这些仪式性建筑在空间氛围营造上无疑都要体现这类纪念性的特征。

教化的目标是将"礼制"推行天下，进而使之深入生活、深入人心，如果这样的典礼活动完全被天子垄断就必然和这一宗旨相悖。因此，在民间也需要建立一套完整的祭祀"典礼"活动规范。"绝地天通"以后，虽然天意的解释权收归"国有"，但只是针对"最终解释权"而言的。祭祀天、地当然是"王"的特权，但也并非国家垄断一切祭祀活动。"绝地天通"的重大意义之一是为"天界"建立了规则，为神明确定了等级秩序，同时也制定了"天"之秩序与人间秩序的明确对应关系，故民间祭祀活动只要不"越制"都是合法的；不但合法，而且是必需的。《周礼》对庙宇设置和祭祀活动有这样的规定：

　　天下有王，分地建国，置都立邑，设庙、祧、坛、墠而祭之，乃为亲疏多少之数。是故王立七庙，一坛、一墠。曰考庙，曰王考庙，曰皇考庙，曰显考庙，曰祖考庙，皆月祭之。远庙为祧庙，有二祧，享尝乃止。去祧为坛，去坛为墠。坛、墠有祷焉祭之，无祷乃止。去墠曰鬼。诸侯立五庙，一坛，一墠。曰考庙，曰王考庙，曰皇考庙，皆月祭之。显考庙、祖考庙，享尝乃止。去祖为坛，去坛为墠。坛、墠有祷焉祭之，无祷乃止。去墠为鬼。大夫立三庙，二坛。曰考庙，曰王考庙，曰皇考庙，享尝乃止。显考、祖考无庙，有祷焉为坛祭之。去坛为鬼。适士二庙，一坛。曰考庙，曰王考庙，享尝乃止。显考无庙，有祷焉为坛祭之。去坛为鬼。官师一庙，曰考庙，王考无庙而祭之。去王考为鬼，庶士、庶人无庙，死曰鬼。[1]

　　当时的主要祭祀建筑有四种：庙、祧、坛、墠，有亲疏远近祭祀多少的区分。王应该设考庙、王考庙、皇考庙、显考庙、祖考庙，这些庙为一月一祭。远一些的有"祧庙"，享受供奉即可。坛、墠是"有所祷"的时候才祭祀，如没有什么有求于神灵的事情就不用祭祀了。在"王"之下有诸侯五庙、大夫三庙、士二庙、官员一庙的规定，庶人则不允许建庙。这里面的"庙"都是祭祖的，只是有远祖与"近祖"的区别。坛、墠是祈求神灵的地方，无事不宜过多打扰。至明代，开放了"庶人"也就是平民建祠堂的规定，于是我们现在看到许多古老村落中有以姓氏为名的家祠、宗祠。传统住宅中"堂屋"也具有祭祀功能，通常在堂屋中间坐北面南设神厨香案供奉祖宗牌位。这样一来，"天人关系"通过礼制的规定被落实到社会的基层，礼制的教化工作通过祭祀典礼得以在各阶层开展起来。

　　西周的明堂建筑并没有被一直延续下来，但这样的制度并未改变，明堂的功能被分散到诸如太庙、国子监、钦天监等一系列礼制机构中，它们的"礼制"功能被"细化"，分工更加明确了。相对于西周时期的明堂，它们的礼制意义并未削减反而是更加强化了。皇家礼制祭祀建筑还包括有天坛、地坛、社稷坛、日坛、月坛等祭祀天地的场所。各地亦有祭祀五岳、四渎[2]的庙宇。由皇家礼制建筑到民间的先贤祠、宗祠、家祠乃至堂屋中的祖宗牌位，都是源自天地和祖先崇拜的"人文祭祀"传统。通过建立这种深入民间"人文祭祀"制度，逐渐为"普天之下"构筑了一个完整的"礼制"体系，这个体系也就成为人人都能体会到的社会制度和伦理道德规范的"天理"依据。

1　《礼记·祭法第二十三》
2　"四渎"即长江、黄河、淮河、济水四条大河。

需要说明的是，民间尚有许多类似山神庙、土地庙、龙王庙、水神庙、火神庙等带有自然崇拜色彩的祭祀建筑，这些都是"圣人存而不论"的事物，实际上是上古时期自然崇拜的孑遗，所以不在礼制体系之内。朝廷对这一类的崇拜活动基本采取孔子的策略："存而不论"，只要与礼制规范不发生激烈冲突，一般不予干涉。隋唐以后，这类崇拜活动多被纳入"道教"体系逐渐得以规范化，成为礼制框架的补充内容。

举行祭祀典礼的次数是很有限的，也不是每个人都有参与典礼的资格，即使是民间的典礼活动也有这样的局限性。建立礼乐制度的目的在于确立人类社会的等级秩序，并让这种秩序深入人心，使人们在生活中的各个方面自然而然地遵循这一体制所规定的行为规范。在中国传统的天地人一体的整体宇宙观这个大背景之下，礼制的建立及其合法、合理性的证明无疑与"天"密切相关。人世间的礼乐制度，究其渊源仍是"象天法地"而来。"天"有其自然与自由的一面，也有其秩序严整的一面。孔子认为："为政以德，譬如北辰，众星拱之。"[1] 施行德政，天下众人自然会像群星拱卫北极星一样围绕在周围。每当面对礼崩乐坏的乱世，强调"礼制"无疑是重要也是有效的。各家学说对于效法天地和建立人间礼制的看法虽有所不同，但多数人基本能够达成这样的共识：认为人类社会应效法"天"的秩序，认为天之道是人间"礼乐制度"的源泉。

建筑礼制与生活仪礼

人们通过祭祀天地祖先的这些"典礼"活动，制定、学习"礼制"，掌握"礼制"对人的行为模式的规定并将其融入日常生活之中，将"人"与"天"交流的模式转化为"人"与不同阶层的"人"交流时的行为规则，也就是"仪礼"。真正将"礼乐之制"系统化并作为理想社会目标提出来的是孔子。

一种制度让人们服从的办法很多，让人"心悦诚服"却是很不容易的。孔子试图将"礼"、"乐"结合，给不那么讨人喜欢的政治制度附上艺术的魅力，从而使"礼乐制度"变成"制度艺术"或"艺术的制度"。但更为重要的是，要让这种制度规范融入普通人的生活，让人们在生活过程中的每个细节上都能接受礼制的熏陶。

孔子曾经感叹道："吾十有五而志于学，三十而立，四十而不惑，五十

---

1 《论语·为政篇》

而知天命，六十而耳顺，七十而从心所欲，不逾矩。"[1]"从心所欲，不逾矩"，这是孔子追求的目标，也是他希望每个人都能具备的基本素质。通过"有教无类"的全民教育，使每个人都能体会到礼乐制度的美妙之处，从而达到在礼乐的世界中随心畅游的自由的精神境界。

除了在正式授课的场合教授的"六艺"，在孔子看来，日常生活中体现出的"礼乐"之道更为重要。即使是一顿普通的晚餐，也应具有仪式性和艺术性的要求，即使吃一顿饭也不能没有"礼乐"。孔子有"十不食"之说："……鱼馁肉败，不食。色恶，不食。臭恶，不食。失饪，不食。不时，不食。割不正，不食。不得其酱，不食……"[2]他的要求是：不新鲜的不吃，颜色不好不吃，味道不好不吃，火候不好的不吃，时令不对的不吃，切割不正的不吃，调味汁不合适的不吃等等。当然这些讲究对健康是有益的，但形式上的讲究也显得多了些。这些"讲究"里面不仅包括对食物色香味的要求，也包括与自然适应的要求和对形式美的要求，这些要求已经不像是针对一顿晚餐，而像是对待一次演出或是一次典礼。不仅是饮食，日常生活的方方面面都应该有相关的规则和艺术的要求，也就是"礼乐"的要求。

对建筑的发展来说，孔子对生活细节的"讲究"绝非多余。任何对生活细节的要求最终都会转化为对建筑空间形态和空间秩序的要求，有什么样的礼仪就必然有与之相适应的建筑形制。"内外有别"要求建筑空间具有足够的空间层次为亲疏不同的来访者提供适当的逗留场所；"长幼有序"要求建筑空间具有明确的主次关系，为家族中不同成员提供与其地位相适应的居住环境。即使是一把小小的椅子也会给"仪礼"带来深刻变化，进而给建筑空间形态带来"翻天覆地"的变革。中国在唐代以前习惯于席地而坐，实际上是双膝着地，坐在自己的脚后跟上。在一次聚会中，大家都取这种坐姿的时候，有人到来时大家会起身采取跪姿表示欢迎，相互鞠躬也是一种"跪拜"的举止。所以跪拜礼在当时是"跪起来"而不是"跪下去"，即使是君主对重要的臣子也有"跪起来"的时候。两人亲切交谈为了听得真切，面对面靠得很近以至于膝盖碰着膝盖，所以有君臣、宾主"促膝谈心"的场面。席地坐通常是一人一席，"共席"表示亲切的关系，所以才会有管宁割席与华歆绝交的故事发生。椅子的出现使得这一切都"变了味"，"跪起来"变成"跪下去"，使过去彬彬有礼的举止带上了一些屈辱的味道。当宋太祖将赵普身后的

---

1 《论语·学而篇》
2 《论语·乡党篇》

椅子拿掉之后，臣子只能站在朝堂上议事，君臣之间的地位差别也就更大了。

椅子带来的"仪礼"变化导致建筑空间形态的巨变。过去低坐姿要求建筑空间较低矮，高坐姿使得建筑内空升高，建筑的外观也随之发生变化，宋以后由于屋身增高，成为建筑立面三段中的主体，中国建筑的屋顶、屋身和台基的比例变得更协调了。坐姿升高也带来了视角上的变化，坐姿升高导致窗台升高，庭院景致可以看得更清楚，因此也就变得更重要。像日本的"枯山水"那样的窗前小景是不适合高坐姿欣赏的。一人一席变成了围桌而坐，堂的功用也发生了变化，"席地坐"时期的筵席在堂上举行，乐舞可以在堂中表演，现在乐舞必须另寻场所。堂的形制也发生了变化，宋以后基本见不到"二阶堂"。直到明清时期，中国建筑的中堂内部仍部分保留了早期的布局方案，主席居中坐北朝南，其余席位分列东西两下，但在大户人家中，饮宴乐舞表演的场所已从堂中分离出去，因围桌坐的方式与堂的传统布局已不太协调。于是"乐"的功能则被转移到"园子"里，那里不仅环境优雅自然，而且多半设有戏台、花厅等筵宴乐舞的场所。

在日常生活中，礼制规范决定的建筑形制反过来成为教化工具影响着人们的行为模式，使人们得以从小在生活中体验、学习仪礼的行为规范，这种潜移默化的作用随着历史进程日益受到重视，从而形成了中国建筑强调秩序规范的传统。不仅是建筑空间，建筑中所有的陈设装饰都具有礼制教化的意义，中国建筑中的雕饰、联匾、字画、古玩处处给人以品格上的熏陶。人们在日常生活中将仪礼行为转化为个人"风度"，从而使得人人可以自然而然地成为"谦谦君子"；人人都可以达到"从心所欲，不逾矩"的境界。中国传统建筑最突出的特征就是通过礼制规范的建立将"天下"所有建筑纳入一个完整的制度框架之中，从皇家宫殿建筑到农家的竹篱茅舍都具有空间制度上的同构关系。这样一来，各类建筑之间必然存在相互影响，宫殿建筑是所有建筑的典范，同时也不断从其他建筑中汲取养料，如此才有后世宫殿建筑的丰富和完美。

孔子的主张在相当长的一段历史时期中并没有得到当权者的重视，但他通过"有教无类"、坚持不懈的教育活动，建立了一个"儒"学班底。这些人将他的学说代代相传，他们历经磨难终将《周礼》和孔子的理想继承下来，于是被后人称为"儒家"。儒家思想对于中国社会发展的重要性怎么形容都不过分，尤其是儒生们在继承古老的文化上的贡献更是让人肃然起敬，不仅是在各类文化典籍的收藏整理上，他们对古老的建筑制度的记录，对中国建筑发展和现代建筑历史研究也是功德无量。后人通常认为北京故宫的三朝五门制度是对《周礼》的附会，很可能确实如此，因为西周时期的宫殿不可能如此辉煌，儒生们关于建筑形制记录的准确性令人惊叹。我们比较清代的北京四合院和凤雏村西周宫殿的平面布局就会发现二者惊人地相似（图 3-1-2），西周时期的宫殿庙宇、儒生们所推崇的理想生活环境历经 2500 年之后终于走进了寻常百姓家，这可以说是人类文化发展史上的一个奇迹。

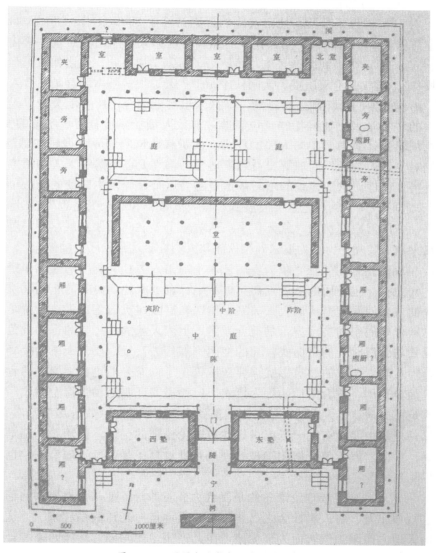

图 3-1-2　西周合院式宫殿平面图示意图

2 建筑礼制中的"天人"关系

"天理"与礼制

对于礼制的渊源及其社会实践的探索持续了 2000 余年，随着人们对礼制本质的认识不断深入，宫殿建筑的礼制体现形式也随之不断发生变化。在"天人合一"这个大观念背景下，虽然诸子百家学说不同，但诸如君王是"代天牧狩"、君权是上天所授、人间秩序源于"天道"等基本观念是多数人认可的。历代儒生们对礼制之真谛的不懈探求事实上融合了历史上关于"天人关系"的各种学说，使得礼制学说能够被多数人接受。随着这一学说的发展，在礼制学说体系中君主与人民的权力、职责和地位的划分变得越来越清晰；人们对"天人关系"的理解日益趋于理性，将"天道"落实于人间的方案也更具可操作性。宫殿建筑的形态基本是随着这个过程发生演变的，从早期的"象天之形"到"象天之意"发展到"象天之数"和"象天之理"。在这个过程中，中国宫殿建筑的"象天"手法从对应于天文向天上发展，转为顺应地理在大地上展开，再转为追求理性秩序与人类社会达到秩序上的统一。

早期的宫殿建筑在"象天"的艺术手法与人类社会制度的建立和推行教化之间是有一定矛盾的，这点在第一章中已有过叙述。儒家的礼制学说试图解决的首要问题就是协调天人关系，体现在宫殿建筑的艺术手法上就是要证明宫殿建筑的空间制度规范是符合天意、上应天象的。礼制的行为规范和空间模式与秦汉时代的台榭式宫苑的空间形态相去甚远，要使天下人接受一种符合"礼制"要求的建筑形式需要在理论上予以充分的论证。西周的合院式建筑简单适用，符合人们的行为模式。但还需要证明这种强调空间秩序的宫殿建筑模式是符合天意的，这一点关系到中国宫殿建筑风格发展的基本方向。当然，史籍中并没有关于专门进行建筑理论论证的记述，但随着礼制学说的发展，中国宫殿建筑风格的确是顺理成章地选择了最为合"理"的，也就是合乎礼制的形式。

为这一转变完成理论准备的是汉代大儒董仲舒，他从天地万物的形成运行之规律出发，将人类社会之"礼制"与天地自然之道联系起来。他认为宇宙由天地之阴阳二气合而为一生成，由此产生了阴与阳、一年四季和分属五行之万物。天地之间有阴阳之气，人们浸润其间，就像鱼游水中一样，当然

"气"与水有可见与不可见的区别。这样一来，人和"天"就有了实质上的密切接触，从而为天人感应理论预先建立了"物质基础"。董仲舒的天人感应理论在天人之间建立了一座桥梁，将天道与人间礼制统一起来。但他虽然在理论上证明了人类社会礼制与天道的统一性，但对于宫殿建筑的营造来说，他的理论还缺乏可操作性，如何将天道体现于建筑空间秩序之中仍存在具体问题。汉代建筑仍在形式上的"象天"与道理上的"象天"之间徘徊。

中国宫殿建筑的发展过程中实际上一直充满矛盾，隋唐以前的宫殿建筑群中一直存在着不同时期的各种"孑遗"建筑，比如灵台、明堂、辟雍等，这些建筑风格各异，很难将其协调融合成一个整体。而传统的形式，有时候会成为一个民族的精神凝聚力的源泉，轻易又不敢放弃。"象天"的手法、神仙海岛的意象也始终和"三朝五门"的空间秩序存在矛盾，很难自然地融合到一起。要解决这些问题需要一个有说服力的、具有可操作性的理论体系。这个理论体系必须有充分的说服力，让人们能够大胆地放弃那些不合时宜的建筑形式；这个理论体系还必须具有直接的指导意义，指导宫殿建筑群的风格选择和组合，使得功能复杂的宫殿建筑得以成为一个和谐的整体。两宋时期产生的程朱理学为营造宫殿建筑的"思想解放"提供了一种具有说服力的理论，使得人们不再过多计较那些"孑遗"的建筑形制，从而为构建一个完整和谐的宫殿建筑群创造了良好的条件。

北宋程颐、程颢兄弟将世界本体归结为一"理"，创立了后世称为程朱理学的思想体系。他们认为，"理"是本体、是实体、是永恒的、不增不减的、贯穿天地万物、贯穿始终的。理学所要认识的不仅是事物变化的规律，而且要穷究事物变化发展的原因。"理"存在于一切事物之中："在天为命，在义为理，在人为性，主于身为心，其实一也"。[1] 所以："一人之心，即天地之心；一物一理，即万物之理"。[2] 也就是人同此心、心同此理。二程的理论在这里先退后一步，从根源上阐述了天地万物在"道理"上的统一性，这就为"形式"解了套，让人们可以放开手脚抛弃不合时宜的形式。理在人心中，人心即天理，对天意的表达首先在于符合人心，这一论断为之后的宫殿建筑发展奠定了人文理性的基础，为宫殿建筑如何"象天"、如何证明王权的合法性、合理性提供了全新的思路。理既然存在于万事万物之中，人们自然可以从任何事物中体验真理，又何必拘泥于形式呢？

朱熹则进一步发展了这一理论，使之更加清晰明确。在朱熹的理论框架中，"理"是本体，相当于"无极"或太极。"理"包含有万物生成的原理、

1 《遗书》十八
2 《遗书》二上

事物之条理等含义，是一个形而上的本体，正如他所说的："无极而太极，正所谓无此形状而有此道理"。[1] 这一论述将"形状"和"道理"明明白白地分开来，只要能说明一个道理，采取何种形状是可以斟酌的。"理"为万物之一原，却生化出万物的千姿百态并体现出不同的条理，这就是所谓"理一分殊"。朱熹举例说："人物之生，天赋之以此理，未尝不同，但人物之禀受自有不同耳。如一江水，你将勺去取，只得一勺；将碗去取，只得一碗；至于一桶一缸，各自随量器不同，故理亦随以异"。[2] 这是说普遍之"理"于个别之"事理"的关系。万"理"源出一理，虽然随"器"之形态变化，但终归是一理。这些论述一而再、再而三地说明了同一个道理，那就是顺应天理、体现天理并不依赖于某种特定的形式。对于宫殿建筑营造来说，他提供了一种思想武器，使得人们可以放开手脚，大胆地抛弃一些不合时宜的东西，同时创造一些新的、更加"合乎天理"的形式。

邵雍对"象数"学说的推进对宫殿建筑向秩序化方向发展也提供了重要的理论依据。他建立了一个"包括宇宙，始终古今"极其壮观的"象数学"体系。他认为宇宙之发生运行由"神"启动，"太极不动，性也；发则神，神则数，数则象，象则器，器则变，复归于神也"。[3] 这里的"神"显然不是鬼神之神，而是万物生成之"原动力"属精神范畴。万物产生于"神"的作用，形成"数"，由"数"而生"象"，由"象"而产生了"器"，"器"的转变则复归于"神"，由此完成了事物发展的一次循环。不得不承认，邵雍的理论颇具科学精神，对事物发展运动的描述也能解释一些现象。他说："天以一变四，地以一变四。四者，有体也，而其一者，无体也，是谓有无之极也。"用这个公式推演万物生成是一种呈倍数增长的模式，"天"生成天、地两仪，其中的天又"日月星辰"四象，地也生成"水火土石"四象，合计为八。日月星辰变化有了"寒暑昼夜"；水火土石变化产生"雨风露雷"。寒暑昼夜变化生成"性情形体"；雨风露雷变化而生成"飞走草木"，合计为十六。如此分化下去则有了天地万物。

这或许是中国人第一次为宇宙生成建立完整的"数学模型"，从邵雍的著作中可以发现他对天文学和数学确实有很深入的研究。无论当时人们采用何种手段，我们都能感觉到，儒学理论的发展至此开始从抽象地解决"大道"问题走向精致化和具体化。这一理论为宫殿建筑的"象天"提供了一种思路：既然"象"由"数"生，那么在不能模仿某种"象"的情况下，不妨直接体现"数"。从表现天象到体现"天数"的好处是显而易见的，它在宫殿建

1　《朱子语类》卷九五
2　《朱子语类》卷四
3　《观物外篇》

筑为摆脱形式束缚而无所适从的时候，及时地提供了一个具体的方法。其实，用数字来体现天意的做法在早期宫殿建筑营造中已有体现，汉代象数学说就曾盛行一时。但早期的"象数"之学缺乏系统的理论，与生活礼仪要求的行为模式存在一定的矛盾。宋代"象数"理论的发展使得中国传统的天文、地理和礼制学说统一起来，建筑营造的思路也就变得开阔起来。

理学和象数学的完善导致另一个结果就是中国传统建筑的"模数化"。既然万物都是由"数"根据一定比例逐步生成的，那么建筑也可以如此，这正是模数制的基本思路。模数制度是建筑工业化的一种表现形式，其特征是将建筑构件统一为若干种不同形状和一定尺度的标准件在工厂生产，现场只进行构件的安装和建筑装修。这在手工业时代似乎是不可想象的事情。北宋《营造法式》一书就是关于"官式"建筑的标准化和模数化的标准手册。它将建筑分为八个等级，以建筑构件中的"材"和"契"两个尺度为基准，确定不同构件的相应尺寸。理论上说，只要确定了建筑等级和类型就能确定这个建筑上所有构件的形式和尺寸，交由工厂生产。北京故宫的施工周期仅用四年时间，就有赖于这种模数化的建筑方式。北京至今有"琉璃厂"、"台基厂"等地名，这些地方就是当年为故宫工程生产各类构件的工厂所在地。中国宫殿建筑的风格在宋代发生了根本变化，人类建筑史上的最古老的建筑模数制度出现在宋代，而理学、象数学的建立和发展也发生在同一时期，这显然不是巧合。

人类社会从自然状态走向文明不得不面临如何界定天、地、神、人关系的问题。各个民族基于各自面对的不同情况，对待这一问题的思路与方法也不尽相同。中华文明历经5000年以上的发展历程，矛盾、冲突、融合贯穿其间，却几乎没有间断。这个过程使得中国人有足够的动力和充分的时间去考虑这个关系到人类前程的根本问题。正如观射父所说，绝地天通之后："于是乎有天地神民类物之官，是谓五官，各司其序，不相乱也。民是以能有忠信，神是以能有明德，民神异业，敬而不渎。"[1]。通过"绝地天通"的宗教革命，"天、地、神、民"的关系得以明确、秩序得以建立。夏、商、周三代的"礼乐之制"正是建立在这一基础之上的，这也是"天人合一"思想在社会实践中的早期体现。然而，将一个"虚拟"的"天界"模型生硬地套用于人类社会显然存在"天人分裂"的可能，春秋时期的动乱证实了这种危险。

从西汉时期开始，为了完善"礼乐制度"的理论框架，人们融合了有史以来的有关天、地、人、神的各类学说，汲取其中有益部分，为了更为妥善地解答天人关系问题、建立更加完善的天人关系理论框架作出了不懈努力。

1 《国语·楚语》

其核心就是解答"礼乐制度"的本原、生成途径和传播方式的问题。从董仲舒的"天人感应"学说到后来的"玄学"、"道学"、"气学"、"理学"，都包含对这个问题的探究。天人关系理论框架的发展过程显示了两个特点：其一是在这个理论体系中关于"天"的因素越来越抽象、越来越模糊；而关于"人"的因素越来越清晰越来越具体。其二是这个理论体系中形式主义的内容日益减少，理论性的内容不断完善。它发展了孔子将"礼乐之制"渗入每个人日常生活的主张，注重个人修为，让每个人在日常生活中体验"道"、"理"。这样一来就使得中国人，特别是士大夫阶层对日常生活提出了许多精致细腻的要求，从而对中国古代生活环境产生了深远的影响。

既然天道与人道有了对应关系，王道与天道能够达到高度统一，那么礼制秩序也就是受命于天的。既然如此，宫殿建筑空间遵循礼制规范就等同于"象天"，这样的思想一旦深入人心，天下人对宫殿建筑的"象天之美"必然产生新的认识，从而导致宫殿建筑的象天手法由象天之形转为"象天之理"。于是宫殿建筑空间秩序的重要性超过了它的尺度、华丽程度以及形状与星象的对应关系，宫殿建筑放弃了早期的台榭式宫殿的高大华丽的外形，转而选择了外观较为平实的源自西周的合院式宫殿形式，这也是我们今天所看到的北京故宫的建筑风格，它虽然在外观上没有秦汉宫殿那样高大宏伟，但却用建筑空间处理技法或者说是纯粹的建筑学的手法将皇家宫殿那种象天法地的壮美表达得淋漓尽致。

建筑"象天"与礼制的关系

中国人的礼制规范是被放大到普天之下，深入到万民之中的，普天之下的万事万物无不被包容于一个统一完整的礼制框架之中。作为人类最显赫的作品之一，建筑当然不能例外。而宫殿建筑处在礼制框架的顶端，它上与"天"衔接，下与人间联系，负有贯通天人之"礼"的重任。象天、法地也有礼制规范的要求，对于宫殿建筑来说，处处都要体现它的这种至高无上的地位。诸如我们在第一章和第二章中曾提到的对"紫微垣"的模仿、北京城的风水学地位，这些都是皇家宫殿独有的。皇家宫殿所居的自然环境可以号称"天下之中"、"虎踞龙盘"，而其他人即使居于同样环境之中也是不能声张的。诸如"九五"这样的数字也绝不允许出现在除皇宫以外的建筑之中。礼制的规范覆盖了普天之下所有建筑，包括建筑环境、建筑布局、建筑结构、建筑装饰和色彩都有礼制的规定，而且这些规范都是源之于"天"的。

中国宫殿建筑一个重要的任务就是将"天"的秩序"写仿"下来，作为人间秩序的范本。或者说，宫殿建筑要借用体现"天"的秩序规范来证明王权的合法性和帝王至高无上的地位。作为王权象征的宫殿建筑，它的每个层面都需要体现出"象天"的特征，而礼制是与建筑的空间秩序密切相关的，在中国建筑中，建筑空间形态又是最具表现力的部分，因此通过空间秩序来体现宫殿建筑的象天特征也就成为重要的表现手段。第二章曾谈到中国宫殿建筑"象天"的若干思路，在空间秩序上"象天"具有许多好处，比如易于控制建筑规模、便于灵活地处理建筑空间、有利于宫殿建筑与城市空间的协调等，最重要的是，空间秩序体现出来的是一种"理性"的美感，它可以被解释为"天之道"、"天之理"的体现。宫殿建筑处处体现着这样的"天理"，甚至中国古代的宫殿建筑中还有一类非常重要的建筑专门承担着将"天理"写仿到人间的重任。

祭祀建筑是中国传统宫殿建筑中一个特殊建筑类型，它不是宗教建筑也不完全属于世俗建筑，因此有人称之为"准宗教建筑"或"人文祭祀"建筑。礼制建筑的定位与中国人对天人关系的理解有关，它是联系天、人的中间环节，起着天、人之间上传下达的作用。我们在上节谈到了礼制的天道渊源问题，因此所谓礼制建筑也就是礼制的研究、发现和向社会推行的场所。这样的建筑演变过程比较复杂，在早期它主要是由作为"观天"部分的灵台和祭祖的太庙两个部分组成，是连接天、人的建筑类型。在西周时期，综合性的礼制建筑——明堂成为"天子"权力与责任的象征。周公制定周礼的过程，就是在兴建明堂并在明堂之中制定和实施诸侯朝拜礼仪的过程。史籍中关于明堂的记载很多，但由于没有形象资料遗存，它的准确样式已无法复原，我们只能从文献中大致了解它的形象。关于明堂的外观样式记载不多，造成众说纷纭，比较清楚肯定的是《白虎通义》中的记载：

明堂上圆下方，八窗四闼。布政之宫，在国之阳。上圆法天，下方法地，八窗像八风，四闼法四时，九室法九州，十二坐法十二月，三十六户法三十六雨，七十二牖法七十二风。

这段文字记述了明堂的外观，它上圆下方，象征天地。八窗四门象征八方和四时，九间房屋象征九州，十二座三十六户象征一年十二个月三十六次阴雨，七十二扇户牖象征一年七十二次风起。明堂的形式象征的是宇宙的无穷变化，以此证明它贯穿天地的属性。

关于明堂的规模和基本构成，《逸周书·明堂解》有这样的描述："明堂方百一十二尺，高四尺，阶广六尺三寸。室居中方百尺，室中方六十尺，户高八尺，广四尺。东应门，南库门，西皋门，北雉门。东方曰青阳，南方曰明堂，西方曰总章，北方曰玄堂，中央曰太庙。左为左介，右为右介"。

明堂的形状是上圆下方，象征天地（图 3-2-1）。明堂建筑由一组房屋和围绕它们的墙垣柱廊构成，一百一十二尺见方，建筑设在四尺高的台基上，

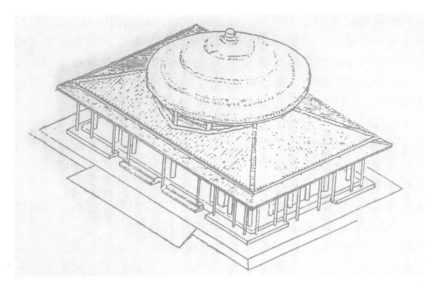

图 3-2-1 "上圆下方"的殿堂建筑

有宽达六尺三寸的台阶上下。建筑物外廓百尺见方，室内六十尺见方。[1] 门高八尺，门宽四尺。建筑的东、南、西、北四面开门，分别称应门、库门、皋门、稚门。建筑的东部是青阳堂，南边是明堂，西边是总章堂，北边是玄堂，中央部分是太庙。堂的左右各有侧室。

从建筑的布局我们就可以大致判断它的含义，它由中央的太庙和四面的堂组成。太庙是祭祀祖先神的场所，是贯通人神的地方。四面的堂从名称就可看出代表"四方"。因此这个建筑本身表现了天子控制天人沟通和掌控天地四方的意象，它本身的秩序感包含有上、下和四维的因素，体现了宇宙的基本形式规则，表达了中心与边缘、主与次、尊与卑的等级秩序。通过建筑本身就向人们传达了有关天地秩序的信息，人们在这个建筑中的仪式行为，能让人们对这种"天"的秩序与人类社会结构和个人行为规范的关系产生切身感受。

由于没有留下形象资料，在汉武帝建明堂时，明堂的形制已是众说纷纭。不过明堂的基本功用还是明确的，大约综合了居住斋戒、观天象、祭祀、研究、报告、会议及颁布国家大政方针等一系列的功能，在西周时期是国家政治中心。在汉长安南郊发现了一组西汉时期的礼制建筑群，估计是当年的明堂、辟雍等礼制建筑遗迹。辟雍是另一个重要的礼制建筑，对于它的意义《白虎通义》中有这样的记载："天子立辟雍者，所以行礼乐，宣教化。辟者，象璧圆以法天；雍者，拥之以水，象教化流行也"。天子建立辟雍的目的在

---

1 从内外尺寸差可以判定建筑周围有环廊，在宋代的《营造法式》中称为"附阶周匝"。

于推行礼乐之制，宣传王道教化。辟者，像圆形的璧，象征天；雍者。由水面环绕，象征教化流行。辟雍是推行王道教化的研究与教育机构，它的形象保留在国子监中，一直保留到现在，是难得一见的早期礼制建筑的形象遗存（图 3-2-2）。

图 3-2-2　清代国子监中的"辟雍"

礼制建筑在不同时代不尽相同，明堂建筑在汉代以后已不再建造，它的功能被其他礼制建筑代替。祭祀祖宗、社稷、天、地等活动一直是皇家礼制的重要组成。它们分别在太庙、社稷坛、天坛、地坛中进行。观天象的工作由司天监或钦天监的观象台负责，它的"通天"象征逐渐淡去，科学意义日渐凸显（图3-2-3）。

图3-2-3　邺城元代司天监天文台

隋唐以后，和殿堂建筑一样，礼制建筑的形制逐渐脱离台榭建筑追求建筑体量的集中高大与天接近的倾向，外观向平实亲切的合院式建筑靠拢。后世常见的礼制建筑在形制上无非"坛"和"庙"两类，所以又被称作坛庙建筑。只有其中的"坛"类建筑保留了些许"古风"，我们还能从北京的天、地、日、月坛中看到一些早期"通天"建筑的影子。

这明清时代的礼制建筑中，最为杰出的当属天坛建筑群，它可以说是古代"象征主义"建筑的典范。天坛建筑群的总平面形状或者说它的围墙的形状，是一个北端呈圆形的长方形，象征天圆地方。它的核心是中轴线上从北到南依次布置的三座建筑物：祈年殿、皇穹宇、圜丘。祈年殿是祭祀"稷"神感谢丰年的地方，三层蓝色圆攒尖屋顶，圆形和蓝色是天的象征。四根内柱代表四季、十二根金柱代表一年的十二个月、十二根檐柱代表十二辰。皇穹宇是供奉昊天上帝牌位的地方，圆形单檐攒尖顶，圆形的围墙形成圆形的院落，这个围墙的施工精确到无以复加的程度，以至于产生令人惊叹的回声效果，被称为"回音壁"。真正的"天坛"是轴线南端的"圜丘"，是帝王与上天对话的场所。这是一个圆形的三层汉白玉的"台"，台面石材铺砌是精心设计的，其中心是一块圆形的石材，外围共铺了九圈扇形石板，每圈石板数量都是九的倍数。此外，它的栏杆、台阶、尺寸等所有数字都是九的倍数。可以说天坛建筑群的设计将象天之数用到了极致，将"天数"深入到了建筑的每一个构件、每一块材料之中。

礼制建筑是皇家宫殿建筑体系的构成部分，在中国传统建筑礼制框架中，它们是处于顶端的、沟通天与人的环节。通过礼制建筑，人们对"天道"进行解读并用来对人间礼制加以"包装"，赋予礼制"天道"的依据，这些礼制规范不仅体现于宫殿建筑，同时也必须推广至人类社会的每一个角落。

从"神仙"境界到君子品格

礼制的规范影响到建筑领域，促成了以"人"为核心的审美价值观。从建筑技术角度来看，高大集中的建筑体量适于炫耀技术，更适合炫耀财富，但中国宫殿建筑却改变了这个多数民族遵循的建筑发展方向，转而采取了体量分散外观相对朴实但更适合"人"居的"合院式"建筑模式。"合院式"建筑是以空间为核心的建筑体系，建筑艺术表现力首先体现在建筑空间形态的合理与适度的变化，人们通过对一系列空间的体验来感悟环境之美。礼制与"人"的行为相关，也就对建筑空间形态和建筑群内外不同空间的衔接过渡提出了更高要求，这样就推进了中国宫殿建筑在空间及功能分布上的合理与成熟，促进了"空间体验"式的建筑审美方式的完善。"合院式"建筑空间模式与中国早期的台榭建筑有一个本质性区别：台榭建筑是以单个建筑的"实体"为中心，环境空间只是环绕在建筑的周边，与建筑内部空间以及建筑中的人隔着"一层皮"。而"合院式"建筑是以建筑实体环绕环境空间，建筑物也被外部环境空间所包含形成层级关系，其中心是"空间"而不是"实体"，建筑中的"人"可以置身于环境空间之中。建筑与环境空间交替出现，使得建筑与环境得以实现更真切的交融，人与自然的关系也更密切。

这个现象在岐山凤雏村西周宫殿遗址中就已初现端倪。这座2500年前的建筑外观上朴实无华，但它首先在空间秩序上具有良好的基础。在精神功能方面，它提供了主要的、次要的、辅助的；私密的、交流的、半公开的和公开的各类空间，足以满足当时所提倡的个人和家庭的理想行为模式。从物理功能上，它具有从开敞的、半开敞的到封闭的以及各类过渡空间形态，足以满足每个人在生活中的各类需求。它具有明确的轴线关系和层次分明的交通线路，整个空间体系秩序井然、等级分明，并具有将这一空间体系按照统一的秩序规则无限发展的潜力。在2000多年前的建筑中运用如此"早熟"的设计手法完全出于"仪礼"的要求。

礼制学说确立了中国宫殿建筑以"人"为核心的建筑环境意象。这点很好理解，礼制是人类社会的制度，"仪礼"是关于建立人与人的关系的规则，这些制度和规则都关系到"人"的行为模式。中国传统宫殿建筑对"人"的关注由来已久，"仙境"意象的引入也体现了中国人对自然环境与人的关系的重视，特别是自然环境对于个人修养的重要意义，但"仙境"将人引向红尘之外，而"礼制"追求的环境意象则试图使人们在红尘之中生活得"从心所欲"并且心安理得。古代的中国人曾有过将先贤神化的传统，继神仙文化兴起将"神"变成"仙"之后，儒家的学说逐步地将"仙"变为"圣"。如果说"仙"还具有一些神性，那么"圣"已经是完完全全的人，是人们应该学习效仿的"模范人物"。皇帝最终被称为"圣上"，也就是圣人之一。

德才兼备方能成为圣人，这不是人人都能做到的，才华有先天因素的制约，不能强求。但是，道德修养是人人都可以追求的，高尚的德行完全是后天养成的，有德而无才虽不足以成为圣人，但可以成为"君子"。因此，养成"君子品格"成为人人都应该树立的人生目标。礼制学说的发展促使宫殿建筑环境由"神仙海岛"意象向"君子品格"象征转化。如果说"仙境"的意象意味着人们将视线力从"天"上转移到人间，那么"君子品格"的意象就意味着人们将目标直接对准了现实社会。随着帝王们的身份从"神"到"仙"再到"圣"，宫殿建筑的审美意象也最终完成了从"天界"回到"人间"的全过程。第一章我们曾对秦汉时期宫殿建筑的"象天"手法和"仙境"意象有许多描述，汉武帝独尊儒术以后，"儒术"对宫殿建筑的影响在东汉时期开始显现出来，我们从张衡的《东京赋》对洛阳宫殿建筑群的描述就可以看出一些发生变化的迹象：

逮至显宗，六合殷昌。乃新崇德，遂作德阳。启南端之特闱，立应门之将将。昭仁惠于崇贤，抗义声于金商。飞云龙于春路，屯神虎于秋方。建象魏之两观，旋六典之旧章。其内则含德章台，天禄宣明，温饬迎春，寿安永宁。飞阁神行，莫我能形。濯龙芳林，九谷八溪。芙蓉覆水，秋兰被涯。渚戏跃鱼，渊游龟蠵。永安离宫，修竹冬青。阴池幽流，玄泉冽清。鹎鶋秋栖，鹘鸼春鸣。雎鸠丽黄，关关嘤嘤。于南则前殿灵台，和欢安福。谠门曲榭，邪阻城洫。奇树珍果，钩盾所职。西登少华，亭候修敕。九龙之内，实曰嘉德。西南其户，匪雕匪刻。我后好约，乃宴斯息。于东则洪池清蘌，渌水澹澹。内阜川禽，外丰葭菼。献鳖蜃与龟鱼，供蜗蠃与菱芡。其西则有平乐都场，示远之观。龙雀蟠蜿，天马半汉。瑰异谲诡，灿烂炳焕。奢未及侈，俭而不陋。规遵王度，动中得趣。于是观礼，礼举仪具。经始勿亟，成之不日。犹谓为之者劳，居之者逸。慕唐虞之茅茨，思夏后之卑室，乃营三宫，布教颁常。复庙重屋，八达九房。规天矩地，授时顺乡。造舟清池，惟水泱泱。左制辟雍，右立灵台。因进距衰，表贤简能。冯相观祲，祈禔禳灾。[1]

1　《文选·东京赋》

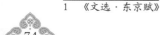

和描述秦汉宫殿的文字比较我们不难发现，虽然上文中仍有一些如"龙雀蟠蜿，天马半汉"这样的关于仙境意象的形容，但已不是文章主题。文中没有提到诸如"决汉抵营室"、"则紫薇"、"法牵牛"这样在形式上直接模仿天象的手法，也没有像"昆仑"、"瀛洲"这类象征仙境的描写。张衡在这里提到"规天矩地，授时顺乡"这样的方法，也就是用对天地的"规矩"的模仿和体现，代替了形式上的模仿。文中反复强调的是和儒家礼制、教化及西周建筑制度有关的内容，比如"旋六典之旧章"、"规尊王制"、"礼举仪具"、"布教颁常"、"表贤简能"等。也有对西周礼制建筑内容的直接套用，例如"左制辟雍"、"右立灵台"。除了"灵台"这个来自周代的名称，我们也没有发现台榭建筑的痕迹，甚至没有关于建筑如何高大的描写。据文章中的描写，洛阳宫殿建筑的尺度规模和华丽程度都是有节制的，符合儒家提倡的中庸的原则，即文中所谓"奢未及侈，俭而不陋"。即便如此，犹恐过于劳动民力，乃至于"慕唐虞之茅茨，思夏后之卑室"，虽然说唐虞的茅草屋和夏后氏的矮小宫室不可能真正成为东汉宫殿的样本，但这样的思想说明东汉时期，唐虞和夏后氏这些祖先已经走下神坛成为人们效仿的模范"人物"——圣人。过去宫苑中的奇花异卉、珍禽异兽少了，出现了"芙蓉覆水，秋兰被涯"、"永安离宫，修竹冬青"这样的象征君子人格的景致。芙蓉、兰花、竹子、冬青这些植物都是中原地区最常见的物种，一方面它们属于凡间不属于仙境，是人人都可以欣赏甚至拥有的，另一方面它们各自具有诸如不同流合污、刚正不阿、洁身自好等君子品格的象征意义，在唐朝以后，这些植物成为中国艺术作品中最常用的题材，也是园林种植和建筑装饰最常用的素材。"西南其户，匪雕匪刻。我后好约，乃宴斯息"。在门窗非雕非刻的简朴的厅堂里约会、筵宴、休息，享受普通人的生活情趣。宫苑环境审美意向，在这里体现为对平淡的现实生活的表现，透露出它的主人在世俗生活中、在自然的怀抱中安宁和满足的精神状态（图3-2-4）。东汉宫殿建筑环境的变化，意味着中国宫殿建筑的一次重大变革，中国人关注的焦点开始从"天界"回到"人间"。

图3-2-4　石崇金谷园图

3 建筑礼制中的"君臣"关系

礼仪行为与建筑空间秩序

在君臣关系中，君就是天，君臣关系也是天人关系，但毕竟君不同于抽象的"天"，君臣之间是有某种互动行为的。所以君臣关系归根到底还是人与人的关系，礼制体现在人与人的交流上就与建筑空间形态有了更密切的关系。礼乐制度在"人"身上的具体表现归根到底是"礼仪"的问题，每个人、每时每刻能够方便地确定自己在社会中的正确位置，确定自己在每个场合中恰当得体的言行举止，确定人与人之间恰当的"仪态"。一旦与人的行为挂钩，就必然要对建筑空间形式提出非常复杂而具体的要求。中国传统社会礼制结构是建立在早期宗法制度基础之上的，它的根本结构关系在国家体现为君臣、在家族中体现为父子，由此形成了家—国的同构关系。

于是这一礼制结构得以逐级地反映在国家、城市、聚落、公共建筑、住宅的空间结构之上。在这个背景下，传统的中国建筑构筑了一个覆盖全国大部分地区和大部分建筑类型的标准化建筑体系，在这个体系中，多数建筑可以共用相似的空间形态、相似的结构体系。不仅世俗建筑如此，宗教建筑也是如此；经过南北朝时期信徒们"舍宅为寺"的善举，源自印度的佛教建筑也被纳入了这个体系。但并不是说大家都住在一模一样的房子里面，实际上不同地区、不同地位、不同品味的人们所使用的建筑区别还是很明显的。这些区别体现在不同的等级规格、材料、工艺、装饰风格、陈设布置、环境配置等许多方面。所以我们也很容易直观地判断出一座建筑的属性甚至是它的主人的品位和个性。礼制在建筑上主要体现于特定的空间模式和象征元素上。

儒家的经典《礼记》中有许多"仪礼"方面的记载与建筑格局有密切的关系。比如关于一次在乡学举行的饮宴活动记载中就有这样的描写："乡饮酒之义：主人拜迎宾于痒门之外，入三揖然后至阶，三让然后升，所以至尊让也。"[1] 乡学的这个仪式每年举行一次，主要目的是对一年的教育考核情况进行讨论。仪式中主人首先要到门外迎宾，经"三揖"到达堂前台阶下，"三让"之后才升堂入座，以此表示宾主间最大的尊重与礼让。这个"仪礼"要求建筑的门和堂之间有一定的空间距离以完成"三揖三让"的举止。我们从夏代

1 《礼记·乡饮酒义》

二里头遗址和商代盘龙城遗址的殿堂建筑布局中都能发现这样一个共同特点，就是殿堂之外有围廊院落，院落大门与正堂之间有一定距离，这也是所谓"门堂制度"的早期体现。夏、商时期的建筑遗址中二阶堂的发现，证明这样的礼节远在西周之前已经形成了。

我们注意到夏商之际的殿堂多是有东、西两个台阶的二阶堂，这个布局是为宾主更详细、对等的"仪礼"准备的："有宾至，主人迎。主人以宾揖，先入。宾厌众宾，众宾皆入门左，东面、北上。宾少进，主人以宾三揖，皆行至阶；三让，主人升一等，宾升。主人祚阶上，当楣，北面再拜。宾西阶上，当楣，北面再拜"。[1] 这段话对迎宾之礼的过程记得很具体：宾客到来时，主人迎至门前，主、宾作揖表示相见甚欢，主人先进门引导。众宾客随之进门列于庭院左侧，面向东，北面为上。宾客上前一步，主、宾三揖之后到达堂下的阶前，三次谦让之后，主人先上一级台阶，然后宾客登上大堂。主人由"祚阶"登堂，至门楣处北面再拜，对上天表达对这次欢聚的欣喜之情。宾客由"西阶"上至门楣处，向北面再拜。"祚阶"也就是东阶，东侧是主人的方位，我们至今仍将请客吃饭称为"做东"。西阶又称"宾阶"，西侧是宾客的方位。传统上将家庭教师称为"西席"或"西宾"，是对教师以宾客相待而区别于一般雇佣人员，以示对教师的尊重。这一类复杂细致的仪礼规则对建筑的布局自然有严格要求，"二阶堂"之所以使用"二阶"的意义正在于此。

从这些记述里面我们可以理解，为什么"门、堂"对于中国传统建筑具有特别重要的意义。如果说祖宗牌位是人们联系"神"人的环节，那么"门"与"堂"就是连接"家"与"国"、个人与社会的重要环节。所以在建筑礼制体系中，"门"与"堂"是关键所在，一座建筑的等级实际上主要体现在"门堂之制"上。"门"在中国传统建筑中并不一定都具有安全防护的作用，更重要的是它的"仪礼"意义（图3-3-1）。由"门"到"阶"的这段空间是和"仪礼"的形式密切相关的，门的形制、"门"与"阶"的距离和路线、"阶"的位置和数量都是由"仪礼"的形式也就是人在这段距离中的行为决定的。

二里头一号宫遗址显示，该宫殿是一个八开间建筑，偶数开间建筑在之后非常少见。由于偶数开间建筑正中间有一列柱子将建筑一分为二，这个建筑的正中间就无法设台阶或开门，这样就显得没有向心感。奇数开间就比较灵活，可以在中轴线上设台阶、开正门，也便于在一阶、二阶或三阶之间任意选择。陕西岐山凤雏村西周宫殿的遗址正堂下比夏代多了一个中阶，成了"三阶堂"，根据上节提到的《礼记·明堂位》的记载，西周诸侯朝会时，大

1 《仪礼·乡饮酒礼》

图 3-3-1　曲阜孔府的"仪门"

堂前庭的站位安排是：三公之位在中阶之前，侯爵之位在阼阶之东面朝西，伯爵之位在西阶之西面朝东。除天子在堂上以外，臣子中最尊贵的三公、侯爵、伯爵的站位行列正好形成了一个向着院落大门的"门"字形队列，这也是一个最美观有序的仪仗队形。

　　由于礼制的对建筑形制有着非常直接和详细的要求，历史上人们提出了并且试图推广一些理想的居住建筑空间模式。东汉的郑玄曾著有《三礼图》一书，根据《周礼》的制度规则提出过相应建筑模式，可惜该书失传，之后历代学者多有重新发掘者。清代的张惠言所著《仪礼图》中的士大夫堂室图（图 3-3-2）。基本准确地反映了《周礼》对居住生活中仪礼制度的要求。这是一个二阶堂形式的房屋，有院落、前堂、后室、两厢、北堂。这样的建筑图并不像现代建筑设计图那样比例精确，只是一个示意图，重点在于表现与礼制相关的"门堂制度"。但是有个现象值得注意，我们将西周岐山凤雏村宫殿遗址和北京四合院加以比较，就会发现它们惊人地相似，这个现象说明还存在一种技术传承渠道，可以将这样的建筑传统在数千年中继承下来，但这个技术性的传承机制我们现在几乎完全不了解。

　　"门"与"堂"构成的这个核心空间包含三个内容，分别是院落的大门、正面的厅堂和两者之间的"庭"。从上面的分析我们发现礼制与"庭"的关系非常密切，或者说"庭"在礼制规范中具有重要意义。在各种典礼活动乃至

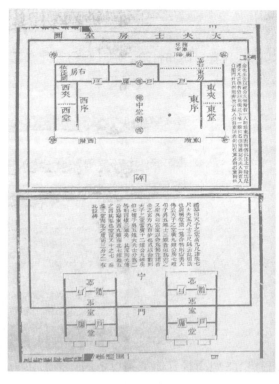

图 3-3-2　士大夫堂室图

于普通家庭送往迎来的交际活动中，庭是具有重要功能的，不只是"三揖三让"而已。"庭"的最重要的功能除了"礼"还有"乐"。孔子说"八佾舞于庭。是可忍孰不可忍！"[1] 说明"庭"还是举行乐舞的场所。古人饮宴时，宾客"西序东向"，也就是在堂的西侧座席向西排成一列；主人们"东序西向"与客人相对而坐。主人家长或"席长"居中面向中庭。大家一人一幅"座席"，席地而坐。堂中可设"舞筵"[2]，供舞蹈者使用，有"筵"、有"席"就可以号称"筵席"了。合奏的乐队或群舞则需在庭中举行，孔子为"八佾舞于庭"而怒不可遏，因"八佾"的舞蹈规格高，是天子特权，季孙氏在自家举办就有僭越之嫌。这个"舞于庭"的传统一直延续下来，清代流行的"堂会"，就是将近代艺术形式京剧与古礼结合的产物。故在一个传统的四合院式建筑中，庭院是大家同乐的场所，秩序井然的空间序列加上欢乐聚会的庭院，就是"乐统同，礼辨异"[3] 在建筑空间格局上的体现。

　　和《礼记》的时代相比，在后代的建筑中，由"门"到"堂"的这段空间层次变得更复杂了。也就是说门可以不止一道、堂可以不止一座，这样一来建筑中轴线上就形成了丰富的空间层次。等级越高，门和正堂的距离越远，门和正堂之间的层次越多，所以我们有句老话叫"侯门深似海"。建筑越高越伟大，这是举世公认的标准，在中国建筑中又加上了"深"这个指标，于是就显得"高深莫测"了。门的形式有多种，有的门只是墙上的一个开口，有的"门"本身就是一座屋宇，后者地位高于前者。屋宇式大门又分三个等级，第一等是王府大门和"广亮大门"，它们的门扇安装在屋宇的中柱缝处，门前

1　《论语·八佾》
2　筵是较大的席，用于舞蹈的称为"舞筵"。
3　《礼记·乐记第十九》

留出的门廊最深。第二等是"金柱大门"，金柱是比中柱更靠外的一列柱子，所以它的门外所留的门廊空间比"广亮大门"浅一些（图3-3-3）。第三等的是"蛮子门"，门扇安装在檐柱上，门外只有屋檐和台阶。这三种门都开在建

图 3-3-3　四合院的"金柱大门"

筑的中轴线上，显得冠冕堂皇，只有贵族和高级官僚宅第可以用，而且也不是人人都可以走正门的，这样的宅院通常还设有"角门"供一般人平时出入。普通的平民住宅正面中轴线上不能开门，只能在东南角院墙上开设一个角门（图3-3-4），进入角门后左转回到中轴线处，这里的第二道门才是比较华丽正规的"垂花门"（图3-3-5）。进了正门不一定就能看到正堂，有些宅第在正堂与大门间还有一座"穿堂"，经过"穿堂"之后才能看到正堂。

图 3-3-4　四合院的"角门"

图 3-3-5 四合院的"垂花门"

　　"门堂"空间的变化意味着"仪礼"的变化，更复杂的门堂空间意味着更复杂的仪礼。曹雪芹在《红楼梦》中通过林黛玉的视角对荣国府的"门堂"有一段描述就说明了清代的"门堂制度"。书中是这样描写的："……忽见街北蹲着两个大石狮子，三间兽头大门……正门不开，只东西两角门有人出入；正门之上有一匾，匾上大书'敕造宁国府'五个大字。……却不进正门，只由西角门而进。轿子抬着走了一箭之远，将转弯时便歇了轿，后面的婆子也都下来了，另换了四个眉目秀洁的十七八岁的小厮上来抬轿子，众婆子步下跟随，至一垂花门前落下，那小厮俱肃然退出，众婆子上前打起轿帘，扶黛玉下了轿。黛玉扶着婆子的手进了垂花门：两边是抄手游廊，正中是穿堂，当地放着一个紫檀架子大理石屏风。转过屏风，小小三间厅房，厅后便是正房大院。正面五间上房，皆是雕梁画栋，两边抄手游廊厢房，挂着各色鹦鹉画眉等雀鸟。台阶上坐着几个穿红着绿的丫头……"[1]

　　荣、宁二府都是公爵府邸，因此有着三开间用兽头装饰的大门，但黛玉作为晚辈只能由角门进入，外来轿夫只能到转弯处，不能到大门前，而本府抬轿的小厮们也只能到垂花门外就肃然退出，然后黛玉方能步行进入垂花门。但此时仍不能看见正堂，需要经过"穿堂"、绕过屏风、走过厅房才进入真正的"庭"——正房大院，内院的丫头们只能在此等候，不能出垂花门外迎接。这样的层次结构对于内外之别就有了明确细致的区分。什么样的人，什么身份地位，与主人是什么关系，相应地能够进入到哪一层的什么位置都很明确；什么东西能让什么人看到，什么东西不能让哪些人看到，都有相应的建筑上的措施与之适应。"侯门深似海"的含义于此我们可以有所理解。

这些王侯府邸中的礼制规范实际上就是宫殿建筑中"君臣之礼"的缩影。"门堂制度"在宫殿建筑中就体现为门、朝、宫之间的关系问题，宫殿建筑中的"门堂制度"也就是"三朝五门"、"前殿后宫"的制度。宫殿建筑不仅建筑的尺度规模远远超过民间建筑，两者内容的复杂程度也不可同日而语。因此宫殿建筑除了入口处是由一个最森严的"门堂"体系——"三朝五门"至三大殿这一部分作为核心空间以外，其内部又是由许多个大小不同的以"门堂"为核心的建筑组群通过不同的轴线关系组合起来的庞大的空间体系。虽然从规模上看普通住宅无法和宫殿建筑相提并论，但空间构图原则是相同的。不仅是住宅和宫殿建筑，包括官署、佛寺、道观、学堂在内，几乎所有传统建筑莫不如此。各类传统建筑无论它们的功能有多大区别，其核心部位必然有由门至堂的这么一组空间，建筑的规格、等级也在此处得到最集中地体现。

礼制和建筑等级秩序

尽管不同时期人们对礼制的理解和表现不完全相同，但礼制在社会结构秩序上的体现是相似的，衣食住行都能体现一个人在这个结构中的位置，在建筑上当然体现得更为直观。在中国传统建筑中，礼制的规范可以说是渗透到了每一个"细胞"之中，从选址、布局到建筑的造型、结构、构造、装饰、色彩处处都有礼制上的要求。前面我们实际上已经谈到了宫殿建筑在选址和布局上与天文、地理相关的礼制要求，像与紫微垣的对应关系、北京城选址那样的风水局面都是只能由皇家宫殿建筑所独享的。还有"数"的象征方面，诸如九五之尊的含义也是普通人住宅所不能效法的。但这些规范更多体现的是天人关系上的礼制规范。而礼制在人与人或个人与社会的关系上，最直观的建筑表现就是"门堂"的规格制度了。

这种"门堂制度"在宫殿建筑中的终极体现就是"三朝五门"制度。在宫殿建筑中，由"门"到"堂"也就是由第一座门到正殿的空间深度当然是其他建筑无法比拟的。例如北京故宫，在抵达太和殿之前，需要经过大清门、天安门、端门、午门、太和门共五座门。各门之间的空间形态各异：有的压抑有的舒缓；有的庄严有的亲切；有的枯燥乏味有的丰富美观，经过这一系列空间体验的"教化"之后，再顽固的头脑也会臣服于"王道"之下了。

宫殿建筑是普天之下礼制体系中等级最高的建筑群，但并非宫殿建筑中的每个建筑等级都高。在宫殿建筑群中，所有建筑共同组成一个完整的制度体系，每个单体建筑都有各自不同的等级地位。后宫中的居民有君臣上下之别，前朝的天子与众臣也有等级贵贱之分，宫殿建筑在形制上必须准确地反映这种礼制秩序，一座宫殿就是一个完整的"天下礼制"的实体模型。在建筑形式与细节上对这样的等级规定详细而且具体。从位置上来说，中轴线上的建筑等级比两侧高，"前殿"等级比"后宫"高，而每座房屋根据用途和使用者的地位都有不同的等级地位。下面我们通过对一座殿堂建筑从上至下地分析来说明这个问题。

中国传统建筑最吸引眼球的特征就是它的大屋顶，虽然许多民族都有坡屋顶的传统建筑，但中国古建筑的屋顶格外的高大，而且是曲面的。从技术角度很容易解释这个现象。古代中国的地面建筑用砖很晚，直到宋代才在宫殿和官式建筑中逐渐普及，明代以后才在民间建筑中推广。在砖砌墙体普及以前，建筑的墙体多用"夯筑墙"或用"土坯"砌筑墙，这种未经煅烧的材料建造的墙体被称作"生土"墙。生土墙体有个最大的问题就是不能防水，于是防水的功能就完全交由屋顶来完成，我国传统建筑的屋顶就如建筑头上的一把"雨伞"一样，要保护整座建筑的土木结构不受雨水侵蚀。从宋代以后，随着砖的运用，传统建筑的屋顶也有逐渐缩小的趋势，但曲线优美的大屋顶作为中国建筑的风格特征仍被基本保留下来。我们看看现存的唐代建筑就可以发现当年的屋顶有多么大。作为建筑主要特征的大屋顶，这么引人注目的建筑元素当然是一个体现礼制规则的好地方。

屋顶的等级规定首先体现在它的层数上，这里指的是一个单层建筑所拥有的屋檐的层数。两重屋檐的称为重檐，重檐屋顶的等级高于单檐。大屋顶又有不同的样式，有两坡和四坡的区别，四坡屋顶的等级高于两坡屋顶。四坡屋顶里面又分为三种，分别是"庑殿"式、歇山式和攒尖式，其中庑殿式高于歇山式，歇山式高于攒尖式。综合以上秩序规则，就有了这样的关于屋顶的等级顺序：重檐庑殿、重檐歇山、重檐攒尖、单檐庑殿、单檐歇山、单檐攒尖（图3-3-6）。这个规定是非常严格的，除皇家宫殿建筑的正殿外，普天之下其他建筑几乎都不允许使用重檐庑殿这个最高等级的屋顶样式。即使在北京故宫中，重檐庑殿也只有紫禁城正门城楼、前朝正殿太和殿、后宫正寝乾清宫和太上皇居住的宁寿宫等为数不多的几座建筑运用了重檐歇山的屋顶样式。就连今天作为我们共和国标志的天安门，也只是重檐歇山式的屋顶，属于第二等级。故宫的"三大殿"中，太和殿为大朝所在，地位最高，用重檐庑殿式屋顶。保和殿为常朝，用第二等的重檐歇山。位于两者之间的中和殿是所谓"退居"，就是举行大典时的休息室，用单檐攒尖，是第六等的屋顶。

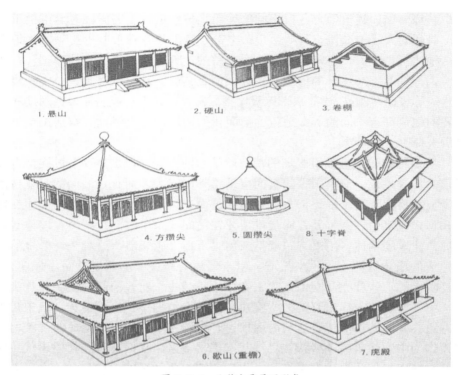

1. 悬山　　　　　2. 硬山　　　　　3. 卷棚

4. 方攒尖　　　5. 圆攒尖　　　8. 十字脊

6. 歇山（重檐）　　　　7. 庑殿

图 3-3-6　几种主要屋顶形式

　　民间的佛、道教庙宇的正殿——大雄宝殿、三清殿等，最多也是用第二等级的重檐歇山式屋顶。也有例外的，比如武当山被明代皇帝封为"仙都"，金顶建筑群入口上赫然写着"紫禁城"三个大字，其中的金殿就用了重檐庑殿屋顶。还有一个"超级"建筑，天坛的祈年殿采用了三层屋檐，这是普天之下最高等级的屋顶了。在地方官署建筑中基本没有重檐建筑，民间的民居祠堂等更是以两坡屋顶为主。两面坡的屋顶也有等级高低区分，顺序是悬山、封山和硬山。中国传统建筑和欧洲传统建筑入口位置有个区别，中国建筑主入口一般设在建筑的长边，与欧洲的正好相反。一个坡屋顶建筑我们从侧面看去它的墙体上部是一个三角形，形状像座山，所以人们习惯将侧墙叫做"山墙"。上面三种两坡屋顶等级顺序实际上取决于屋面和山墙的交接关系，屋面伸出墙头的叫"悬山"、墙头伸出屋面的叫"封山"、墙头和屋面都不出头的叫"硬山"。封山又叫"风火山墙"，有防火的作用，在南方建筑密集的城镇很是流行，人们津津乐道的徽州民居的"马头墙"就是"封山"的一种。在北方建筑间距大，防火不是问题，因而多用硬山，北京四合院建筑就多半是硬山屋顶。

在屋顶的下面，就是中国传统建筑的"注册商标"——斗拱（图3-3-7）。

斗拱是一个承托屋檐的"托架系统"，它的作用是将屋檐悬挑得尽可能远些，以保护墙体不被雨水淋湿。唐代以前建筑都将屋檐挑得很远，因此斗拱也就特别大，比如建于唐代的五台山佛光寺大殿，挑檐将近3米。宋以后由于砖墙普及，屋檐开始缩短，斗拱也随之缩小。但斗拱的等级不是以它的大

图 3-3-7 清式五踩（宋代称"五铺作"）斗拱

小决定的，决定斗拱等级的是它的层次。在北宋李诫编写的《营造法式》中，斗拱叫"铺作"，分为四级，分别是四铺作、五铺作、六铺作和七铺作，简单地说就是从一层到四层不等。对于重檐屋顶来说，每层屋檐下面都有斗拱，因此有上檐斗拱和下檐斗拱，它们的层数可以不同，一般说来建筑的等级高低体现在上檐斗拱的层数上。我们以故宫太和殿为例，它的下檐斗拱为七铺作，已是最高等级，但它的上檐斗拱达到九铺作、五层，是"超一流"的，普天之下唯此一例，突显出这个建筑的至高无上。斗拱通常只运用于宫殿和庙宇建筑，一般地方和民间建筑基本不用，即使有些民宅中用了也是不太规范的，装饰性的。斗拱等级体系有个例外就是牌坊，有些牌坊细碎复杂的斗拱多达十余层乃至数十层，但纯属美观需要，不受等级限制。

斗拱之下是建筑的柱子，柱子的等级主要取决于它的"开间"的多少。

前面我们已提到过，中国传统建筑的开间数通常采用个位单数：九间、七间、五间、三间，在夏、商、周代的遗址中曾发现过八间的殿堂，但之后未见其他实例。除北京故宫太和殿达到十一开间之外，人们通常认为九间是最高等级。在同一组建筑中，最高等级的元素一般只出现一次，以体现等级秩序的变化，同时也保证了建筑空间的变化与丰富。在地方与民间建筑中，一般建筑开间不超过七间。只有孔庙等具有特别文化地位的建筑才能打破这个规则。王府的大堂可以用七间，公爵以下只能用五间，如上节所提到的荣国府正房就是五间。普通民居只能三间，通常被称作"一正两厢"。三间正堂对于富有的人家实在是显得太小，有一个通融的办法就是在正房两边加上两个立面退后的小房，称为"耳房"，这样从正面看去还是三间，有五间之实却无五间之名。

再往下就是建筑的台基了。台基有的带栏杆有的没有，这是根据台基高度决定的。根据现存建筑的情况看，唐代建筑通常台基低矮，所以不设栏杆，宋以后的台基升高，大型建筑通常都有栏杆。在早期建筑中，台基用夯土筑成，无法抵御雨水侵蚀，故需要木结构的保护，这也是台榭建筑出现的原因之一。台榭建筑的夯土台基被木构的廊庑完全包裹起来，可以隔绝风雨。这样一来，建筑外观显得层次复杂，竖向节奏不清晰，汉以前的建筑立面上出现三层以上的屋檐是很常见的，却几乎看不到台基。汉代以后，地面砖广泛应用于宫殿建筑，用砖包裹的台基可以完全暴露于大气之中，这个进步导致了中国传统建筑面貌的巨大变化。台榭建筑层层叠叠的屋檐逐渐简化，建筑立面出现了由屋顶、屋身、台基构成的三段式构图。从此，台基的样式也具有了建筑等级秩序的意义。台基的等级取决于它的层数和做法两个因素。在做法上分普通台基和须弥台基，须弥台基用莲瓣纹样装饰，规制高于普通台基。在层数上台基又有三层和一层的区别，当然是层次越多等级越高。两者综合，三层须弥台基是最为尊贵的，仅用于皇家建筑中的重要殿堂，如三大殿、后三宫以及天坛建筑中。地方与民间建筑除少数经朝廷特许的宗教庙宇，一般只能用单层的普通台基。

建筑的礼制表现正是如此体现于各个不同层面，从而构成了一个完整的建筑礼制体系将"普天之下"的建筑纳入其中。但这个体系却没有想象的那么刻板，在这个等级森严的框架中，它仍然给予大家足够的自由发挥的空间。原因在于这是一个以"空间"为核心的建筑体系，它具有足够的包容能力，可以包容足够多的个性化的元素，这点我们在后面还要作详细分析。正是由于这个体系所特有的灵活性和适应性，才有可能将与中国古代社会生活相关的大多数建筑类型纳入其中，适应不同地域不同人群的审美取向和不同的功能要求。

"宇宙秩序"之美

中国传统礼制建设可以说是一个历经数千年的浩大工程，人们通过"绝地天通"的宗教变革为天地神祇建立了秩序，进而将这一秩序写放到人类社会。从夏代到西周时期，国家制度都是直接模仿"天"的，从国家行政机构的名称就能看出这一点，国家各个职能部门分别叫做天官、地官、春官、夏官、秋官、冬官，加上统领四方的东、南、西、北几个主要的"方伯"，于是人间制度与天界制度几乎是一模一样的。这些官名并非仅仅在名目上模仿天地，其中是有一定本质性关联的，比如在农业时代建筑活动一般会安排在冬季农闲时进行，所以主管建设事务的官员称"冬官"。人们进一步将这种源自天界的制度与生活中的礼仪行为规范衔接起来，共同构成了一个覆盖天、地、人的礼制体系，这个制度的建立意味着人类为整个宇宙建立了和谐统一的秩序规则。中国人历来将建筑工程看作建立人类社会制度工程的一个部分，建筑制度的形式与政治制度的形式是高度吻合的，宫殿建筑作为建筑主度体系的顶端，也就更具有制度的示范意义。

由于礼制对人的行为规范的要求与建筑空间形态密切相关，于是进一步肯定和强化了建筑空间的核心地位，进一步认识到建筑空间的表现力更胜于实体。中国传统审美体验方式是体验式的，通过身临其境的感受逐渐体会到环境之美，这种以空间为核心的环境模式与这一审美方式也是高度吻合的。环境者，环绕在周围的境界也，现在"环境"空间已被纳入居中的位置，那么现代的"环境"一词就显得不太贴切了。曾有人谈及中国广场院落中的雕像都位于中轴线两侧位置，不似西方将雕像置于广场中心。雕像偏离了视觉焦点，不符合基本的审美原则。需知这恰恰是中国建筑环境处理的精妙之处。在中国传统建筑中，任何"实体"的"物"是不能占据核心位置的，焦点只能留给"空间"，而空间是给人预备的，人与建筑环境空间共同构成合院式宫殿建筑的主要审美意象。随着礼制思想的发展完善，明清故宫的空间体系已是达到了登峰造极的地步。我们可以看一看英国学者李约瑟总结的西方建筑师们对故宫的评价[1]：

总的来说，我们发觉一系列区分起来的空间，其间是相互贯通的，但是每一空间都是以围墙、门道、高高在上的建筑物所环绕和规限，在要点上收紧加高，当达到某种高潮时，插入了附有汉白玉栏杆的弓形小河及五道汉白

1 李约瑟，中国科学技术史（第四卷，第三分册），科学出版社，上海古籍出版社，2008：80。

玉小桥。在各个组成部分之间是非常平衡和各自独立的。与文艺复兴时代的宫殿建筑正好相反，例如凡尔赛宫，在那里开放的视点是完全集中在中央的一座单独的建筑物上，宫殿作为另外的一种物品与城市空间分隔开来。而中国的观念是十分深远和极为复杂的，因为在一个构图中有数以百计的建筑，而宫殿本身只不过是整个城市连同它的城墙街道等更大的有机体的一个组成部分而已。虽有如此强烈的轴线形制，却没有单独的中心主体，或者高潮，只不过是一系列建筑艺术上的感受。所以在这种设计上一种反高潮的突变是没有地位的。即使是太和殿也不是高潮，因此构图越过它而再往北向后伸展。中国的观念同时也显示出极为微妙和千变万化；它注入了一种融汇了的趣味。整条轴线的长度并不是立刻显现的，而且视觉上的成功并没有依靠任何尺度上的夸张。布局程序安排很多时候都引起参观者不断地回味。

李约瑟在这里引用了一大段文字来描述西方建筑师对故宫的感受，虽然语言稍觉啰唆，但却是切中要害的。故宫建筑之美没有"开始"也没有"结束"、没有主体和中心、没有高潮也找不到尾声，这种源自"宇宙空间"的美感与西方古典建筑的源于独立对象的美感大相径庭，以至于西方建筑师很难找到贴切的词句加以总结。"多样性统一"的原则几乎可以说是一切古典艺术的共同原则，而礼制所追求的目标无非也是多样性的统一，而且是将宇宙万物统一于礼制秩序，这样客观上是将整个宇宙当作一个艺术品来塑造。作为宇宙这个巨大艺术品的一个有机组成部分，宫殿建筑的艺术魅力自当是无可比拟的。基于多样性统一这个共同的原则，西方建筑师虽不理解中国宫殿建筑的设计思路，但同样可以获得美的感受，同样为这种"宇宙秩序"之大美所震撼。

有些时候人们会在无意中将"礼制"与"自然"对立起来，通过以上分析我们不难发现，至少在建筑领域，礼制规范的建立完善与"象天法地"、"道法自然"这些思想并无根本矛盾，反倒是礼制的完善为建筑环境与自然环境的结合提供了更丰富、更具可操作性、更具推广价值的手法。建筑环境与自然环境的关系、建筑作为人与人交流的平台，这些问题是现代建筑师们津津乐道的话题。但对中国传统建筑来说这样的目标太渺小了，在这个宇宙秩序的大框架中，这些问题根本就不存在。在传统的中国建筑环境中，人们无法区分自然与人为，不知道自然在何处结束也不知道艺术从何处开始，人与我、我与"天"浑然一气，自然、社会、个人在青山绿水与白墙灰瓦之间达到了高度的和谐与平衡。

四、中国古代建筑营造手法

1 木构架

2 斗拱

3 屋顶

4 台基

5 装饰

1 木构架

　　木结构是中国传统建筑最主要的特征之一。木结构有很多优点，首先，中国传统建筑木结构体系主要由立柱、横梁、斗拱等构件组成。荷载由屋面到梁架再由斗拱到立柱层层传递，构件之间以榫卯连接，而榫卯又有若干伸缩余地，从而使建筑稳固而富有弹性，遇地震时不宜发生危险。其次，中国传统建筑有"墙倒屋不塌"的谚语，这主要是说建筑由梁柱体系承重，而隔板、墙体只起到分割和围护作用，因而对于隔板和墙体的布置有很大的灵活性。

　　木架结构形式定型主要在宋代，宋代《营造法式》是关于古代木构形制的最重要著作，上面记述了三种结构形式即：殿堂结构、厅堂结构和簇角梁结构，到了清代《工程做法则例》中则分为大式和小式。然而这些结构做法主要用于宫廷、坛庙、衙署、大府第等官式建筑的设计结构，其针对性较强，因而并不全面，单从梁架做法上中国传统建筑结构形式主要分为抬梁式、穿斗式和井干式三种。

　　抬梁式结构在中国传统建筑中应用范围较广，在传统建筑的发展中具有极为重要的地位，其主要做法为沿房屋进深方向立柱，柱上架梁，梁上再立瓜柱，其上再施梁，如此叠加数层，每层梁逐步收短，最上层梁上立脊瓜柱，各层梁头和脊瓜柱上安置檩条，从而使屋面荷载由檩到梁再到柱，逐层传递；在平行的梁架之间又有若干横向的枋联系，形成一个整体；两组木构架之间形成的空间即为"间"，一座建筑的间数通常不受限制，各层架梁柱的组合方式、数量也可以不同（图4-1-1）。

　　宋代《营造法式》中所记录的殿堂结构和厅堂结构均为抬梁式，殿堂结构（图4-1-2）主要特点为整个屋架分为三层，由内柱和外柱柱头高度相同的柱网为底层，其上为斗拱梁等构成的铺作层，再上为屋架层，施工时按水平层安装拆卸；厅堂结构与殿堂结构主要区别在于屋内柱子的长短都随着举势的高低来定，每个屋架由若干个长短不同的柱子组合而成，其中内柱比檐柱高出一两步架，并且只在外檐柱上使用铺作。另外，《营造法式》中记录的簇

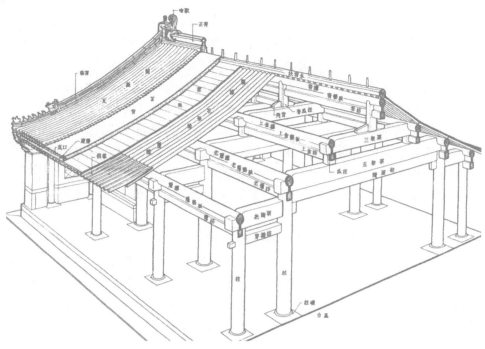

图 4-1-1 抬梁式

图 4-1-2 太和殿（殿堂结构）抬梁式

角梁结构的木构架也就是攒尖，即每个柱头上的角梁与位于中心的雷公柱相交，组成平面为圆形或锥形的屋顶。簇角梁结构多用于正圆或正多边形平面的建筑中，特别是应用在亭榭等小型单体建筑的屋顶，更显活泼、灵动。在明清时期的官式建筑中，殿堂结构的构架仅存表面形式，实际均为抬梁式结构，这种称"大木大式"，普遍应用的柱梁作，则称为"大木小式"。

抬梁式构架结构复杂，要求加工细致，但结实牢固，经久耐用。抬梁式构架内部有较大的使用空间，并且这种结构能产生宏伟的气势，还可做出各种美观的造型。用抬梁式结构建造小规模的房屋，比如一般住宅、廊屋等，不施用斗拱、柱上承梁檩等，相当于清代的"小式"建筑，被称为柱梁作，多用于悬山顶。

穿斗式构架是用柱子直接承檩，不用梁。每根柱子上面顶一根檩条，柱与柱之间用木串接，连成一个整体。其特点是支撑重量的柱子可以不必用较粗的，但柱子排列较密。这种构架优点是用较小的材料可以建造较大的房屋，而且网状的构造也十分牢固；缺点是因柱和枋较多，室内不能形成较大的连通空间。我国长江流域和东南、西南地区的建筑习惯采用穿斗式构架，用柱子直接承檩条，柱间穿枋仅作为连通构件（图4-1-3）。

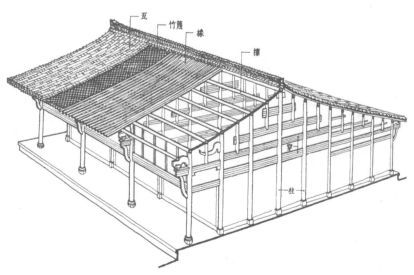

图 4-1-3 穿斗式

干栏式木构架屋面梁架形式与穿斗式相似，不同在于干栏式是先用柱子在底层做一高台，台上放梁、铺板等，再于其上建造房屋。这种结构的房屋高出地面，可以避免建筑物受地面潮气的侵害。

井干式构架出现较早，最早见于商代墓椁，目前所见最早的井干式房屋的形象和文献都属汉代。其做法是以圆木或矩形、六角形木料平行向上层层叠置，在转角处木料端部交叉咬合，形成房屋四壁，形如古代井上的木围栏，再在左右两侧壁上立矮柱承脊檩构成房屋（图4-1-4）。

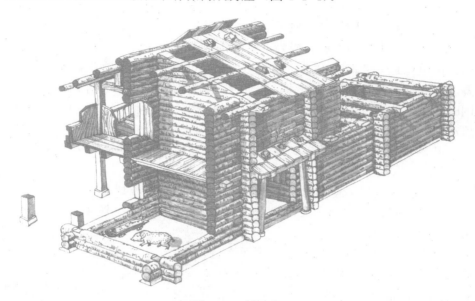

图4-1-4　井干式

井干式结构需用大量木材，在绝对尺度和开设门窗上都受很大限制，因此通用程度不如抬梁式构架和穿斗式构架。中国目前只在东北林区、西南山区尚有个别使用这种结构建造的房屋。云南南华井干式结构民居是井干式结构房屋的实例。它有平房和二层楼，平面都是长方形，面阔两间，上覆悬山屋顶。屋顶做法是左右侧壁顶部正中立短柱承脊檩，椽子搭在脊檩和前后檐墙顶的井干木上，房屋进深只有二椽。

2 斗拱

斗拱是我国传统建筑特有的一种结构做法，最早可见于汉代石阙、陶楼等，斗拱在大木结构中起着极为重要的作用，位于柱头和梁枋之间，承上启下，传递屋面梁架荷载；"斗"与"拱"之间以榫卯连接，结合紧密，层层叠叠，遇到地震时榫卯可以伸缩，具有一定的弹性，从而保证建筑物的安全，同时斗拱向外挑，使屋檐加长，保证主体结构免受雨水的侵袭，同时也使建筑造型更加优美、壮观。

斗拱从大到小，从简单到复杂，从承重功能到装饰功能经历了漫长的演变过程。

斗拱在汉代以前便已出现，但缺乏实物，因此很难判定其形式，对于早期斗拱的形式最早只能从汉代留存的少数崖墓、画像石（图4-2-1）、石阙、明器上进行了解，汉代斗拱构件较大且结构比后来简单。从汉代陶制明器中看，汉代斗拱形式多为墙壁出华拱，或斜撑，或挑梁，承托栌斗，其上施拱，再托平座和屋檐。后期以"一斗三升"颇为常见。至

图4-2-1 两城山画像石

魏晋南北朝时期，进一步完善了汉斗拱的不足，但仍没有标准化。多为一斗三升的基本形式，与汉崖墓石阙（图4-2-2）见到的相比，拱心小块已经演

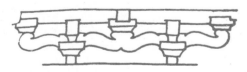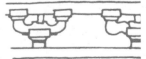

图4-2-2 冯焕、沈府君、高颐石阙斗拱

进为齐心斗。龙门古阳洞北壁佛殿形小龛（图4-2-3），其斗拱在柱头用泥道单拱承素枋，单抄华拱出跳；转角出斜45°华拱，后来称"转角铺作"，此为最古的一例。补间铺作出现的人字形斗拱，是汉代所没有的。人字形斗拱的人字斜边，魏时是直线，齐时为曲线（图4-2-4）。

图4-2-3 龙门古阳洞北壁佛殿形小龛

到唐代已有建筑实物留存，五台山佛光寺东大殿和五台山南禅寺大殿即为典型代表。唐代到元代，斗拱已发展成熟，形成标准化，形式也趋于复杂。这一时期，斗拱体积硕大，以材、

图4-2-4 补间铺作、云冈石窟柱头铺作

契、分为模数，用材较大，常用三、四、五等材的材料，高度接近柱高一半，形式由最初的一跳到两跳，乃至七跳；补间斗拱数量较少，一般一、二朵；斗拱的作用得到延伸，除了挑檐外，柱头所承托的梁多插入斗拱结构中，荷载由斗拱传递到柱子，斗拱成为各交叉点处的加强节点；屋顶出檐深远，达三四米，色彩简洁明快，风格庄重朴实（图4-2-5、6、7、8）。

明清时期，由于木材逐渐短缺，很多建筑都以各种额枋作为承重连接构件，斗拱的作用逐渐下降，只有柱高几分之一，以斗口为模数，脱离了宋材、契、分的模数，常用六、七、八等材的材料；补间斗拱数量增多，多达4—8朵，不承载，阑额因斗拱增多而逐渐加大；翘、昂等构件做法也随着其功能的消失而改变；屋顶出檐较短，大约1米。色彩繁复华丽，富丽堂皇，作用由承重向装饰转变（图4-2-9、10）。

图 4-2-5 唐佛光寺

图 4-2-6 宋圣母殿

图 4-2-7 辽善化寺普贤阁

图 4-2-8 辽佛宫寺释迦塔

图 4-2-9 明武当山碑亭

图 4-2-10 故宫先农坛（明始建清大修）

3 屋顶

屋顶是中国传统建筑中最鲜明、最突出的构成元素，在传统建筑中占据着极为重要的位置，具有沉稳大方而又精巧秀美的形态特征。同时屋顶的形式、体量、色彩、装饰等又体现出建筑的等级和风格，不同的屋顶形式对应着不同的建筑等级及建筑功能。传统建筑屋顶大致可以分为庑殿顶、歇山顶、悬山顶、硬山顶、卷棚顶和攒尖顶等，但实际应用中又因实际需要、气候环境等灵活多变，按其造型有穹隆顶、万字顶、扇面顶、盝顶、平顶等特殊的形式，按其组合形式又有丁字脊、十字脊、勾连搭、重檐等。

庑殿顶

庑殿顶又称四阿顶，由一条正脊和四条垂脊组成，又叫五脊顶（图4-3-1），前后两坡相交处为正脊，左右两坡有四条垂脊。庑殿顶出现较早，在商代的甲骨文、周代铜器中均有反应，据《周礼·考工记》载："商人四阿重屋"（《故宫博物院院刊》1979年02期），即早在商朝，已有四阿屋顶，但只是四坡水的茅草房而已。自从西周时

图4-3-1 庑殿顶（五脊顶）

代屋顶使用瓦件之后，人们对瓦当与屋脊逐渐重视，因为屋面两坡相交的地方必须把屋脊搭盖好，才不致漏雨，故该建筑形式逐渐形成。

庑殿顶在传统建筑中属于最高等级的建筑屋顶，只有在宫殿、庙宇等尊贵的建筑中才能使用，据历史文献记载及遗址发掘推测，庑殿顶早在殷商时代（图4-3-2）便已出现，但已无实物例证，现存实物以汉代阙楼和唐代佛光

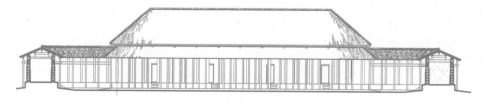

图4-3-2 盘龙城遗址复原图

寺大殿为早，这里以佛光寺东大殿、北京故宫太和殿为例。

现存的山西五台山佛光寺东大殿（图4-3-3），是唐大中十一年（857年）所建。此殿坐东朝西，北、东、南三面环山。建筑面阔七间，进深四间，八架椽，屋顶是单檐庑殿顶。屋顶的正脊、鸱尾和殿身各间的比例和谐。屋檐向外挑出近4米，殿身内外柱头上和柱与柱之间，均设较大的斗拱，撑托着深远挑出的屋檐。东大殿屋面平缓，正脊较短，正脊两端有两个造型遒劲的鸱尾。由东大殿建筑的屋顶我们可以看出唐代单体建筑的屋顶坡度平缓，出檐比较深远，斗拱比例大，柱子粗壮，体现了唐代建筑稳健、朴实、美观大方的风格。

图4-3-3 五台山佛光寺东大殿

太和殿始建于明永乐十八年（1420年），称奉天殿。今殿为清康熙三十四年（1695年）重建（图4-3-4），是用来举行各种典礼的场所，其建筑形制、体量均为紫禁城之最，建筑面阔十一间，进深五间，高35.05米，东

图4-3-4 北京故宫太和殿

西 63 米，南北 35 米，面积 2380 多平方米。庑殿顶，五脊四坡，正脊的两端各有琉璃吻兽，垂脊檐角有 10 个走兽，脊兽造型优美、吉祥威严。

歇山顶

歇山顶是等级仅次于庑殿顶的屋顶形式，也是中国古建筑中最为常见的一种屋顶形式。与庑殿顶相比，除一条正脊及四条垂脊外，歇山顶四角另有四条戗脊，共有九条屋脊，所以在宋代的时候也称为"九脊顶"（图 4-3-5）。所谓戗脊指的是由垂脊下端向四个屋角方向延伸的脊。这样的屋顶很好辨认，

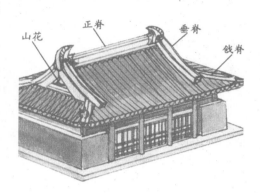

从侧面看，向下的两条垂脊好像是在半路上歇了一下就改变了方向，折向另一个方向延伸出去了，所以侧面的上半部形成了一个类似三角形的形状。侧面山墙上这块三角形的部分称为"山花"。山花部位一般都有装饰，或采用雕刻，或彩绘，或开小窗等，有的还在山花上设有搏风板和悬鱼装饰，形式比较灵活精巧，使整个建筑的屋顶不仅有雄浑的气势，还有细部的玲珑雅致风格。

图 4-3-5 歇山顶

歇山式屋顶从形式上看可以说是由双坡屋顶加设围廊组成，整个屋面造型上部是人字形、双坡面，在双坡面的下面是四个坡面。四个坡面前后与双坡面自然连接，呈现"反宇"形制，四条戗脊垂到檐口时向上起翘，左右与山花呈折线状连接，其檐口与屋面檐口处在同一水平线上自然连接。歇山式屋脊有曲有直，曲直有致，变化生动，九条屋脊在不同的方向，产生丰富的变化，有轻盈灵动之感[1]。

歇山顶的出现晚于庑殿顶，最早在汉阙石刻，在汉代的明器也都可以看到。现存最早的歇山式建筑是五台山南禅寺大殿。

现存南禅寺大殿为唐德宗建中三年（公元 782）重建（图 4-3-6），歇山顶，面阔三间，总面阔 11.62 米，总进深 9.9 米。建筑四角各柱，柱头微向内倾，使建筑重心向内，增加了建筑的整体稳定性，同时四根角柱稍高，与层层迭架、层层伸出的斗拱构成"翘起"，使整个大殿形成有收有放、有抑有扬、朴实庄重、典雅大方的风格。

悬山顶

悬山顶由一条正脊和四条垂脊组成人字坡的形式，与硬山顶类

1　《中国传统建筑屋顶》

图 4-3-6 五台山南禅寺大殿

似，但山面屋面的檩头在山墙处没有停下来，而是又向外挑出了一段，这也是和硬山式屋顶最大的区别之处。由于山墙两边屋面的挑出，所以悬山也称为"挑山"或"出山"，也就是说悬山顶不仅前后有出檐，在左右两侧山墙面上也有出檐，从而形成一种悬空的状态，这也是悬山顶得名的原因（图 4-3-7）。悬山顶是两面坡屋顶的早期做法，这种屋顶形式从视觉上看有悬空的感觉，比起硬山顶来说丰富一些。最初主要是为了对两侧山面墙体及木构架起到保护的作用，使之免遭雨水侵袭，随着我国砖墙的广泛应用，这种采用挑出檐保护木构件的作用逐渐减弱，悬山顶逐渐被硬山顶所取代。悬山顶等级次于歇山顶。悬山式屋顶除了用于南北方居民建筑中外，还较多出现在园林中的某些建筑上。

图 4-3-7 悬山顶

山西省平遥县双林寺始建年代较早，寺中碑文有"武平二年"（571）的记载，其创建年代应早于此，但寺中建筑曾经明清两代大规模重修或重建，现均为明清建筑。寺内建筑多为悬山式，图中为"天王殿"，面阔五间，进深三间，悬山式屋面，建筑两端出檐，风格质朴简洁；屋脊正中琉璃宝顶上有明"弘治十二年八月二十六日"题记，为明代重修时所置（图 4-3-8）。

图 4-3-8　山西省平遥县双林寺

硬山顶

　　硬山式屋顶形式比较简单、朴素，是由一条正脊和四条垂脊组成。硬山顶属于人字形屋顶的一种形式，它的特点是只有前后两面坡，而且两侧的垂脊与山墙面平齐或略高出山墙面，使山墙的形象颇为突出。山墙的两侧有时候用方砖叠砌搏风板，靠近屋角处做成榫头花饰（图4-3-9）。

　　硬山顶最突出的特点是，从侧面看山墙一直封砌到屋顶，不露檩头。这种屋顶形式大约是在明代之后开始流行。宋代的《营造法式》一书中还没有对硬山顶的记载，现存宋代的实物中也没见过这种顶式，推想在宋代时候应不存在硬山式的屋顶。明清时期以及在此以后，硬山顶被广泛应用于我国南北方的住宅建筑中。

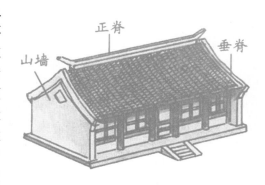

图 4-3-9　硬山顶

那一时期建筑中开始大量使用砖，砖墙代替了土墙，屋顶渐渐失去了保护木结构屋身的功能，屋檐的防水作用也不那么重要了。

　　硬山式屋顶属于等级较低的顶式，在民间住宅建筑中应用得较多，其不能使用琉璃瓦，大多使用青瓦，并且多用板瓦，较少使用筒瓦[1]。

卷棚顶

　　卷棚顶又称为元宝脊，这种屋顶形式的特点是：屋面前后两坡相交的地方不设正脊，而是用柔和的弧线形曲面相连，用筒瓦铺顶，直接卷过屋面，

1　《中国传统建筑屋顶》

101

像个罗锅，所以也叫"罗锅脊"。区别和辨认卷棚顶最有效的方法就是看它有没有正脊，这是卷棚顶与其他屋顶形式最明显的不同点。卷棚顶的屋顶构架多用两根脊瓜柱承托脊檩，并在脊檩上使用向上的弯椽（图4-3-10）。卷棚顶大多与歇山顶和硬山顶相结合运用，可以说它是歇山顶和硬山顶两者的变形，也就是把歇山顶和硬山顶上的正脊做成圆弧形，这时称为"歇山式卷棚顶"

或者"硬山式卷棚顶"，这些都属于无正脊的一种大屋脊形式。由于卷棚顶这种平缓柔美的曲线，使建筑耸立感较弱，呈现出温和柔缓的感觉，这种柔和的性格比较容易和环境和谐融合，这就决定了这种屋顶形式在园林中运用比较广泛。无论是在北方的皇家园林还是在南方的一些私家园林，卷棚歇山顶的建筑都比较常见。

图 4-3-10 卷棚顶

攒尖顶

攒尖顶的基本造型是没有正脊，只有垂脊，而且数条垂脊交合于顶部，上覆宝顶。它的尖顶高高耸立，呈尖锥形，看上去像一把撑开的伞。攒尖顶与其他屋顶形式相比显得较为轻巧，其屋面较陡，各条垂脊向上交合于顶部，上面再覆以宝顶、宝瓶和仙鹤等作为装饰，因此在宋代把攒尖顶也称为"斗尖顶"。宝顶就是圆形或近似圆形之类的装饰，在一些等级较高的建筑中，尤其是皇家建筑，宝顶大多都是鎏金铜质材料制成的，光彩夺目（图4-3-11）。

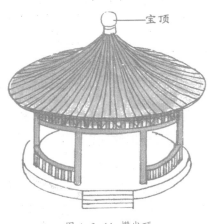

图 4-3-11 攒尖顶

攒尖顶建筑最早出现在北魏石窟的石刻上，在宋代绘画中也常见，尤其是明清时期实例居多。攒尖顶根据建筑的需要可以做成各种不同的平面形式，主要有圆形、方形、三角形、六角形、八角形等。攒尖式屋顶的特点比较突出欢愉的审美气质，在这种顶式上往往能体现出灵巧中有种端庄、活泼中带有清秀的风格特征。因此攒尖顶多用于园林建筑，尤其是亭、榭、阁、塔等小型建筑，体形与其他类型建筑相比显得轻巧灵动。

中国传统建筑以木结构为主要结构体系，木构架可以较自由的穿插叠加，从而创造出灵活多变的屋顶形式，塑造不同的建筑风格；因此，在传统建筑的设计建造中屋顶的处理显得尤为重要。传统建筑屋顶除了庑殿式、歇山式、悬山式、硬山式、攒尖式这六种基本的屋顶形制外，在实践中随着人们审美观点的提高，技术能力的进步以及气候环境、实际需求的变化，人们在这六种基本形制的基础上又加以引申、穿插和组合，形成复杂多变的屋顶形式，如丁字脊、十字脊（图4-3-12）、勾连搭、重檐等多种组合形式。这些极富变

图4-3-12 北京紫禁城角楼

化、瑰丽多姿的屋顶形式，不仅为中国古建筑增加了不少神韵，而且对建筑物风格的定位也起着十分重要的作用。反过来讲，在不同类型建筑的屋顶中，我们既看到了中国传统建筑屋顶千变万化的艺术之美，还能从建筑屋顶上了解到一些地方的社会经济、宗教伦理、生产技术、环境气候、民俗习惯等。

4 台基

    台基的作用一是解决建筑地面的潮湿问题，二是使建筑显得沉稳、高大。台基从高到矮、从简单到复杂对应不同的建筑等级：公侯以下、三品以上者，所居房屋的台基高二尺；四品以下和普通士民所居房屋的台基高一尺。

    台基分普通台基和须弥座台基两种，其构造形式并不复杂，平面由上部建筑的平面而定，一般为长方形，四面砖石围合，中间按柱网分布砌筑磉墩和拦土，磉墩为柱子的基础，拦土将台基内分为若干方格，若有槛墙时则作为承接槛墙的基础，方格内填土，上面由砖石铺砌而成。普通台基多用于普通房屋，而须弥座台基是宫殿、坛庙等重要建筑台基的常见形式（图4-4-1）。

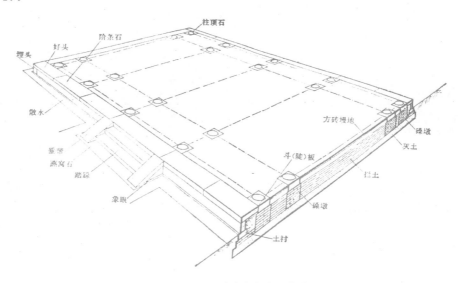

图 4-4-1　台基各部构件示意图

    建筑下部只要有基座，都会有一定的高度，因此，为了上下方便，常常依着基座前后或是前后左右设有台阶。踏跺就是台阶中间砌置的一级一级的阶石，因为是人脚登阶时踩踏的地方，所以也称"踏道"。

    垂带石是位于踏跺两侧的斜面石构（图4-4-2），多由一块规整的、表面

图 4-4-2　安有垂带石的踏跺（普通台基与须弥座的重叠）

平滑的长形石板砌成。台阶中踏跺的最上一级为上基石，中间为中基石，最下一级为燕窝石也称下基石。燕窝石比地面高出约一到两寸，与台基下的土衬石齐平。

　　象眼是台阶侧面的三角形部分。宋代时的象眼是层层凹入的形式。清代时的象眼大多是陡直的，有些表面平整，有些表面饰有雕刻或镶嵌图案。

　　皇家宫殿或寺庙等的主要殿堂，其石基座大多做成须弥座形式，以显示其非凡气势。

　　须弥座由佛教传说中的须弥山而来（图 4-4-3）。须弥座中的"须弥"即指须弥山，它是印度佛教传说中的世界中心。最初以须弥山的形象作为佛教造像底座，以显示佛教的伟大。须弥座传入中国以后，不但用作佛教造像的底座，也常用来承托较为尊贵的建筑，如，宫殿、坛庙。

　　为了增加殿堂的气势，须弥座式基座的前方多突出一块，即前伸的月台。

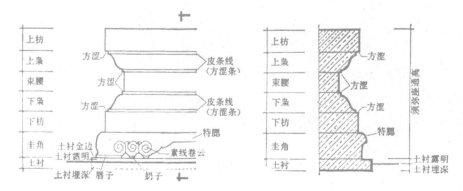

图 4-4-3　须弥座各部名称

月台的边缘，或是整个基座的边缘，又设置有栏杆、望柱、龙头等（图4-4-4）。一般来说，宫殿建筑的基座栏杆与望柱，大多是汉白玉石雕制而成，因为汉白玉石适于雕刻，材质也不错，色泽洁净，风格雅致。除此之外，在重要的宫殿建筑中，基座常由普通台基和须弥座台基组合而成，或做成双层须弥座；对于极重要的宫殿建筑甚至做成三层须弥座，俗称"三台须弥座"。

图 4-4-4　带龙头的须弥座

须弥座除了用于记住台基之外，还可以用于基座类的砌体，如月台，平台，祭坛、陈设座以及墙体的下碱等部位（图4-4-5）。

图 4-4-5　须弥座下碱墙

❀5❀ 装饰

　　雕刻与彩绘为建筑装饰的重要部分，在做法讲究的传统建筑中，尤其是宫殿、寺庙等大式建筑中，从建筑台明到屋顶脊饰，无不雕刻，同时又色彩鲜明，极具特色，因而中国传统建筑有"雕梁画栋"之誉；雕刻和彩画在建筑中的应用极大地提升了传统建筑的观赏性，同时，不同时期的雕刻和彩画又各有不同：如雕刻纹饰，在殷商时期以饕餮纹、龙凤纹等纹饰为主，魏晋时期以莲花等纹饰较为普遍，隋唐时期流行各种缠枝花纹，到了明清时期，雕刻纹饰图案极大地丰富起来，可谓数不胜数；这些丰富的雕刻和彩绘的题材内容，为我们了解不同时期的传统文化、伦理思想及民风民俗等提供了重要的实物依据。

雕刻

　　传统建筑雕刻就是通过不同的技法，对建筑材料予以加工，一步步减去废料，逐渐形成特定的形态，达到美化建筑的目的。中国传统建筑雕刻按材料可分为木雕、砖雕、石雕等，石雕多用于建筑台明、石栏杆、柱础等部位；木雕的应用相对广泛，从建筑的门、窗、雀替、挂落、屏、桌椅等到柱、梁、枋等都可以进行雕刻；砖雕多用于照壁、砖雕窗花、门楼等部位（图4-5-1）。

　　中国传统建筑以木结构为主要材料，因此木雕的应用最为常见，一般选用质地细密坚韧、不易变形的树种如楠木、紫檀、樟木、柏木等材料，根据其质

图 4-5-1　乔家大院门楼雕刻

感进行雕刻加工；木雕的雕刻手法较多，主要包括浮雕、线雕、透雕、圆雕等。

浮雕是雕刻中最常见的一种做法，又称突雕和铲花，就是在所需要雕刻的材料上按所需要的图案进行铲凿，线条由浅至深逐步加深，从而形成凸起的画面；按其雕刻深浅的程度又分为浅浮雕和深浮雕。浅浮雕雕刻出的图案突出较小，对图案形体的压缩较大，平面感较强；深浮雕图案纹样突出程度较大，立体感较强，实际应用中往往根据表现对象的功能、环境等因素进行选择，从而达到更好的视觉效果。

线雕又称线刻、阴刻，是一种近似平面的雕刻手法，是雕刻史上出现最早、较为简单的一种雕刻手法。透雕是介于浮雕和圆雕之间的一种雕刻形式，即在浮雕的基础上，将背景镂空；透雕立体感较强，一般是先在木料上绘出图案，再按图案上的纹路以各种雕刻工具逐步雕琢，待有了大体的轮廓形体之后再进行打磨，精细加工（图4-5-2）。

图 4-5-2　乔家大院

圆雕又称立体雕，多见于建筑撑拱、望柱等部位，是一种完全立体的雕刻形式，需要从上、下、左、右、前、后全方位的进行雕刻，雕刻手法通常为浮雕和透雕相结合（图4-5-3）。

石雕起源较早，目前所知最早的石雕见于河南安阳出土的石雕件，石材质地坚硬耐磨，不易损坏，因而在建筑中多用于台基、栏杆、柱顶石、门楣等部位，除此之外石雕牌坊、棂星门等石质建筑在传统建筑中较为常见；石雕的雕刻手法与木雕基本相同，也主要包括浮雕、线雕、透雕、圆雕等几种。

南北朝为石雕发展极为突出的阶段，这一时期由于佛教的兴盛出现了大

图 4-5-3　湖北明代藩王博物馆

量以石雕为表现形式的佛教类建筑，如佛塔、经幢（图 4-5-4）等建筑，同时全国各地兴起石窟寺的凿建与雕刻，如大同云冈石窟（图 4-5-5）、洛阳龙门石窟等，都是极具代表性、雕刻技艺极为高超的石窟。

图 4-5-5　大同云冈石窟

图 4-5-4　佛光寺经幢

　　宋、元时期，石雕继续发展，到了明清时期，木雕与砖雕得到了更为广泛的应用，石雕因为材料加工方面的相对复杂性而没有得到更大的发展，石雕工艺也趋于简化。但明清石雕在雕刻技术上的成熟仍然是前代无法比拟的，在雕刻手法的多样上也是前代所不及的 [1]（图 4-5-6）。
　　砖雕亦出现较早，我国砖的应用早在殷商时期便已出现，但发展相对缓慢，随着选土和烧制的技术进一步发展，到宋代才趋于成熟，后经元明清的发展，日趋兴盛，明清时甚至因其斫事渐繁而另作分工，从而出现了"凿花

1　《中国古建筑语言》

109

图 4-5-6 武当山治世玄岳牌坊

匠"业。明清时的砖雕非常繁复，而又精美，工艺也极精湛（图 4-5-7）。

砖雕类似于石雕，是以砖作为雕刻对象的一种雕饰，砖相比石而言，更加经济且易于加工，因而应用较为广泛。砖雕常见于建筑的门楼、照壁、脊饰（图 4-5-8）等处，表现风格较为活泼。雕刻手法上与木雕、石雕基本相同，主要包括浮雕、线雕、透雕、圆雕等几种。

砖雕既有石雕的刚毅质感，又有木雕的精致柔润与平滑，呈现出刚柔并济而又质朴清秀的风格 [1]。

彩画

我国对彩画的应用较早，最初的色彩因加工技术的限制，颜色比较单调，也没有明确的贵贱等级，只是为了使木材得到保护，

图 4-5-7 乔家大院照壁

减少潮湿、风雨对木材的影响，同时，利用油漆具有一定毒性，避免木材受到虫蚁的侵害；随着人们在生产、生活过程中各种工艺水平的进步以及对色彩颜料认识的加深，色彩的应用逐渐丰富起来，趋于多样化，进而成为建筑装饰的重要内容，并受到统治阶级的意识形态所左右，产生贵贱等级，如西周时规定青、黄、白、赤、黑为正色，淡赤、紫、缥、硫黄、绀等为间色，正色为皇家建筑或天子衣饰所用，身份低的人则只能使用间色；到了明清时

---

1 《中国古建筑语言》

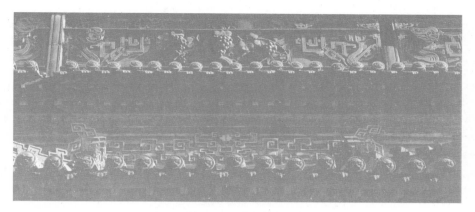

图 4-5-8　乔家大院照壁

期，皇家宫殿多使用明亮、华丽的纯色，以明黄色、朱红色为主，尤其是黄色，平民不得使用。

彩绘技艺及内容的发展和颜料的发展一样，都经历了由简入繁的过程，《南朝佛寺志》引许嵩《建康实录》，有"朱及青绿所成，远望眼晕常如凹凸，就视即平"的记载，即彩绘中出现"晕"的画法，使图案具有立体效果，为彩画发展的重要一程；南北朝之后，又在晕的基础上发展出叠晕，增加了色调的深浅变化，更加突出了图案的立体感，提高了彩画的装饰性，彩画的形象自然就更为丰富美丽起来。叠晕的产生并不是因为审美需要而能实现的，而是因为颜料工艺和色彩分层技术的发展[1]。

到了宋代，彩画技艺进一步提高，画法也趋于规范，这一时期主要有五彩遍装法、碾玉装、青绿叠晕棱间装、解绿装等，均以青绿色为主调，使建筑整体趋于淡雅；宋代彩画在梁、阑额两端使用藻头，改变了过去用同样花纹作通常构图的格局，形成以箍头、藻头和枋心为主要形式的"三段式"构图，箍头和藻头较短，少于彩绘长度的1/4。

明清时期彩绘形式在宋代彩画的基础上进一步发展，制作工艺更加精致，彩画图案趋于定型化与标准化。明代以旋子彩画为主，花瓣层次较少，造型较简洁，枋心长度逐渐缩短；清代以和玺彩画、旋子彩画、苏式彩画等为主（图4-5-9），旋子彩画花瓣层次相比明代更为丰富，枋心进一步缩短，只占彩绘长度的1/3；清代彩画是目前保存最多的一类，这一时期彩画形式、使用等级更为规范，做法要求也更为严格，趋于标准化，如贴金的多少、色彩的多少等。

和玺彩画（图4-5-10），按其绘画内容主要分为金龙和玺、金凤和玺、龙凤和玺、龙草和玺及苏画和玺等五种，金龙和玺即全部图案为龙，用于宫

1　《中国古建筑语言》

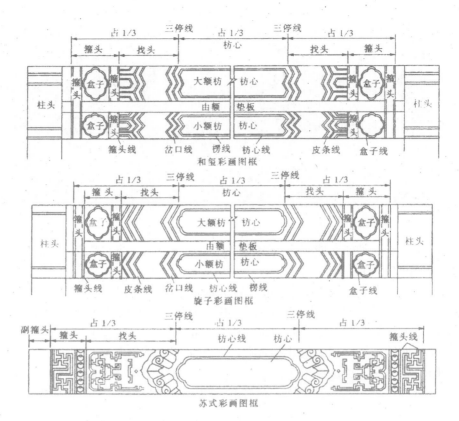

图 4-5-9 和玺、旋子、苏式彩画

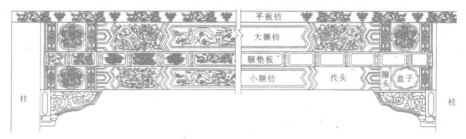

图 4-5-10 和玺彩画

殿中主要的建筑上，如故宫三大殿，金凤和玺用于次一级建筑之上，如地坛、月坛等，龙凤和玺用于皇帝与皇后皇妃们居住的寝宫建筑，龙草和玺主要用于皇帝敕建的寺庙建筑，苏画和玺则多用于皇家园林，图案以山水人物为主。

和玺彩画构图以人字形曲线贯穿，主要由箍头、枋心、藻头三部分组成，藻头为横"M"形，主要色彩是青和绿配金色为主，显得高贵典雅，再配以黄色琉璃瓦及红色廊柱，从而使整个建筑显得富丽堂皇，恢宏而不失精美。

旋子彩画俗称"学子"、"蜈蚣圈"，在等级上仅次于和玺彩画，一般多用在次要的宫殿、配殿或其他建筑上，其构图形式与和玺彩画相同，主要由箍头、藻头、枋心三部分组成。

旋子彩画与和玺彩画最重要的区别在于，其藻头部分绘的是一种旋子图案。旋子图案实际上是一种以圆形切线为基本线条所组成的有规则的几何图案，其外形是漩涡状的"花瓣"，中心为"花心"，也称"旋眼"，所以旋子图案乍一看起来就像是一朵花，非常漂亮，但又自有一种简洁之意[1]。

旋子彩画（图4-5-11）出现于元代，明代基本定型，清代进一步规范化。旋子彩画根据用金量的多少和花色的不同，也有明显的等级区分，主要分为金琢墨石碾玉、烟琢墨石碾玉、金线大点金、墨线大点金、墨线小点金、

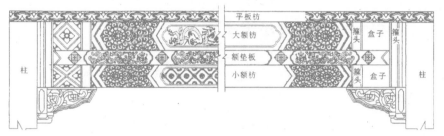

图 4-5-11　旋子彩画

雅伍墨、雄黄玉等几类。

苏式彩画（图4-5-12）形式相对较为自由，题材也极为丰富，图案以山水风景、人物故事、花鸟草虫等为主，等级相对较低，不能绘入"龙"、"凤"和"旋子"等图案，主要应用于园林建筑中。

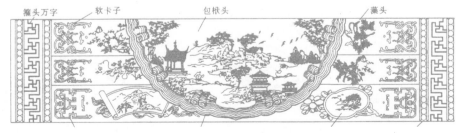

图 4-5-12　苏式彩画

1　《中国古建筑语言》

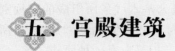

五、宫殿建筑

1 宫殿建筑概说

宫殿建筑的起源

中国建筑发源非常之早，六七千年前已有高度发展的建筑技术及制度，但直到殷商时期仍处在"茅茨土阶"的状态。中国建筑文化是长时间的积累和多地区文化融合的结果，因此就像我们从现代汉字里很容易发现一些甲骨文、金文、大篆、小篆的元素一样，在中国古代建筑中也能发现不同时期各个地方的符号。早在新石器时代早期，中华大地上就有了非常活跃的建筑活动，例如在黄河流域有仰韶文化、龙山文化区域，长江下游地区的河姆渡、良渚文化，长江中上游地区的城背溪、大溪文化和北方草原上的红山、河套文化等，这些早期文化对中国建筑的形成发展有着不同贡献，早期建筑的每一步发展，每一个特征都和其中某一文化相关。

1. 大溪文化——高于自然地面和多空间组合手法的出现

在人类早期建筑的发展历程中，最为关键的步骤有两个，第一是将室内地坪抬高至高于自然地面，也就是出现"台基"。第二是"多空间组合"房屋也就是"套间"的出现。最初的人类建筑物就是在地面上挖坑，上小下大，顶部有简陋的窝棚，这类建筑因其空间形状类似一个口袋所以被称为"袋穴"（图5-1-1）。

这类建筑不存在美观问题，实际上它仅仅为了保护人类不受严寒猛兽侵袭，安全是首要目标，视觉效果上反倒以不易被发现为上。后来随着气候变化和部落的发展，人们自信心逐渐增强，建筑也渐渐露出地面，出现了半穴居式棚屋，直到今天我们还可以在非洲或南美某些部落地区看到这一形式。建筑出现高于自然地面的台基意味着人们开始试图将建筑视作一个艺术作品展

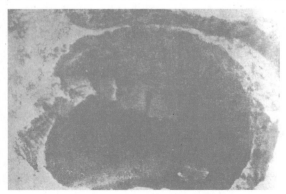

图 5-1-1 袋穴遗迹

示出来，标志着建筑从此成为审美对象，而"多空间"的产生则意味着人们掌握建筑体量增加、造型变化、功能组合的规律方面有了里程碑式的跃进。台基高于自然地面和出现多空间这两个变化意味着人类建筑与动物巢穴有了本质的区别。过去建筑史学界通常认为建筑出现台基和分间的做法最早出现在龙山文化时期，距今约有 4000—4500 年历史。但近年的考古发掘工作所取得的一系列证据证明，我国多间建筑和高于自然地面的台基的出现远在此前。

自上世纪 50 年代起，国家组织人力对长江中上游地区早期文化遗址进行了大规模调查发掘，近年又因三峡大坝建设，对峡江地区进行了抢救性发掘，获取了大量系统性成果，基本把握了长江中上游地带新石器时代文化发展脉络。长江中上游早期文化遗迹大致经历了城背溪文化时期、大溪文化时期、屈家岭文化时期和石家河文化时期，此后逐渐与来自中原的夏、商、周文化和楚文化融为一体。其中最早的建筑遗迹出现在距今约 7500 年前相当于城背溪文化早期的楠木园文化时期。楠木园文化遗址位于湖北省恩施州巴东县官渡口镇楠木园村，遗迹分布约 3500 平方米。其中保留较完整建筑遗迹一处，该建筑遗迹面积约 10 余平方米，室内地坪低于室外自然地面约 70 厘米，属半地穴式建筑类型。该建筑大体可分为南北两区，北区为一不规则长方形空间，东西长 305 厘米，南北宽 175 至 250 厘米，其北端有一高于室内地坪约 20—35 厘米的土台具有几案功能。南区呈椭圆形，东西长轴 250 厘米，南北短轴 175 厘米。北区的西侧有一长 175 厘米，宽 75 厘米的沟，其底部倾斜连接室内外，应为门道。沟与北间交接处有一高于室内地坪宽约 10 厘米的土坎，似为门槛。从平面布局分析，该房屋具备基本的功能分区意识，是我国最早出现的原始套间式房屋的萌芽。其长方形北区为起居区域，椭圆形南区具有卧室功能，起居室中还有置物案台等固定设施。楠木园文化距今约 7500 年，就其年代来看，其聚落具有相当大的规模，该建筑遗迹也具有一定的进步意义。虽然楠木园建筑还没有出现高于自然地坪的台基，但分间的意图非常明确，这一实例将中国建筑出现"套间"的时间提前了近 3000 年（图 5-1-2）。[1]

此后在大约距今 6000 多年前，由上述文化发展演变形成了大溪文化。大溪文化主要分布于长江三峡地区、清江和沮漳河流域，主要遗址有宜昌中堡岛、杨家湾和秭归龚家大沟等地。至大溪文化时已经出现了比较大型的聚落，其中的房屋有半地穴式和地面式两种，并发现多处大型红烧土高台建筑遗迹（图 5-1-3）。其墙体、屋顶为竹、木骨抹泥烧制而成，室内红烧土居住面上白灰抹面，室外有散水沟和护坡。这一时期的建筑已有了高大的台基，空间设计手法老练，空间安排已经非常丰富，从建筑平面上看与现代居住建筑已

1　国务院三峡办、国家文物局，《长江三峡工程文物保护项目报告·巴东楠木园》，科学出版社，2004 年。

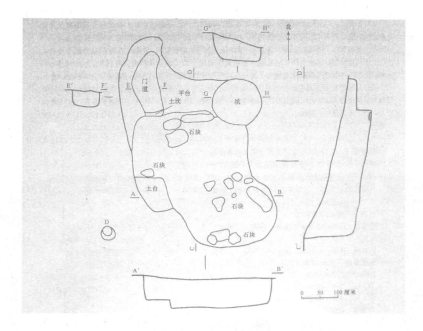

图 5-1-2　楠木园宫室遗址平面图

图 5-1-3　雕龙碑大溪文化遗址 15 号房基

没有本质区别了。至距今5100年至4500年前，屈家岭文化取代大溪文化发展起来。其分布地域以江汉平原为中心，西至长江西陵峡段，东至湖北黄冈，南抵湖南，北达河南南阳，是长江中游地区新石器时代晚期代表性考古学文化。屈家岭文化时期建筑以方形、长方形地面建筑为主（图5-1-4）。至距今4500年—4000年之间，在屈家岭文化基础上发展出石家河文化，其分布范围与屈家岭文化大体一致。石家河文化的房屋建筑以地面多间式为主，社会经济有了进一步发展，达到了相当高的水平，其中天门石家河城址面积达120万平方米，是我国新石器时代最大城池遗址。[1]

图5-1-4　门板湾屈家岭文化宫室遗址

2. 屈家岭文化——巨型"陶器式"宫殿建筑

长江中上游地区新石器时代，在建筑领域取得了若干重要的技术成就。从城背溪文化至石家河文化，先后完成了由单一空间到多空间组合手法的运用、由半穴居到高大台基的运用以及大型城池的兴建等技术突破，为中国古代多功能大型建筑和建筑群的发展奠定了基础。这些实例说明，最迟在6000年前，我国已出现了复杂得多空间建筑和高大的地面建筑，至大约5000年前的屈家岭文化时期，建筑规模之大质量之高已令人惊讶，例如门板湾屈家岭文化遗址的房屋残迹，墙体门窗和房间分隔与现代建筑思路几无二致，墙体经过烧制近于陶质，墙面上亦有白灰粉刷痕迹，建筑工艺精良遗迹保存良好，甚至于给人修理一下还可以用的印象。这些遗存比黄河流域的仰韶—龙山文化出现类似技术早了1000余年，但在技术手段方面两者之间似乎有一定的关联性。比如大溪文化遗迹中建筑普遍采用木骨泥墙红烧土的方式，与仰

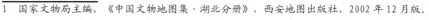

1　国家文物局主编，《中国文物地图集·湖北分册》，西安地图出版社，2002年12月版。

韶—龙山文化建筑技术方案基本一致，地面抹白灰的做法在龙山时期建筑中也很常见。所谓木骨泥墙就是先用竹、木材编扎一个结构轮廓，然后抹上含有少量植物茎秆纤维的黄泥，干燥后用火将整个建筑（或至少是地面或墙体）烧结以提高强度和防水性能，后期还会在地面抹上白灰以求美观和防病防虫。我们现在的砖砌建筑所用材料也是"红烧土"，只不过是先烧制成一块块的砌块然后砌筑。石器时代的建筑却是先做成一个整体然后烧制，这一思路显然是来源于制作陶器的技术。陶器是新石器时代人类最精美的产品，最好的陶器就是用来供奉上天和神灵的器物，将建筑作为最精美的器物来对待，显然这一建筑也具有比较特殊的地位。当然，同一时期的多数建筑仍属半穴居形式，这类高水平的建筑只是少数，实际上穴居和半穴居建筑直到3000年前的殷商时期仍很普遍，如果算上窑洞（横穴）的话，穴居建筑直到现在也未绝迹。可以肯定的是，像门板湾遗址中的这类大型高质量建筑一定是庙宇宫殿之类较为特殊的建筑，绝非普通人可以享用。

雕龙碑和门板湾这两个建筑遗迹的平面布置都比较复杂，房屋空间大小变化搭配显得自然合理，能看出当时的建筑平面布置手法已经相当老到。尽管我们已经不可能完全复原当时人们使用这些建筑的方式，但略作分析就会发现这些建筑的使用目的比较复杂，既不像是常人的住宅也不像是单纯的神庙。我们既然暂时不能确定这些建筑的性质，不妨按惯例先称之为"大房子"。一般来说，仅供神灵使用的建筑空间都较为单纯，那些不食人间烟火的神灵肯定不需要猪圈、柴房、厨房、餐厅和卫生间这些俗人必备的房间，他们只需要单纯的、美观而又宏伟壮丽的哪怕是一间房也行。所以这两处"大房子"不像是单纯的神庙建筑，它们更像是某位部落首领或"王"的宫室。这些遗迹中没有发现类似于神庙且规格上可以和这些"大房子"相提并论的其他建筑，因而这些"大房子"肯定是一个部落的权力中心，一个政权和神权统一的或干脆就是世俗的权力中心，它可能已经与后世的宫殿具有相同的地位和功用。不过直到屈家岭文化时期，各遗迹的众多墓葬坑里的陪葬品数量没有明显的区别，也就是还没有表现出部落成员有贫富差距，这就说明当时还没有进入阶级社会。那么这类宫殿作为部落的权力中心，应该是部落的公共财产，而不是某位"王"家的私宅。总之，从建筑空间格局来看，这些建筑理论上完全可以满足居住、会议、贮藏、祭祀等多种功能，似乎已经具备了后期宫殿建筑的基本功能，可以说这些大房子是我国最早的宫殿建筑，而且是"国有"的宫殿建筑。

将一座建筑当作陶器烧制，这个尺度实在是太大了，冷却过程中的内部应力可能会造成建筑墙体开裂破碎。近年曾有人试着烧制按三分之一比例缩小了的最简单的原始建筑尚且不能成功，多次实验都是以"土崩瓦解"而结束，没人知道当年古人是如何解决这一问题的。木骨泥墙红烧土的建造工艺广泛存在于长江和黄河流域，在相当长的历史时期中都是主流的、先进的建筑工艺，但它的缺陷也是显而易见的。首先就是将制陶工艺用于建筑营造必然在尺度上受到很大局限，百余平方米的建筑或许还可以行得通，再向上一个数量级就成问题了。此外还有费效比的问题，这种方式消耗大量燃料，费时费力而且废品率也极高。陶器出现废品也就罢了，房子烧裂一幢损失就太大了。木骨泥墙红烧土建筑虽然坚固、防潮效果不错，但建设效率低而建筑成本高，不具有推广普及价值。这种建筑技术存在了数千年之后并没有延续下去，即使是当时最先进的长江流域建筑多数也只是"垛泥"[1]墙体，仅居住面略加烧制。就在石家河遗址中，属于屈家岭文化时期的一号房屋遗址，残存有土坯砖砌筑的墙体，这是我国最早出现的"砖"用于建筑的实例[2]，这一技术看似简单，但对后世建筑产生了深远的影响，直到上世纪我国许多农村地区还在使用土坯砖，更重要的是将建筑材料制成标准块材的思路是建筑发展史上非常关键的一步。西周以后，瓦逐渐成为主要的屋面材料，而汉唐以后制砖技术也逐渐普及，直到今天砖和瓦仍然是最为基本的建筑材料，而这两种材料都属于陶制品。

　　3. 石家河文化——城池的诞生

　　对于建筑营造技术和思路，长江中游地区还有一个很重要的贡献就是筑城规模和技术的进步。古代中国城池是宫殿建筑的一个组成部分，我们提到中国宫殿建筑时，很自然地就包括了"禁城"。长江中游地区在屈家岭文化时期就已出现了规模和质量都相当可观的城池，如门板湾城址南北长550米、东西宽400米，面积达到1.1平方公里。城墙底宽达到40米，顶宽约14米。前文曾提到过的石家河城址是我国新石器时代最大城池遗址，南北长1200米，东西宽1100米，总面积达8平方公里。城垣基础宽50米，顶宽4—5米，残高约6米，城垣外围有宽达80至100米的城壕，城墙的墙体都是黄土夯筑而成[3]。这些城池的共同特点是城墙的厚度远远超过后世的城墙，且墙体的锥度明显，也就是底宽远超过顶宽，这样的城墙最大的好处是坚固稳定，但墙面与地面有较大夹角，像一面土坡。如果单纯以军事防御的角度来看，这些墙体并不太适用也不太经济，厚达50米的墙基造成土方量异常巨大，需要耗费大量的劳动力，在那个经济水平还很低下的时候建筑这些城墙

1　垛泥是长江流域一种筑墙方式，将混有草筋的稀泥层层堆叠形成墙体，至上世纪长江中下游地区仍有此做法。

2　马世之，《中国史前古城》，湖北教育出版社，2003年3月版，第37页。

3　《中国文物地图集·湖北分册》（上），西安地图出版社，2002年12月版，第268页。

是非常困难的。不过这些城墙看起来更像是防洪大堤，如果从防洪水的角度出发，这种"厚底"城墙就非常合理了。旧石器时代人类活动地域都处于海拔较高的山区和丘陵地带，洪水的威胁使得人们迟迟不敢在富饶的平原上定居。长江中游地区历来受洪水威胁比较严重，直到新石器时代平原地区才出现了人类聚落，那时没有沿江修堤防洪的实力和必要，环绕居住聚落修建大堤把居住聚落保护起来才是明智的选择。显然这些"城墙"在防洪的同时一定也具有重要的军事价值。城壕的功用也是如此，当时环绕城墙的护城河异常宽阔，除了防御敌人进攻，大概同时也具有疏导洪峰的功能。这些早期的"城池"可能是先出现了防洪大堤、导流渠之后逐渐演变而成的，或者是用于防御的栅栏壕沟与防洪大堤结合而成。长江流域新石器时代的城池发展异常"早熟"，而且新石器时代最大的城池"石家河"城出现在长江中游平原上，这一现象显然和当地自然条件有一定关系。

雕龙碑和门板湾遗址中的"宫殿"遗存说明当时的建筑设计和营造技术已达到相当高的水平，在设计手法上已经解决了诸如区分空间的主与次、轴线和排比空间的运用等问题，已隐约出现了诸如廊、堂、室等中国传统建筑的基本构成要素。但许多非常关键的技术难题尚未得到解决，首先就是结构体系的问题。从雕龙碑大溪文化建筑遗址情况看，它的柱洞大小和排列间距没有一定之规，说明当时人们还没有形成柱网布置的概念。这个遗迹也没有发现榫卯结构的痕迹，估计各种木构件之间的联结方式采用的是绑扎技术，尽管建筑空间布局显得比较成熟复杂，但可以想见，建筑的外观仍是非常原始简单的。到了屈家岭文化时期，建筑在质量上似乎有了飞跃发展。门板湾的建筑遗迹看上去非常坚固而且明显比雕龙碑的建筑精美得多，但似乎屈家岭人将他们的建筑推向了一个错误的方向。在这个建筑遗迹上我们干脆就找不到什么柱洞，它的墙体材料细腻匀净，里面几乎看不到木构件留下的痕迹。整座建筑（至少是从地面到墙体和门窗）像是一个用陶土烧制而成的大型陶器。

前面已经说过，这种思路基本上没有发展前途。或许有人会想到在多雨潮湿的地方用石材建造房屋，既坚固防水也比"垛泥"墙体光洁漂亮，而且不存在陶制建筑的技术限制和经济问题，在多雨潮湿而且洪水肆虐的江汉地区采用石材似乎才是最明智的选择。但问题在于直到石家河文化时期，还处在石器时代，没有发现任何金属工具，用石器加工石材是不现实的。在世界上许多地区的新石器时代遗迹中，确实有石制建筑，但都非常粗糙，石料的尺度和形状还不能精确控制，多是以略加修饰的巨大的天然石块垒成，被称为"巨石建筑"。在我国东北地区新石器时代晚期遗迹中也曾发现过巨石构筑的神庙建筑遗迹，不过当时已出现金属工具，处于金、石工具并用阶段，时间上已相当于中原地区的西周早期。用石材营造建筑确实是不错的选择，世界上多数文明在解决了工具和加工技术后都选择了石材作为最主要的建筑材料。但在中国古代建筑技术发展过程中，虽然也常用石材，人们却始终没有把石材作为主要建筑材料。原因肯定是多种多样的，其中之一就是木结构技术的早熟。

4. 河姆渡文化——榫卯技术的发现

长江下游古吴越地区新石器时代文化遗迹众多，许多发现表明当时该地区诸多技术与艺术的发展较黄河流域与及长江中上游地区更为先进，并且体现出鲜明的地方特征。其中较具代表性的有河姆渡文化、马家浜文化和良渚文化等。在建筑领域成就最为突出的当属河姆渡文化。在浙江余姚河姆渡村发现的一组建筑遗址距今约有 7000—6000 年历史，这组建筑遗迹在中国建筑史上具有极其重要的地位。其中已发掘的一处干阑式建筑[1]遗址，长约 23 米，进深约 8 米，是一座面积达 200 平方米的木结构建筑遗迹[2]。遗址中出土的建筑构件中有梁、枋、柱、板、栏杆等构件，最引人注目的是许多构件上有"榫卯"的存在，这是世界上已知的最早采用榫卯结构的例证（图 5-1-5）。

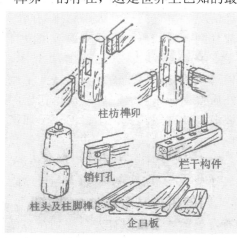

图 5-1-5　河姆渡干阑建筑所用的榫卯结构

榫卯结构技术是解决木结构问题的技术关键，涉及木结构建筑的大型化、坚固性、耐久性和美观等一系列难题，有了榫卯技术，这一系列问题都将迎刃而解。用一个个木质材料组合成一个木结构体系面临的第一个问题就是如何将两个构件联结在一起，所谓榫卯就是将一个木构件的一端加工成突榫，将另一个构件的一端加工成凹槽，将突榫直接插入凹槽从而形成两个构件的联结，也就是将一个木构件直接楔入另一个木构件而不借用其他材料的帮助，两个以上构件可以通过"紧配合"联结在一起。联结两个木构件的方式可以有许多种，比如当时黄河流域普遍采用的绑扎技术（图 5-1-6），或者后来常用的钉子联结等。但这些方式都不如榫卯技术可靠，因绑扎所用

1　一种木结构底层架空，居住面高于自然地面的建筑形式，类似今天云南傣族地区的竹楼形式的建筑。
2　潘谷西，《中国建筑史》建筑工业出版社，2004 年 1 月版，第 15 页。

材料皮条或藤条弹性伸缩、材料老化等问题，很容易松动。而即便是后来的金属钉子，也被证明不如榫卯可靠，原因在于钉子材质与木材不同，结构体系受外力作用变形时，钉子会在木材中扭动造成钉孔扩大，从而导致结构松动。我国许多地方都有将蹩脚木匠称为"钉子木匠"的说法就说明了这个道理。

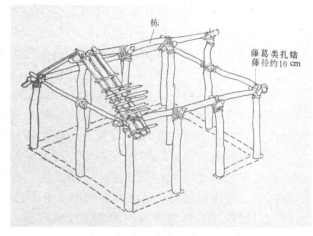

图 5-1-6 绑扎结构示意图

榫卯结构是目前仍然具有生命力的新石器时代发明之一，之后几千年中国建筑都以木结构为主流无疑是有赖于榫卯的成熟。榫卯技术后来在中国得到高度发展，出现了适合于各种不同受力方式的非常复杂的榫卯样式，中国传统木结构建筑可以保存千余年，明式家具可以使用600余年而毫无松动，充分证明这一技术的合理性。直到现在人们在建筑装修、制造家具等涉及木结构的场合，榫卯仍是最佳选择。在河姆渡遗迹中，除了大量的木构件采用了榫卯结构外，还运用了另一种类似的木工技术即"企口地板"，也就是将条形木板的两侧一侧开槽另一侧做成凸棱相互嵌合以保持地面平整的方法。这是现代地板常用或者说是必须采用的技术，不过在河姆渡遗址中未发现任何金属工具，用石器将木材加工成平板已属不易，当时如何能制作"企口"实在让人不解。

河姆渡文化的建筑在木结构技术上的创新为中国木结构建筑未来几千年的辉煌奠定了技术基础，从此后木结构可以在此基础上向高层、大空间的方向发展而不存在太大的技术障碍。河姆渡干阑长屋的建筑上部形态、空间布置及外观状况不太清晰，但从整个布局来看，这个建筑类似于我们现在常说的"筒子楼"一类宿舍建筑，可能有一系列联排式房间，用单侧走廊联系各间。房屋用途应以居住为主，可容纳众多的部落成员，这一建筑形式与当时母系氏族公社的社会形态是比较吻合的。当地自然环境在7000年前为沼泽地带，气候湿热，适于农业种植及渔业生产，遗址中发现了世界上最早的种植稻和有精美纹饰的船桨，证明这里是已知最早的"鱼米之乡"。和许多新石器时代遗址一样，这里也发现了大量石质工具、陶器，各种制作精美的装饰品，甚至有大量（160 多个）乐器——骨笛。所有一切显示出这个部族惊人的创造力，也显示出当时人们在生活中充满了对美的渴望。

河姆渡干阑长屋坐落在沼泽边缘的滨湖浅水水面上，东南方向依托一座小山丘，建筑是西北—东南走向，整个建筑选址背山面水、因地制宜地坐落在山水之间，建筑与环境关系自然融洽。可以想象 6000—7000 年前此处已是牧笛声声、渔舟唱晚，俨然一幅江南鱼米之乡富饶恬静的生活画面。干阑建筑形式较为特殊，既可防潮也可躲避虫蛇，特别适合于江南水网地区的环境特点，在河姆渡附近地区考古发掘中也曾发现类似建筑形式。这一建筑形式在之后的年代里逐渐影响到长江中上游地区，在湖北蕲春、荆门等地曾发现西周时期干阑建筑遗迹，其中蕲春的遗迹分布达 5000 平方米，有面阔四间和五间的房屋四座。直到今天，云南傣族地区的竹楼（实际上多为木结构）仍与河姆渡文化建筑有明显的继承关系（图 5-1-7）。

干阑建筑是中国早期建筑中一个特殊的分支，在中国建筑思想史上有着特殊的地位，是中国建筑史的重要组成部分。《韩非子·五蠹》曾谈到："上古之世，人民少而禽兽众，人民不胜禽兽虫蛇，有圣人作，构木为巢，以避群害。"这种构木为巢的方式即成为干阑建筑的萌芽。《孟子·滕文公》说："下者为巢，上者为营窟"。说明古人选择巢居还是穴居的原

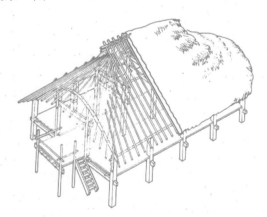

图 5-1-7　干阑结构示意图

则无非是地势高下，地势低下的地方适合巢居，随着技术进步，从树上巢穴逐渐演变出后来的干阑建筑。高敞的地方适合穴居，随着社会发展人们逐渐走出洞穴建筑了高台建筑。人类建筑源于穴居和巢居，两者一个向上一个向下的反向发展、融合最终形成了壮丽辉煌的后世建筑。实际上，长江下游地区也不全是低地和湿地，即使在新石器时代，江南地区也有半穴居和台基建筑出现。仔细分析当时各地建筑类型风格技术等特征就会发现，当时各个地区之间的交流比我们想象的似乎多得多、快得多。不久以后，龙山文化、夏文化、周文化、楚文化的建筑都全面运用了榫卯结构技术，榫卯结构与夯土台基结合，造就了中国宫殿建筑的辉煌开端。

5. 红山文化——纪念性手法的开端

考古发掘工作的进展使得我们对上古时期中华大地上先民们的建筑成就不断有新的认识和了解。各地新石器时代宗教建筑遗迹如祭坛、神庙等屡有发现，北至内蒙古河套地区南到浙江的余杭县都有遗迹。过去我们发现的中原地区新石器时代建筑遗迹多数都属居住建筑类型，很少有性质明确的宗教建筑遗迹。宗教建筑在建筑形态演进方面具有不可取代的作用，是任何一个成熟的建筑体系发展历程中不能缺失的一环。尽管中国传统文化具有与众不同的世俗色彩，但中国传统建筑中对各种纯净的几何形态和各种庄严神圣的空间序列的运用方面手法老到，这些手法若没有经历长期对宗教建筑空间的探索和实践是不可能凭空学会的。现在我们发现，早在 5000—6000 年前，我国河套地区就已经出现了规模可观的祭祀建筑，其中所运用的许多营造神圣庄严氛围的手法似乎一直被沿用到明清时期。尽管北方草原上的新石器时代建筑技术水平相对粗糙，发展也略微滞后，与河姆渡或大溪文化那样精致的建筑技术似乎无法相比，但宗教祭祀建筑发展反以辽东的红山文化和内蒙古河套文化的几处遗迹最具代表性，其中所表现出来的轴线及空间序列的运用技法也最成熟。大约是北方大草原上"天似穹庐，笼盖四野"的壮丽景象比江南温柔浪漫之乡更能让人体会大自然庄严崇高的一面。

红山文化遗迹中发现的女神庙、祭坛、积石冢的组合建筑群，在内容上为后世皇家建筑坛、庙、陵寝所继承，特别是祭坛的形制与数千年后的天坛圜丘如出一辙，二者似乎有着某种继承关系。内蒙古大青山南麓在上世纪 80 年代发现一批新石器时代遗址，距今约 4700—4300 年，其中阿善和莎木佳祭坛遗迹在纪念性建筑布局手法方面透露出更加重要的信息。阿善祭坛遗址位于包头市东 15 公里的阿善沟门东边的一处台地上。祭坛由南北向一线排列的 17 座石堆组成，其中最南端的石堆底径 8.8 米，残高 2.1 米，其余 16 堆尺度基本相同，底径 1.4—1.6 米，残高约 35—55 厘米，各石堆间距除北端第二、三堆之间为 4 米，其余间距均为 0.8 至 1 米。石堆序列东、西、南三面有弧形石墙围绕，构成一个半开放的空间，其中最南端的大石堆与南部石墙距离达 29.4 米，形成一个近似圆形的大型广场。堆砌石堆和墙体的石块都较为规则，明显经过选择和加工。石墙及石堆都有基础，说明是一处永久性设施。这 17 座石堆沿南北向的中轴线排列，空间序列具有明显的指向性和节奏感，与石墙共同组成的环境空间透露出神秘而庄严的气息，已经具备纪念性建筑空间的基本特质。

宫殿建筑基本手法的确立

1. 宫殿营造手法的"大融合"

对中国人来说，中原是一个地域概念也是一个文化概念。从地域上讲，其核心区域是黄河中下游地区，从上世纪初开始，在这一区域即有诸多考古发现；从文化角度看，这一地区诞生了历史记载中的炎帝、黄帝、尧、舜、禹等中华民族先贤，因而成为公认的中华文化的发祥地，华夏、中华之类称谓最早即指这一区域。仰韶是中原地区一个不起眼的小村落的名称，因此地发现的新石器时代遗迹而扬名天下，仰韶文化也成为考古学意义上的中华文明的源头。仰韶文化遗址遍布黄河中游地区，陕西、山西、河南等地都多有发现，其年代大致是公元前5000—3000年间。由于黄河中游地区气候较为干燥，地表有厚达数米的黄土层，而且这种富含石灰质的黄土具有壁立不倒的特点，特别适于直接用作建筑材料。这些有利条件使得中原地区具有发展穴居的先天优势，同时也使得这一地区在建筑技术的创新方面缺乏外在压力。这样的环境导致以下几个结果：一是中原地区建筑技术发展按部就班，从容不迫地经过了由穴居、半穴居到地面建筑的全部过程，但几乎每一步都没有走在前面。二是中原建筑有足够的时间从更深的层面考虑建筑空间秩序问题。三是由于地理上的中心位置，可以相对方便地从其他地方的文化中汲取营养。

仰韶文化遗址中比较典型的聚落形式是以壕沟环绕、向心布置建筑群的圆形村落，有人称之为环壕聚落。陕西临潼姜寨村有一处仰韶村落遗址，有大小不一居住建筑遗址数十处。该聚落建筑群分布极有规律，所有建筑分为五组，各以一座大型建筑为核心形成五个组团，各组团核心建筑面向中心广场呈环状布置，整个村落看似散乱实则复杂而有序。另外陕西半坡仰韶文化遗址中的"大房子"建筑面积达140余平方米，结构端正庄严，空间形状单纯完整，显示出新石器时代建筑中难得一见的规整和秩序感。前一个例证说明仰韶文化在建筑群体组织方面建立了层级关系，由若干居住建筑围绕一个"大房子"形成一个组团，有若干组团按一定规律组成一个聚落，其组织方式有模仿星空的痕迹。而半坡村"大房子"的空间则显示出准确的几何形式和方位感。无论从建筑群体规模或单体形式的角度看，当时仰韶的建筑都算是一流的，建筑群体组合水平和单体建筑的空间质量也还算不错。但与同时期长江流域建筑相比，仰韶文化建筑在技术上明显落后，结构技术上没有出现有规律的木构架，包括"大房子"在内多半还是半地穴式建筑，也没有出现具有多空间组合的建筑类型。直到公元前3000—2000年前的龙山文化时期，中原地区建筑才取得了明显的进步，诸如套间房屋、白灰抹面和较为规律的木构架等技术才逐渐出现了（图5-1-8）。

夏代是中国历史记载中的第一个王朝，虽然考古发现的各文化遗址究竟哪种属于夏代目前仍有争议，但无论如何，作为一个王朝，宫殿建筑是必不可少的，作为中国第一个王朝理应拥有第一代宏伟壮丽的宫殿建筑，但事实

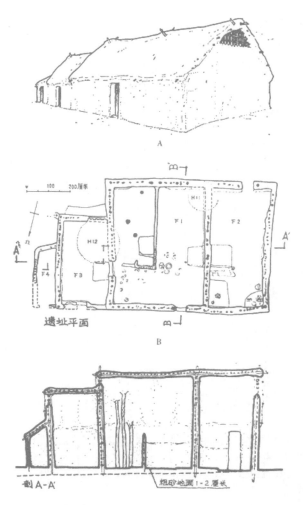

图 5-1-8 龙山时期的多室房屋

令人有些失望。在河南登封王城岗发现的约 4000 年前的城址，据估计是夏代
初期的城址，在山西夏县也曾发现一座约 4000 余年前的城址，与史籍记载中
的夏都安邑相吻合。这些遗址的规模都很小，夏县遗址的城池面积仅 90×200
米见方，与龙山文化相比较在建筑技术水平上也没有革命性的进步。直到在
河南偃师二里头发现的一处被许多考古学家认为是夏末都城斟鄩的遗址才终
于表现出令人耳目一新的建筑成就。这一发现也因地名而被命名为二里头文
化，之后的考古发现证明二里头文化的影响范围相当广泛，不仅遍布黄河流
域各地也分布于长江流域许多地区。就在二里头遗址中，发现了各类建筑数
十座，其中有几座规模宏大的建筑可以称得上是真正意义上的宫殿建筑，是

中国第一代成熟的宫殿建筑（图5-1-9）。

　　二里头的宫殿建筑具备了中国古典建筑所应有的几乎所有要素，前人在不同地区不同环境下所运用过的建筑手法在此汇集起来，加上二里头人的创造性发展，中国第一代成熟的宫殿建筑终于出现了。二里头遗址编号为一号宫的建筑规模最大，建筑建在一座面积约10000平方米的夯土台基上，夯土台基残高0.8米，东西108米、南北约100米。宫殿由中间偏北位置的房屋建筑、周边的廊庑和南面的门构成。在结构技术方面，这座宫殿已具有相当完善的木构架体系并综合运用了夯土台基、榫卯结构、多空间组合和中轴线对称等一系列技术和艺术手法，宫殿已具备规律明确的柱网结构，竖向三段式的立面，环绕殿堂的庭院和进入庭院的大门。室内空间应已具备了堂、室、

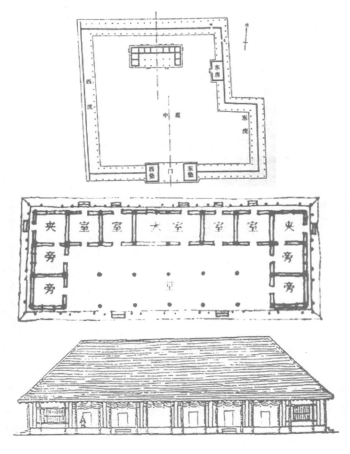

图5-1-9　二里头夏代宫室总平面、殿堂平面及立面图

厢等功能区分，中国传统宫殿建筑的基本内容在此已接近于完备，之后发现的殷商宫殿也大体以此为蓝本并且没有根本性变化。但从外观和空间布局上看来，二里头及殷商建筑与人们认识中的中国传统宫殿建筑群并不太一样，它每一处宫室都比较独立而完整，群体布局因地制宜比较灵活，不像我们印象中的中国传统建筑那样空间层次丰富、秩序严谨。

2. 中国宫殿建筑的两种原形

根据以上现象我们不难发现，中国古代建筑的起源及发展不是从某一个源头发散到全国各地，而是由分布于全中国广大地域的不同源头分别发生，逐渐汇聚到中原地区并确立了中国传统建筑的基本技术和艺术手法体系。我们可以在之后的宫殿建筑中，发现一系列发源于不同地区的技术和艺术手法，而正是这些不同的技术和艺术手法共同构成了中国古代宫殿建筑的两类基本类型。进一步的发展出现在西周以后，当时的宫殿建筑在结构上已有了运用"斗拱"的痕迹，屋面上有了瓦，建筑质量和装饰水平无疑有了明显的进步。而特别重要的是，这一时期出现了更为复杂有序的建筑群体空间布局手法，并且有了不同的布局方案并存的情况。

当时在夏、商宫殿建筑基础上出现了两种不同的"进化"路线。一种是强化单体建筑的体量和形式的丰富程度，形成后来的台榭式宫殿建筑。这类建筑将多种功能组合于一个集中完整的建筑之中，单体形式高大华丽，群体布置则相对灵活自由。这个发展方向是比较容易理解的，随着建筑技术和经济水平的提高，建筑向着高大华丽的方向发展，符合多数建筑体系发展的基本规律。也许正因为如此，在此后近千年的历史中，台榭式宫殿成为中国宫殿建筑的主流形式。中国古代建筑都坐落在一个台基之上，台基高度因等级而异。但台榭建筑的"台"与后来常见的建筑下面的"台基"在结构体系中的意义不同。台榭建筑的"台"处于木构架之中，是重要的结构支撑体，参与了建筑内部空间的构成。而后世建筑的台基只是建筑的基础部分，建筑空间仅由台基上的木结构系统构成。夏、商时代宫殿建筑已有"台"的部分，尽管高度很小，但仍可视为台榭建筑一类（图 5-1-10）。

明、清北京故宫三大殿的台基远高于夏商宫殿的"台"，但并不属于台榭建筑。

另一种发展方向更具中国特色。这一方案没有在增加建筑单体的体量上作过多的努力，而是将建筑的功能、空间、体量分散布置。相当于将若干二里头宫殿的建筑单元按照一定秩序组合到一个空间系统中。这一最早的实例就是岐山凤雏。

这处遗址的建筑风格所有的中国人都相当熟悉，它和现存的北京四合院

图 5-1-10 安阳殷墟殷代宫殿复原建筑

建筑几乎一模一样。仔细分析一下就会发现，这个建筑实际上是将堂、室、厢、塾、廊、门等建筑元素沿一条南北向的中轴线按照一定的规则分散布置，这样的布局手法很容易让人联想到阿善或莎木佳的石块祭坛，只不过在这里用门、堂、室、厢、院等建筑单位取代了石堆和石墙而已。由于这一建筑形式将殿堂建筑环绕院落布置，因而被称为"合院式"建筑。到西周这个建筑出现，中国宫殿建筑的内容、形式和技术手法都已基本成型。

通过对上古的建筑发展过程的分析我们可以发现，中国传统宫殿建筑所具备的那些复杂的技术和丰富多变的艺术手法并非从某一个建筑源头发展分化而来，而是将来自不同源头的各种内容汇聚而成的。中国传统建筑的艺术或技术手法多半不是夏、商、周这些中原部族的创造成果，但就像百川归海一样，这些中原部族借助强大的政治文化优势，吸纳融合了中华各地的文化精髓，最终确立了自己在中华文明中的中心的地位。至西周时期，中国宫殿建筑的两种原型——"台榭式"宫殿和"合院式"宫殿都已基本成熟。但在此后直至西汉时期，台榭式建筑一直是宫殿建筑的主流形式，直到约1600年前的隋代，合院式宫殿才成为中国宫殿建筑的正统形式延续至清朝末年。

宫殿建筑的演进

中国古典宫殿建筑的发展过程，有过几个重要阶段。早在北宋时期，匠作监李诫在《营造法式》序中就提到过"臣闻'上栋下宇'，《易》为'大壮'之时期；'正位辩方'，《礼》实太平之典"。中国古代宫殿建筑曾有过竭力追求神圣壮观的时期，我们现在看到的后期宫殿建筑都是相对理性、节制的。和占据主导地位的治国理念有关，后期尤其和儒家思想的成熟和进步有密切的关系。这个发展过程上大致可以分为三个阶段，不同时期建筑所表达的核心理念也可以分为三个方面。

1. 天人之际

中国传统观念认为，人生存于天地之间，人类社会是整个宇宙的组成部分。而中国的传统思维中的自然观是建立在"天人合一"的哲学基础上，它认为自然与人是血肉相连的，也就是主客统一。因此，中国传统文化注重人与天地、人类社会与自然界的和谐关系，并试图通过模仿自然的秩序，建立和巩固人类社会的秩序。而天子"代天牧守"，具有对"天意"的解释权。宫殿作为天子朝会和居住的场所，除一般的使用功能之外，更具有沟通天、人关系的精神功能。要使人们信服这一点，宫殿建筑就必须接近"天"并且具有某些"天界"的特质，宫殿建筑必须是高大的，是"象天"的，是宇宙、自然之美的集中体现，它必须遵循和体现自然秩序的精髓，并对人类社会起到示范作用。营造宫殿建筑的手法之一，就是效法上天。《晋书》《王彪之传》记载谢安主持营造的宫殿时如此描述："宫室用成，皆仰模玄象，合体辰极"。宫殿建筑虽然不是天界，但也不同于人世间的一般建筑，宫殿建筑是"天人之间"的境界，它的形式是模仿天象，它的布局是和星辰对应的。

宫殿建筑必须接近"天"并且具有某些"天界"的特质，是"象天"的。那么，"天"的特质是什么？哪些是我们在建筑营造中可以效仿的？天是高大广阔的、是庄严神圣的、是向上飞腾的、是有序而和谐的。天就是从上古时期起，人们想象中的神仙居住的理想境界。天的这些特质是可以在宫殿建筑营造中用建筑语言表达的。但建筑营造活动毕竟要建立在一定的经济、技术条件之上，因而关于宫殿的营造，就有了不同的思路，从而在不同的历史时期，产生了不同的宫殿建筑形式和风格。这些关于宫殿建筑营造的思路，我们可以简单地归结为两种倾向：一是外在尺度、形象上的"象天"；二是内在秩序、空间结构上的"象天"。《诗经·小雅·斯干》中有对宫殿建筑的祝祷之辞："如跂斯翼，如矢斯棘，如鸟斯革，如翚斯飞，君子攸跻。"认为理想的宫室形象应该是这样的：其稳定端庄像伫立之人，其挺拔高峻像离弦之箭，其飞腾之势如翱翔之鸟，其文章华彩如奋飞之雉。

早期的中国宫殿建筑，正如《诗经》所描述的，试图从形象上模仿天界，塑造一个高大而挺拔，与天接近，具有飞腾之势的建筑群体，这样的建筑群使人感觉它似乎凌驾于人世之上，身临其境，则似乎置身于天人之间。与之相应的宫殿建筑形式，就是一种被称为"台榭建筑"（高台建筑）的建筑形式。所谓"台"是用土夯筑而成的高大的四棱台（台高常达数米至十数米不等），在台上修筑的开敞的殿堂称为"榭"。其建筑体量集中，形体高耸，宏伟壮观。屋顶组合复杂多变，形态飘逸。群体组合方式较自由，多以架空"阁道"联系，配合门阙围廊，空间变化丰富。

这类宫殿建筑在春秋时期盛行，于秦汉时期达到高潮。据记载，秦始皇每吞并一个诸侯国，便令工匠仿照该国的宫室式样，再造于咸阳。将虏获的各国陈设、钟鼓，纳入其中。还将收缴的各国兵器销还为铜，铸成各重1000斤的十二个铜人，置于宫中。各宫殿之间用复道相连。复道是封闭的空中走廊，一是出于安全考虑，二是听信方士的建议匿居深宫，不令外人知晓，以期与仙人往来。

秦始皇构建的宫室，史称遍及咸阳内外二百里，共二百七十座，复道相连[1]。是否确实，不可详考，但阿房宫无疑是最大的宫殿群。建造工程浩大的阿房宫，是秦朝盛极而衰以至灭亡的转折点。阿房宫的建造构想既来自于秦始皇炫耀威德的狂热心态，也源于"象天法地"的传统营造理论。秦始皇在灭亡六国后的第九年，决定在渭水之南营建朝宫。朝宫规模壮观，阿房宫是整个朝宫的前殿。阿房并不是这座宫殿正式的名字，当时名称尚未确定，因前殿东西北三面以高墙为屏障，俗称为阿城，阿房宫后来便成为这个宫殿群的称谓。据文献记载阿房前殿："东西五百步，南北五十丈，上可以坐万人，下可以建五丈旗，周驰为阁道，自殿下直抵南山，表南山之巅以为阙。为複道，自阿房渡渭，属之咸阳，以象天极阁道，绝汉抵营室也。"[2]

根据考古发掘的情况来看，其台基高十米，面积达四万余平方米，以南山为阙。自咸阳到阿房宫，宫殿一脉相连，中间横渡渭水，其布局明显模仿天象。历史文献描述的从咸阳至阿房宫，如同"绝汉抵营室"，也就是如同横渡银河抵达营室星座。中国古人认为，天国事物和人间是一一对应的关系，天帝也有自己的宫殿。星象中的许多星宿，是以宫殿的意义命名的。于是，中国历代宫殿的形制、布局和命名也常与星象有关系。譬如，天上有被认为是天帝寝宫的紫微星宿，那么人间便有紫禁城。高耸入云的宫室，凌空的阁道，与自然山川相映生辉。秦汉时期的宫殿建筑，通过对"天"的形象的模仿，成功地营造出了一个凌驾于人世之上的"天人之间"的境界。

2. "大壮"之美

中国传统文化总的来说是崇尚简朴适用的，但宫殿建筑需要强调统治者

---

1 宋．司马光，《资治通鉴》卷七245页，中华书局1956年6月版。
2 宋．司马光，《资治通鉴》卷七244页，中华书局1956年6月版。

权威，对天下具有精神威慑作用。要做到这一点，建筑必须是高大雄伟的。因而历代在营造宫殿建筑时，往往将节俭的美德抛在一边。要体现建筑的雄伟壮丽，主要是通过三种艺术手法来达到的：一是在建筑的"量"（体量和数量）上显出差别，即比起其他建筑来，宫殿建筑的体量最大，组成宫殿建筑群的单体建筑的数量也最多；二是在群体布局上强调所谓"中正无邪"，即用中轴对称的方式，将宫殿里最尊贵的建筑放到中轴线上，较次要的放在两边，作为它的陪衬；三是把这种中轴对称布局的空间模式扩大至全部都城，以进一步烘托宫殿的显要地位。在这些手法中，建筑的体量高大和数量众多是效果最为直观的，因此，无论是否采用其他方式，宫殿建筑都会追求高大的体量和巨大的规模，以体现其崇高和壮丽，即"大壮"之美。

这种追求巨大的建筑规模的做法在秦汉时期达到顶峰。据《史记·高祖本纪》记载，汉高祖七年，萧何治未央宫，高祖见其壮丽，怒曰："天下凶凶，苦战数岁，成败未可知，是何治宫室过度也？"萧何曰："天下方未定，故可因遂就宫室。且夫天子以四海为家，非壮丽无以重威，且无令后世有以加也。"战乱未已，就如此大兴土木的营造宫殿，天下大定之后就可想而知了。西汉在立国之初就开始了一系列宫殿营造活动：公元前199年，丞相萧何营建未央宫。公元前202年，高祖刘邦在秦兴乐宫的基础上营建长乐宫。武帝元鼎二年修柏梁台。太初元年，在城西上林苑修建章宫。太初四年又在长乐宫北建明光宫。平帝元始四年，又在长安城南修建明堂、辟雍等礼制建筑。其中长乐宫位于城东南，面积超过5平方公里，占汉长安城面积的1/6，宫内共有前殿、宣德殿等14座宫殿台阁。未央宫位于城西南，是汉代的政治中心，史称西宫，占全城面积1/7，宫内共有40多个宫殿台阁，十分壮丽雄伟。北京故宫，是现存的世界上最大的宫殿建筑群，其占地面积约0.7平方公里，而汉代宫殿建筑动辄5平方公里以上，其宏伟壮丽超出我们的想象力。

西汉宫殿多在秦代宫殿基址上重建，故其宫殿建筑制度也是继承了春秋至秦代高度发展的台榭式建筑形式，台榭建筑作为宫殿建筑的主流样式从殷商时期一直发展延续至魏晋时代，这类建筑多以其高大宏伟的体量取胜，在这时期技术和艺术处理手法已相当成熟。而西汉建章宫可以说是台榭式宫殿建筑的巅峰之作，它不仅将台榭建筑的宏伟壮丽形象展现到极至，而且结合上林苑山池景观布置宫殿建筑群，营造了一个人们理想中的"天上"的境界。建章宫周围10余公里，号称"千门万户"。从建章宫的布局来看，由正门圆阙、玉堂、建章前殿和天梁宫形成一条中轴线，其他宫室分布在左右，全部围以阁道。宫城内北部为太液池，筑有三神山，宫城西面为唐中庭、唐中池。中轴线上有多重门、阙，正门曰阊阖，也叫璧门，高二十五丈，是城关式建筑。后为玉堂，建台上。屋顶上有铜凤，高五尺，饰黄金，下有转枢，可随风转动。在璧门北，起圆阙，高二十五丈，其左有别凤阙，其右有井干楼。进圆阙门内二百步，最后到达建在高台上的建章前殿，气魄十分雄伟。宫城中还分布众多不同组合的殿堂建筑。璧门之西有神明台高五十丈，为祭金人处，有铜仙人舒掌捧铜盘玉杯，承接雨露。这种"一池三山"的布局对后世园林有深远影响，作为创作山池的一种模式，成为后世皇家园林营造的基本手法。

到隋、唐时期，尽管以空间秩序来体现宫殿建筑崇高之美的手法已趋于成熟，但高台建筑设计手法的影响依然存在，追求高大体量，宏伟规模的热情并没有减退。这时的木构架技术已无问题，木结构建造大跨度、大高度建筑的技术问题已经解决，台榭式建筑退出了历史舞台。隋、唐沿袭北周传统，推崇周制，宫殿布局开始采用"三朝五门"制度，沿中轴线布置序列空间的建筑方案得到应用和发展。山一样的夯土台没有了，但隋、唐宫殿仍利用天然高地，建造高大宏伟的殿堂。其建筑形式仍然有台榭建筑的影子。

隋代的皇宫太极宫有内外朝明确的区分。太极殿以北、包括两仪殿在内的数十座宫殿构成内朝，是皇帝、太子、后妃们生活的地方。内朝又分为东西两路，东路称为东宫，是太子居住和读书的地方。西路为掖庭宫，是皇帝与后妃们的居住处所。两仪殿是内朝的主殿，居于中轴线上，皇帝日常听政也常在这里进行，唐中叶以后，多在这里举办帝、后的丧事。两仪殿之北的甘露殿、神龙殿，是唐中期皇帝常住的宫殿。唐代皇帝的寝殿都叫做长生殿，取其吉祥意义。太极宫内有三泓水池，即东海池、北海池、南海池，为帝王、后妃们泛舟之所。据史书上说，玄武门事件发生时，唐高祖李渊正在池中泛舟。可见唐太极宫的规模很大，在宫北部的海池内，竟然听不到玄武门的动静。

唐代大明宫在太极宫之东，长安城的东北角，所以又叫东内。大明宫原是太极宫后苑，靠近龙首山，较太极宫地势更高。龙首山在渭水之滨折向东，山头高二十丈，山尾部高六七十丈。汉代未央宫踞龙首山折东高处，故未央宫高于长安城。唐大明宫又在未央宫之东，地基更高。大明宫扩建后比太极宫规制更大，又依山而建，雄伟壮丽。大明宫的正殿含元殿，坐落在三米高的台基上，整个殿高于平地四丈。远远望去，含元殿背倚蓝天，高大雄浑，摄人心魄。皇帝在含元殿听政，可俯视脚下的长安城。殿前有三条"龙尾道"，是地面升入大殿的阶梯。龙尾道分为三层，两旁有青石扶栏，上层扶栏镂刻螭头图案，中下层扶栏镂刻莲花图案，这两个水的象征物是用来祛火的。含元殿前有翔鸾、栖凤二阁，阁前有钟楼、鼓楼。每当朝会之时，上朝的百官在监察御史的监审下，立于钟鼓楼下等候进入朝堂。朝会进行之际，监察御史和谏议大夫立于龙尾道上层扶栏两侧。大明宫与其地基龙首山似乎构成一幅龙图，龙首山为头，含元殿座镇尾腹，驾驭着巨龙，殿前的龙尾道，阶梯麟麟，形似龙尾。

含元殿后的宣政殿，是皇帝日常朝见群臣、听政的地方。宣政殿东西两廊有门，东为日华门，西为月华门，门外是政府办公机关和史馆、书院。含元殿之后的紫宸殿，是皇帝的便殿。皇帝可以在便殿接见重要或亲近的臣属，办理政务。在便殿办公可以免去在宣政殿办公的很多礼节。紫宸殿之后，为大片散落的宫殿群，皇帝可以随意游玩、居住。大明宫中规模最大的宫殿是麟德殿，它由前、中、后三座殿宇组成，当时又称为"三殿"，面积相当于北京故宫太和殿的三倍。宫中盛大的宴会，多在麟德殿举行。

大明宫内，中轴绕北部为太液池的所在。唐太液池与汉太液池同名，但一个在宫内，一个在城外。唐太液池供帝后荡舟、赏月。池中有凉亭，池的周围建有回廊、殿宇，皇帝也经常在太液池大宴群臣。唐朝三座宫城之外，又有三座大型苑囿，分别为西内苑、东内苑、禁苑。西内苑在太极宫之北，苑内有宫殿若干，其中弘义宫是李世民为秦王时居住的地方，即位后改名为大安宫。贞观四年，退居太上皇的高祖李渊搬迁到大安宫，贞观九年，李渊病逝于大安宫之垂拱殿。东内苑在大明宫的东南角上，苑内殿有承晖殿、龙首殿、看乐殿、球场亭子殿；院有灵符应圣院，唐僖宗崩于此处；池有龙首池，引龙首渠水注入，后又将池填平，改建为鞠场。坊有小儿坊、内教坊、御马坊。三苑之中，禁苑的规模最大。东、西两苑只有方圆一两里，而禁苑地处唐都长安西北部的大片地区，北枕渭水，向西包揽了汉长安城，南接宫城，周回一百二十里。禁苑中有柳园、桃园、葡萄园、梨园，充满生机。数十座闲雅的小亭散布于苑中，在各个景点附近建有宫殿，供帝后们设宴观景并休息之用。在汉宫阙的遗址上，重建了著名的未央宫和数座亭台。禁苑中还饲养着多种禽兽，皇帝兴之所至，便前往游畋。

汉、唐宫殿建筑规模宏大，雄伟壮丽，集中体现了中国传统建筑对"大壮"之美的追求。其后的建筑风格倾向于展现和谐而严谨的空间秩序，建筑的体量、规模缩小，空间处理水平则远远超过了汉、唐时期。

3. "礼"、"乐"之制

天除了是高大广阔的、庄严神圣的、向上飞腾的同时还是有序而和谐的。台榭式宫殿建筑壮丽无比，但工程浩大，劳民伤财，其空间秩序并不严谨，不足以作为人类社会秩序的示范。周人重理性，企图通过模仿"天理"，进而建立和巩固人类社会的秩序。因而周人在营造宫殿建筑时，更注重对

"天"的内在秩序的模仿，更注重建筑空间的秩序问题。周人认为建筑空间布局需满足社会秩序、个人行为规范的需要，建筑应该营造一个有序而和谐的空间环境，这也是后世儒家"礼"、"乐"思想的要求。聚族而居，要有"内外之别"、"男女之防"，要"长幼有序"，同时还要"情足以相亲"。适合于这一要求的是层次分明的院落空间序列。在这一思想支配下，周人建立了一套完善的建筑制度，从居住建筑的"门庭制度"到宫殿建筑的"三朝五门"制度，奠定了中国传统四合院式建筑布局的基础。从西周岐山凤雏村一号宫遗址（图5-1-11）的状况来看，有前堂、后室、东西厢房，有两进院落。其门堂足以别内外满足"礼"的需要，而其庭院在古代就是演奏乐舞的场所，也足以满足"乐的"需求。

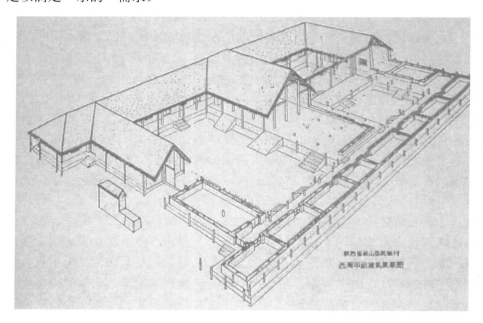

图5-1-11　陕西岐山凤雏村西周宫室复原图

　　门庭制度体现在宫殿建筑上就有了"三朝五门"制度。"三朝五门"制度适应西周的治国观念和政治体制。当时的中央机构有内外朝之分：内朝两个，由天子和他的若干近臣组成；外朝一个，由丞相和诸大臣主持。内朝发布诏命，外朝负责执行。内朝靠近皇帝寝宫，外朝靠近禁城正南门（周称"皋门"）。三个朝"庭"或朝"堂"以及寝宫之间有五座门来分隔空间，这样在宫殿建筑群的中轴线上，至少有五个序列空间，由南向北依次展开。这种制度在西周宫殿建筑中并没有完整地体现出来，只在《礼记》中有较详细的记载。

　　说起中国古代建筑，大家首先想到的是大屋顶和雕梁画栋，从这方面来看，中国古代建筑形式一脉相承，几千年并无太大变化。但台榭建筑和庭院式建筑，在审美意象上是完全不同甚至是相反的。前者体现建筑体量的高大壮美，后者强调建筑空间的深远和秩序感；前者表现建筑实体的美，后者则强调空间的美；前者第一时间就给人带来强烈的视觉冲击，而后者的美妙需通过身临其境地体验慢慢品味；尽管古代宫殿建筑都强调天人关系，但台榭建筑着重的是"天"，而庭院建筑的核心是"人"。从建筑设计思想背景来看，中国古代宫殿由台榭建筑向庭院建筑的转变是革命性的。但庭院式宫殿建筑在西周以后1000多年里并未普及，原因之一是早期建筑结构、材料及加工技术过于粗陋，庭院式建筑外观上显得过于平实，实在是不足以"威慑天下"。直到隋朝以后，建筑结构技术成熟，儒家思想体系地位得到巩固，"三朝五门"制度才终于成为宫殿建筑的主流模式。

　　北宋的都城是汴梁，即今开封，当时称为东京。把汴梁作为帝王皇宫所在地，是从五代的梁开始的，唐、晋继之。北宋的皇宫是仿照洛阳宫殿的模式，在五代旧宫的基础上建造的，其规模大约只相当于唐代一个州府衙门。但宋代宫殿通过强化空间秩序、强化森严的等级关系所营造出的庄严肃穆的氛围并不亚于汉、唐宫殿建筑。在空间处理手法上，宋代取得了相当大的进展。为解决皇宫体量、规模不足的问题，宋人创立了御街千步廊制度，利用狭长压抑的千步廊作为前奏空间，反衬出皇宫正门的高大宏伟，这一手法为明、清故宫所继承。

　　宋代皇宫的正殿叫做大庆殿，是举行大典的地方。大庆殿之南，是中央政府办公机关，二者之间有门楼相隔。大庆殿之北的紫宸殿，是皇帝视朝的前殿。每月朔望的朝会、郊庙典礼完成时的受贺及接见契丹使臣都在紫宸殿举行。大庆殿西侧的垂拱殿，是皇帝平日听政的地方。紫宸、垂拱之间的文德殿，是皇帝上朝前和退朝后稍作停留、休息的地方。宫中的宴殿为集英殿、升平楼。北宋皇宫内的殿宇并不很多，后宫的规制也不很大。

　　后宫有皇帝的寝殿数座，其中宋太祖赵匡胤住的是福宁宫，除后妃的殿宇外，后宫中尚有池、阁、亭、台等娱乐之处。

　　宋初，皇帝为了表明勤俭爱民和对农事的重视，在皇宫中设观稼殿和亲蚕宫。在后苑的观稼殿，皇帝每年于殿前种稻，秋后收割。皇后作为一国之母，每年春天在亲蚕宫举行亲蚕仪式，并完成整个养蚕过程。延福宫是相对独立的一处宫区，在宫城之外。延福宫是帝、后游乐之所，最初规模并不大。宋徽宗即位后不满于宫苑的狭小，遂大肆扩建、营造。延福宫扩建以后，幽雅舒适，宫殿、台、亭、阁众多，名称非常雅致，富于诗意，当然是富于艺术修养的宋徽宗所取的。宫的东门为晨晖，西门称丽泽。大殿有延福、蕊珠。东边的殿有移清、会宁、成平、叡谟、凝和、昆玉、群玉。阁有蕙馥、报琼、蟠桃、春锦、迭琼、芬芳、丽玉、寒香、拂云、偃盖、翠保、铅英、云锦、兰熏、摘玉。西侧的阁有繁英、雪香、披芳、铅华、琼华、文绮、绛萼、琼华、绿绮、瑶碧、清荫、秋香、从玉、扶玉、绛云。在会宁殿之北，有一座用石头叠成的小山，山上建有一殿二亭，取名为翠微殿、云归亭、层亭。在凝和殿附近，有两座小阁，名曰玉英、玉涧。背靠城墙处，筑有一个小土坡，上植杏树，名为杏岗，旁列茅亭、修竹，别有野趣。宫右侧为宴春阁，旁有一个小圆池，架石为亭，名为飞华。又有一个凿开泉眼扩建成的湖，湖中作堤以接亭，又于堤上架一道梁入于湖水，梁上设茅亭栅、鹤庄栅、鹿岩栅、孔翠栅。由此到丽泽门一带，嘉花名木，类聚区分，幽胜宛如天造地设。

到明清时期，沿纵轴线布置序列空间的手法已达炉火纯青的境界，明、清北京故宫就是这一类宫殿建筑的代表作品。故宫单从规模上看，远小于汉、唐宫殿。但它严整的空间秩序，森严的等级关系所营造出的精神震慑力并不亚于汉代宫殿建筑。故宫建筑群虽小于汉唐时期宫殿，但仍然是现存最大的宫殿建筑，它的空间结构之复杂严谨，则远远超过任何前朝宫殿。它东西长760米，南北长960米，占地72万多平方米，有各类房屋8700余间。其主要内容可以分作皇帝处理政务的外朝和皇帝起居的内廷两大部分。故宫中的乾清门，就是外朝和内廷之间的分界线。外朝以"三大殿"——太和殿、中和殿、保和殿为中心，前有太和门，两侧有文华殿和武英殿两组宫殿。内廷以"后三宫"——乾清宫、交泰殿、坤宁宫为主，它的两侧是供嫔妃居住的东六宫和西六宫，也就是人们常说的"三宫六院"。故宫的这种总体布局，突出地体现了传统的封建礼制"前朝后寝"的制度。而整个故宫的设计思想更是突出地体现了封建帝王的权力和森严的封建等级制度。例如，主要建筑除严格对称地布置在中轴线上外，特别强调其中的"三大殿"，"三大殿"中又重点突出举行朝会大典的太和殿（俗称金銮殿）。为此，在总体布局上，"三大殿"不仅占据了故宫中最主要的空间，而且它前面的广场面积达2.5公顷，有力地衬托出太和殿是整个宫城的核心。再加上太和殿又位于高8米分作三层的汉白玉石殿基上（这一形式有台榭建筑遗风），每层都有汉白玉石刻的栏杆围绕，并有三层石雕"御路"。使太和殿显得更加威严，远望犹如神话中的琼宫仙阙，气象非凡。

故宫单体建筑形式简洁，空间规整，但因空间变化得当，身在其中并不觉得乏味。其中处理最为精彩的是由入口至太和殿广场的序列空间，利用一系列连续、对称的封闭空间，衬托出三大殿的宏伟、庄严和崇高。由大清（明）门经过御街千步廊 500 米狭长通道，至金水桥前是一个横向展开 300 余米的空间，天安门展现在眼前，此时是进入故宫第一个高潮。经过天安门，进入一个较小的方形庭院，迎面是和天安门体量、形式完全相同的端门，入口印象通过重复得到加强。通过端门，是一个纵长 300 余米的狭长院落，午门以其宏伟的体量、庄严肃穆的造型矗立在庭院北端，形成主轴线上第二个高潮。午门过后是太和门庭院，200 米见方，对面的太和门尺度亲切宜人。经过太和门就进入面积达 4 公顷多的太和殿前广场，正中高台上是由十余座门、楼、廊环列拱卫着的太和殿，至此方才达到全局最高潮（见图 5-1-12）。

无论是从群体规模还是个体尺度上比较，明、清宫殿建筑都远逊于汉唐宫殿建筑，建筑形态变化上也较前朝简洁。但以故宫为代表的明清宫殿建筑群，通过建筑的大小高低的对比突出主题，通过空间纵横开阔变化来营造不同氛围，完美地满足了宫殿建筑的精神功能要求。其中所运用的许多艺术和技术手法，至今尚具有积极意义。明、清宫殿建筑，包含着中华民族几千年的文化积淀和智慧结晶，成为中华民族文化、艺术和营造技术的里程碑。

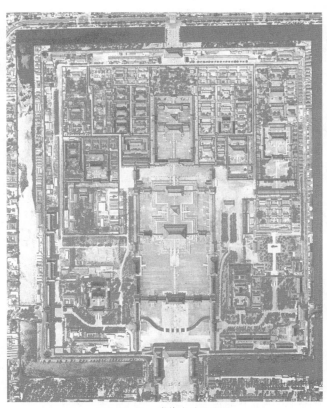

图 5-1-12　紫禁城总平面图

❷宫殿建筑功能组成

宫殿建筑的基本界定

我们今天谈到宫殿，都是特指帝王居住活动的场所。但在汉代以前，宫、室、寝、房、屋等概念只是人们对居住建筑的不同称谓而已，其中"宫"字并不具有什么特殊的地位，但却是表达居住建筑最古老的汉字。从早期的字形上看，"宮"字上有穴头，为早期穴居建筑立面或剖面形象，下面的双口则是建筑的平面形式（图 5-2-1）。

一般认为，至迟在距今约 4000—5000 年的龙山文化时期已有双室套间的半穴居建筑形式出现。[1] 在《易·系辞下》中有这样的记载："上古穴居而野

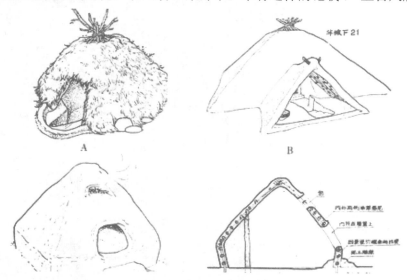

图 5-2-1　原始宫室复原图

处，后世圣人辟之以宫室，上栋下宇以待风雨"。从这段描述来看，当时的"宫室"具有上部的"栋"梁结构，形成了下部的"宇"也就是室内空间，它的室内空间不过仅足以遮蔽风雨而已。至西周时期，"宫"字的含义仍然没有什么变化，《礼记·儒行》记载孔子关于"宫"有如下论述："儒有一亩之宫，

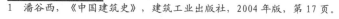

1　潘谷西，《中国建筑史》，建筑工业出版社，2004 年版，第 17 页。

环堵之室；筚门圭窬，蓬户瓮牖……"这段文字所描述的"宫"其实相当简陋，面积不过一亩，柴门蓬户，工艺材料极尽节俭，只是一个贫寒儒生的简陋居所而已。说明直到春秋时期，"宫"字仍然是对所有住宅的泛指，并无特殊地位。但从这段文字我们也可以发现，所谓"宫"不是指单独的一幢房屋。所谓"一亩之宫"，一亩地面积约有660㎡，作为一介寒儒的房屋似乎过于奢华了，与之后描述的贫寒状况不符，显然"一亩之宫"是指包含院落在内的一套住宅。"宫"字社会地位的变化大约发生在汉代，据《风俗通义》所载："自古宫室一也，汉来尊者以为号，下乃避之也。"说明在汉朝之前，宫与室等对居住建筑的称谓并无社会地位上的区分，汉代以后才成为帝王居住场所的专用称谓。

至于殿的含义，人们至今仍常用"殿堂"一词，由于殿、堂二字常常连用，在理解"殿"字之前我们需要先弄清"堂"的意义。篆书"堂"字从字形上看，其部首其实与宫是相似的，但结构较复杂，表示建筑上有较复杂高大的屋顶，中间的"口"表示堂中的人，下面的"土"表示高大的台基[1]，可见"堂"是建在高大台基上的高大的房子，从字形上可以得到两个重要的信息，一是"堂"较原始的"宫"要先进得多，因而"堂"的出现可能要晚于"宫"，二是"堂"字所表达的这种建筑形式是一个单体建筑。《说文》对"堂"的解释是："堂，殿也。"说明"殿"与"堂"没有本质区别。而《仓颉》对"殿"的解释是："殿，大堂也。"，也就是说"殿"其实就是堂，而且是尺度大于一般房屋的"堂"。除尺度大于一般房屋之外，殿堂建筑还有方位上的讲究。我们常用的一个成语叫"堂堂正正"，也就是像"堂"一样地光明正大。说明殿堂建筑是处在显赫的、中心的或重要的位置的房屋，是一组建筑中的视觉焦点。从以上解释来看，总的说来，殿、堂二者都是指尺度较高大而敞亮的单幢房屋，而且殿堂一定是一组建筑中的主要建筑物。篆书"殿"字右侧是一个"殳"，殳是古时一种武器[2]，又是一种地位较高的仪仗兵器。《诗经》中有"伯也执殳，为王前趋"的诗句，周制贵族爵位有公、侯、伯、子、男五级，要由"伯"爵亲自来执"殳"，说明"殳"作为仪仗器的地位多么崇高。门前有如此崇高的仪仗，证明"殿"是一定具有某种神圣属性的，所以除皇家宫殿的"殿"以外，各类宗教建筑、庙宇中的主要房屋也常称为某某殿，如：文庙中的大成殿、佛教和道教庙宇中的大雄宝殿、三清殿等。

随着社会发展和经济技术的进步，早期"贵贱所居"以避寒暑的简陋宫室逐渐成为"尊者以为号"的"王宫"。进而王宫建筑楼台壮丽、殿宇相连

1　我国早期建筑台基多以素土夯筑而成，东汉以后方以砖石包裹夯土。
2　殳是一种矛类兵器，随州曾侯乙墓中首次发现实物，现收藏于湖北省博物馆。

的恢宏气势给人们深刻印象，人们遂在字面上以"宫殿"二字连用，"宫殿"一词逐渐成为帝王居所的专用名词。即便如此，"宫"和"殿"在具体含义上又有本质区别。皇宫建筑具有两大功能，其一是居住生活，其二是处理朝政。由于"宫"在早期是一般居住建筑统称，所以人们仍将皇宫建筑的生活居住区域称为"宫"，也因生活区域多处在宫殿建筑群的后面（北面），所以也称为"后宫"。而宫殿建筑中处理朝政、举行典礼的部分，建筑通常高大宏伟，是典型的"殿"堂建筑，于是人们通常将宫殿建筑中处理朝政、举行典礼的建筑称为"殿"。又因殿堂部分常位于宫殿建筑前部（南面），所以历来有"前殿后宫"之说。另外，前面曾提到"宫"有包括院落在内一组建筑的含义，所以"宫"又有宫殿建筑群体统称的意思。我们常说："某某宫之某某殿"即属此意，比如：阿房宫前殿、故宫太和殿等。

现在我们习惯于从功用角度对建筑进行分类，但中国传统建筑的分类方式与现代有所不同，诸如园林、祭祀等建筑功能有时是被融合于居住建筑之中的。例如，我们现在习惯于将"园林"作为一个单独的建筑类型与居住部分割裂开来作为一种独立的建筑类型，在苏州，人们就将拙政园和东王府作为两个独立景点供人们参观。其实，拙政园和东王府是同一宅第的两个部分，像现在这样分割其实是不太恰当的。宫殿建筑作为功能最为复杂的古代建筑，它的组成内容也就更为庞杂。因此，我们有必要先将它的基本构成作简单的梳理。

宫殿建筑的功能构成

就现阶段考古发掘成果来看，从夏、商以来，中国传统建筑的最高代表就是世俗的宫殿建筑。中国宫殿建筑从类型上看，作为帝王之家生活和工作的场所，只能算作世俗建筑之一类。这一点体现出中华文明与其他古文明的重要区别，也决定了中国传统建筑文化的主要特点和巨大的现实意义，这些问题我们将在后面的章节详加论述。现在我们先将这一现象的缘由以及影响到中国宫殿建筑的基本内容的部分作一个简单的分析。早在颛顼和帝尧时代，我国曾进行过两次被称为"绝地天通"的变革，"绝地天通"字面意思是杜绝天地间的沟通，事实上是将"天意"的解释权收归帝王所有。也就是说，早在新石器时代，中国的部落集团首领就进行了世俗权力与神权的统一，其结果是部族最高的神权由一位世俗首领掌握，世俗首领同时也成为"天意"的传达者。这一事件导致中国古代世俗权力在事实上高于神权，并且这种现象随着社会发展日益明显。随着世俗权力取得至高无上的地位，宫殿建筑在规制上高于单纯的宗教建筑也就是顺理成章的事情了。除此以外还导致两个现象，一是由于世俗权力与神权的高度统一，宫殿建筑势必也要体现某种"神性"，于是中国古代宫殿建筑在形式上要求有一定神圣感，同时也常包含、附设某些"准宗教"性质的建筑空间。其二是其他宗教建筑（主要是佛寺、道观等）在形制上通常是模仿或参考宫殿建筑的，由于目前保存完好的宫殿建筑很少，这些宗教庙宇给我们研究宫殿建筑提供了很好的参考资料。

中国古代的"宫"不是一个单独建筑物而是一组建筑构成的群体，那么作为这一建筑群体组成部分的各"殿"、"堂"自然会逐渐地形成一定的分工模式，进而形成一个有机整体，这个过程相对漫长，并且在不同时期、不同指导思想下其发展方向也发生过根本性的变化。原始宫殿建筑空间相对简单，我们在仰韶文化遗迹中发现了尺度规模较大的"大房子"（图5-2-2）。

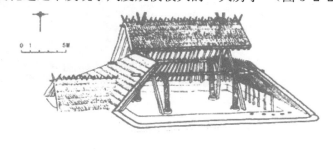

图 5-2-2　临潼姜寨仰韶文化遗址"大房子"复原图

但它仅具有一个单一空间，也就是说在当时一座"宫"就是一座"殿"、就是一个"堂"，尚无空间和功能上的分划。现有建筑历史文献通常认为龙山文化开始出现了双室套间，但根据近年三峡库区抢救性发掘的成果看，在长江三峡地带，至迟在大溪文化时期就已出现建筑分间的情况（图5-2-3）。

大溪文化尚处于新石器时代前期，距今约6500年。无论何时，建筑出现功能分区都是一个伟大的进步，它说明社会生活更丰富，社会结构更复杂了，因而对建筑的功能要求也就更高了。从此以后人们便具有了区分和组织建筑空间的意识和能力。其中透露出更重要的信息是中国古代建筑与社会结构形态从一开始就具有密切关联性。复杂的建筑空间构成往往和现实社会构成相关联，单纯用于取悦上帝的建筑往往是外在造型壮观但空间内容相对简单。

图 5-2-3　雕龙碑大溪文化遗址 15 号房基

　　双室套间的出现意味着一座宫室中具有了两种不同性质的空间，我们可以把它们看作"堂"和"室"的发端，对宫殿建筑来说就是"前朝"和"后寝"的萌芽。随着社会发展，宫殿建筑的变化也称得上日新月异，从商朝开始，宫殿建筑即大致具备了中国传统宫殿建筑的主要内容并不断丰富完善，后世宫殿建筑内容也随之越来越复杂。直至明清时期，中国古代宫殿建筑主要包含以下一些内容，如：供皇帝和朝臣们处理政务的"前朝"也就是朝廷部分；皇家生活起居的"后寝"也就是后宫部分；皇家游憩、田猎活动的场所"苑囿"部分；皇家祭祀祖先和社稷的"太庙"、"社稷坛"等祭祀建筑；负责政治、文化、艺术的研究宣传和教育机构；外围防御设施"紫禁城"及进入紫禁城的门、楼等入口警备和通道设施等。下面我们将中国传统宫殿建筑主要功能内容作一个简单的介绍。

　　1. 前朝部分

　　在宫殿建筑组成中，"前朝"部分是它的核心内容。通常将体型最为高大、形式最为庄严的建筑用在此处。前朝部分所负担的功能其实相对简单，主要是两个内容，一是举行诸如新皇登基的大型典礼活动，二是供皇帝和朝臣们商议处理一些重要的政务称作"大朝会议"。大典活动需要庄严而隆重，而日常朝政则需要安静，避免不必要的干扰。由于这两件事情所需的氛围不同，自然建筑布置上就至少要提供两套不同的空间体系，也就是举行大典的"大朝"和处理日常朝政的"常朝"。此外，《周礼》记载周有三朝之制，即

"大朝、治朝、日朝"[1],"大朝"为接见诸侯场所,"治朝"用以与群臣议政,"日朝"是日常听政的地方。无论三朝或两朝,"大朝"和"常朝"不同的组成关系,都成为中国宫殿建筑前朝部分非常重要的标志性特征。实际上皇帝和朝臣们平时并不一定在"常朝"里处理政务,可能很少去或在相当长一段时间里根本不去。后期的宫殿建筑空间内容非常复杂,比如北京故宫,除了三大殿外,又有文华殿、武英殿两组大殿,平时为省时省力,有时干脆就在御书房接待少数臣子,至盛夏时,又往往在避暑园林离宫办公。所以,到明清时期,作为宫殿建筑核心的前朝部分其实利用率并不是太高,更多的时候是作为一种象征而存在。从实用的角度出发,大朝和常朝只需一大一小的两个殿堂就够了,但在实际建造中其艺术效果无法保证,如果前后纵列,两个建筑单位形不成韵律,而大小两个殿堂并列又不能对称。对此有三种解决办法,其一是大小相等形式相同的两个殿堂对称并列。这种构图方案可能在秦汉宫殿建筑中曾被采用过。根据秦咸阳宫遗址的发掘资料[2]显示,该宫殿由两座对称布局的台榭式殿堂组成,之间有阁道[3]连接。这样的殿堂构图模式在大同华严寺辽代建筑薄伽教藏殿的壁藏西立面上表现得非常直观[4](图5-2-4)。

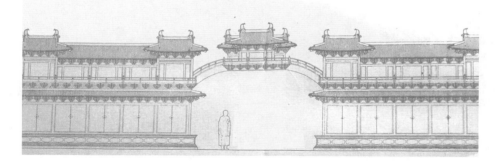

图 5-2-4　雕龙碑大溪文化遗址 15 号房基

其二是三朝横列的构图方式。这一方式是将三个殿堂作品字形布局,大朝居中靠后,常朝分列两翼并前伸如门阙状。陕西凤翔马家庄一号建筑遗址,属于秦国春秋时期宗庙遗迹,即采用这一布局方式[5],古时宫庙同制,推测当时宫殿建筑也有采用同一方式者。唐代大明宫虽采用了三朝纵列布局方案,但其大朝含元殿在外观上仍保留这一构图模式,在大殿东西两端建翔鸾、栖凤

1　李允鉌,《华夏意匠》,天津大学出版社,2005 年 5 月版,第 93 页。
2　陶复,《秦都咸阳第一号遗址复原问题初步探讨》,载《文物》1976 年第 11 期。
3　架空的封闭或半封闭通道,用于台榭建筑之间联系,形制类似与今天的"风雨桥"。
4　刘敦桢,《中国古代建筑史》,建筑工业出版社,1984 年 6 月版,第 208 页。
5　潘谷西,《中国建筑史》,建筑工业出版社,2004 年 1 月版,第 24 页。

两阁，并以阁道相连，形成品字形构图（图5-2-5）。第三种办法就是《周礼》记载的西周的制度，三朝沿中轴线依次布置，大朝在前，常朝在后，这一方式在后期宫殿宗庙建筑中被普遍采用，比如北京故宫的三大殿即为典型范例。三种方式中，前两种方式现在基本没有地面以上的建筑实例遗存。从艺术效果来讲，第一种两元对峙的方式最为奇特，因其中轴线上是一个通道空间，也就意味着视觉中心为"虚"，而两侧为"实"，这种构图方式在世界建筑史上都是非常罕见的。第二种方案即三朝横列的方式比较容易被人接受：其中"大朝"位于中轴线上，中心明确；东西二堂（厢）处在两端，结束有力；横向为典型的五段式构图，节奏鲜明；这是古今中外的人们都乐于接受的单体建筑构图模式。而西周时期出现的三朝纵列模式则是最典型的中国风格，是不同于其他建筑体系的独特处理手法。由于"三朝"依次出现，建筑体量被分散，单体建筑的尺度和复杂程度大为降低。但这一方案"三朝"相互遮挡，一眼难以看清全貌，不似三朝横列的布局将所有殿堂一次性地展现在同一画面中。但正是由三朝纵列这一模式发展而来的宫殿建筑得到充分发展，最后达到了中国古典建筑艺术的巅峰。

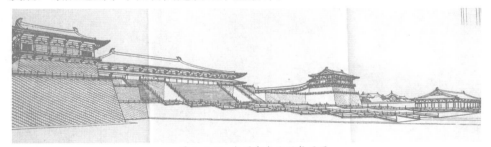

图5-2-5　大明宫含元殿复原图

前朝与后宫的分界处，尽管在空间规模上多半不太显赫，甚至其空间性质都不太明确，却往往是宫殿建筑群功能上的枢纽位置。如以北京故宫为例，这个分界就是"乾清门"和"乾清门广场"。乾清门名曰"门"实为一座可前后穿行的殿堂建筑，是后宫的主要入口。在中国古代建筑中以殿堂作门是一种常用手法，且规格往往较高。乾清门单檐歇山顶，面阔五间、进深六架椽，台基高度约为1.7米，相对前朝的"五门"规格适中、不显威严，不过它工艺精美，装饰华丽超过前面的"五门"，符合后宫的性格要求。但"乾清门广场"的地位却是极其重要显赫的，特别是在清代，这里有两个重要机构，一是外奏事处，负责所有奏章、贡品的内外传递；另一个就是雍正时设立的军机处，是国家最为重要的决策机构。这两个机构都设置在乾清门及其广场两侧廊屋中，所以乾清门广场虽不起眼，却是事实上的国家政治中心。将决策机构设在皇帝寝宫门口是一种古老传统的延续。从仰韶文化遗迹布局来看，其殿堂建筑前的场地就是部落议事决策场所，当时的殿堂也许就是神庙，议事、决策、动员等工作估计都需要首领和巫师配合进行，也就是所谓"庙算"。"绝地天通"以后首领或帝王的寝宫逐渐具备了"庙"的功能而代替了神庙的位置，"庙前议事"也就演变为"宫前议事"。《周礼》中记载的西周宫室制度中有称作"寝"的部分，位于"前朝"和"后宫"之间，就具有后世乾清门广场的主要功用。

2. 后宫部分

宫殿建筑所要满足的第二个功用就是提供皇族成员的居住生活空间，也就是要有人们常说的后宫部分。虽然后宫建筑在规模、等级上不如"前朝"，但皇室成员众多，等级关系错综复杂，建筑制度上所需考虑的问题比起"前朝"部分更为烦琐。后宫总的来说规则不如前朝部分严格，各个时期后宫建筑布置也不尽相同，但总的来看，后宫制度与前朝制度总有一定关联性，大的格局取决于宫殿建筑总体形制。比如，采用东西两朝制度（东西堂），则配属南北两宫，朝和宫都采用两元构图，秦汉时期常有此类布局方式，有人称这一方式为"秦制"[1]。偶数崇拜与母系氏族文化有关，所谓秦制应该是一种古老的文化现象，二里头文化遗迹中就有偶数开间的殿堂遗址（图5-2-6），故"两朝、两宫"模式恐怕还有更古老的渊源。

图 5-2-6　二里头夏代宫殿复原图

另一类是与西周三朝制相适应的三宫制，也就是"前三殿、后三宫"模式。隋代还采用过一种"三朝两宫"模式，带有过渡风格特征。"三宫"模式和"三朝"模式一起，随着儒家学说的发展最终成为宫殿布局主流。不过实际上原始的西周宫殿建筑制度并没有强调"三宫"，倒是有"六宫"的说法。《周礼·天官冢宰》即有"掌王之六寝之修""以阴理教六宫"之说，也就是"六宫"、"六寝"制度。汉代郑玄在《三礼图》中对这一制度的解释是："六寝者，路寝一，小寝五。玉藻曰：朝辨色始入，君日出而视朝，退适路寝听政，使人视大夫，大夫退，然后适小寝释服，是路寝以治事，小寝依时燕息

1　李允鉌，《华夏意匠》，天津大学出版社，2005年5月版，第93页。

焉。"六宫，谓后也，妇人称寝曰宫，宫隐蔽之言，后象王立六宫而居之，亦正寝一，燕寝五"。[1] 这一制度说明，所谓"寝"是皇帝与大夫商议政务和日常休息的场所，它的功能相当于后世的"上书房"、外奏事处等。"寝"所处的位置即介于前朝与后宫之间，相当于前面提到的乾清门广场的位置，是国家事实上的决策中心。

"寝"之后才是"宫"，是由王后掌握，模仿王的"六寝"设立的。这种三朝、六寝、六宫的布局方式，只是一种理想，并没有发现任何实例或遗迹。实际上仅仅六寝、六宫对皇帝来说规模远远不够，但作为一座宫殿建筑群的核心和骨干，究竟采用何种布局方案仍是决定宫殿建筑风格的关键问题。宋代即采用了前三殿、后三宫的布局方案，这一方案肯定了中轴线的统帅作用，空间秩序感强烈，整组建筑空间风格特征一致，给人印象深刻，之后的元、明、清三代均采用这一方案。但这里的后三宫象征意义已大于实际功用了，真正供后、妃居住的"宫"、"院"完全可以设置在东、西边的次轴线上，因而民间有"三宫六院"之说。

3. 苑囿、园林

苑囿是传统宫殿建筑必不可少的组成部分。"囿"的含义据《诗经》毛苌注："囿，所以育养禽兽也"，应该是畜栏、围场一类设施。而"苑"的原意按照《说文》的解释："苑，所以养禽兽也"，与"囿"字含义竟完全相同。不过从字形上判断，"苑"似乎重在果蔬苗木，而"囿"则重在畜栏围场一类设施。《淮南子》记载有："汤之初作囿也"。直到清代，皇家苑囿一直是帝王生活必不可少的设施，建设苑、囿的目的并不完全是为了追求生活上的享乐，它也是一种传统的延续，具有一定礼制上的意义。所以皇家苑囿曾经是一级国家机构，由专门部门的专门官吏管理。

在新石器时代我国各聚落附近就有"桑林"存在，这种人工处理培植过的林地大约就是苑囿的源头。那时的"桑林"具有一定宗教意义，有祭祀和男女相会场所等功能，西南少数民族的青年男女在一定季节去河边对歌可能就是这一习俗的延续。近年来的考古发现也证实，早在4000余年前的良渚文化就有丝绸发现。在那个几乎不用穿衣服的年代里出现了在今天看来也是最好的纺织品，只能用宗教信仰来解释了。蚕虫经过丝绸包裹而羽化获得新生，男女相会在桑林使得氏族繁衍，在古人看来两者一定有某种内在联系。桑林祭祀的习俗保留了相当长的时间，《吕氏春秋·顺民》中有"天大旱，五年不收，汤乃以身祷于桑林"的记载。《楚辞·天问》中又有"禹之力献功，降省下土方。焉得彼涂山女，而通之于台桑"的诗句，说明原始时期的桑林的功

1 《周礼·玉藻》

能到战国时代至少还是为人们所认知的。但帝王苑囿在夏、商特别是周以后形式和内容都有发展。祭祀功能逐渐被剥离出去，而渔、猎、采、樵和游览的功用逐渐占据主导地位，苑囿成为王室的副食库和农场、牧场、猎场，这在商品经济不发达的时代对于宫廷生活是必不可少的。

从春秋时期直到唐代，人们尝试将宫殿和苑囿结合起来，曾经出现过极为壮观的宫苑作品，如战国时期楚国的章华台和汉代建章宫等。隋唐时期宫殿建筑的后宫部分仍保留了这一思路。到宋以后，由于宫殿制度上的变化，皇家苑囿逐渐与宫殿分离，其中有一部分功用转化为以游览观赏为主，也就是从苑囿中分化出后来的所谓"皇家园林"。但总的来说，中国传统建筑并没有要将园林独立出来作为一个专门建筑类型的主张，正好相反，人们一直试图将居住环境与园林有机地结合在一起。早期宫殿试图将环境园林化，或将宫殿建筑群融入自然山水之中，而宋以后则试图使建筑群与经过"再造"的自然山水环境形成一种"相生"的关系。如北京故宫与"三海"的关系就类似于太极图，两者相邻，宫殿中有园林因素，园林中也有殿堂建筑。这种建筑与园林的结合方式也反映在私家园林之中，明清时期的人家只要经济条件许可，都会在宅第旁边建一处园子。

4. 禁城和门阙

中国传统建筑历来非常重视与环境的关系，皇家宫苑与周边城市环境或自然环境的衔接方式与整个宫殿建筑群的营造思路相关，这一关系不仅在很大程度上反映了宫殿建筑总体风格特征，也反映了不同时期不同的政治文化形态。中国古代不用"城市"的概念，而是用"城"或"城池"，强调城墙、城壕等防御设施，在宋以前，中国的"城"与"市"并没有必然的联系。夏、商及西周时期，多数诸侯封国基本由一座城池及其周边的聚落、田野构成，因而那时一座宫殿就有一座城池，一座城池就代表一个国家，简单地说就是："一宫即一城、一城即一国"。由于还没有设立郡县的制度，各地都是领主治理，即便是较大的诸侯国有不止一个城池，也是由"附庸的附庸"来治理的。所以那时的每一个"城"都是宫城，都类似于后来的"紫禁城"。战国时期出现的文献《考工记》里对王城规划的设想有这样一段文字："匠人营国，方九里，旁三门，国中九经九纬，经涂九轨，左祖右社，面朝后市，市朝一夫。"[1] 尽管已是战国时期，但仍然使用"营国"一词来表示建造一座城池，显然"城"和"国"的概念到这时还在通用。自春秋时期后，各国都城的城池设施通常不止一道，形成由多重城池围护的情况。《管子·度地》中有"内之以为城，外之以为郭"的说法，也就是所谓"筑城以卫君，造郭以守

---

1 《考工记·匠人》

民"，"城"处于都城核心用来保护国君的宫室，而"郭"则处于外围用以守护平民。春秋时期"淹"君的城池遗址非常典型，淹国虽是一个名不见经传的小国，但其多层城郭结构遗迹至今仍然清晰可见（图5-2-7）。

图 5-2-7 古淹国遗址

城池设施发展为多重与春秋时期战事频繁有关系，当时各国最重要的战略资源是劳动力，战争目的通常也以掠夺劳动力为主，因而各国不得不"造郭以守民"。之后各朝城郭称谓并不统一，但各朝的都城通常有外城、内城和宫城等三道城池，其中宫城又被称作"大内"、"禁城"或"紫禁城"。明清北京原来也是三道城墙的设置，后来为保护南郊的天坛、先农坛建筑，又修了前门至永定门之间的半截外城，所以有了四重城池，即外城（南城）、内城、皇城、紫禁城（实际上外城和内城是并列关系），其中紫禁城大致是今天故宫的范围，而皇城则包括了紫禁城外围景山和三海（北海、中海、南海）等皇家禁苑。历代宫城与民间城郭之间不一定是一环套一环的关系，也可以是并列、相连、相离甚至相交的关系，有些宫室建设因地制宜历经百年增减，已经看不出和城市是什么关系了。总之，隋唐以前多数宫殿与城市的关系较为自由。

例如汉长安宫殿，长乐、未央、建章各宫室跨越城内外，跨越居民区，不得不以架空的"阁道"相联系。秦朝人的宫室建设思路最有意思，他们在保留了"一宫即一城、一城即一国"理念的情况下统一了中国，那么这个"宫"的规模该有多大尺度才能和这个"国"有一个合适的比例关系呢？很可能就是这个让人眩晕的问题最终葬送了伟大的秦帝国。在这一观念指导下，产生了秦代"弥山跨谷"绵延数百里的宏大宫殿群，它所考虑的是宫殿群与整个"天下"的关系，完全超越了传统城池的范围。

儒家经典中记载的都城和宫室制度相对要现实得多。禁城、皇城与城市有明确的层级秩序，宫殿、庙宇、市场和居民区方位关系明确，由禁城为核心的城市空间秩序井然。这类宫殿建筑主要内容并不对外展示，外人无法窥见皇宫建筑的宏伟森严，因此沟通外界与禁城的"门"、"阙"（图5-2-8）等内容就成为皇宫建筑对外展示王权的主要信息渠道，因此"门"的形式、位置、层次就显得极为重要。据《春秋公羊传》的解释："天子诸侯台门；天子外阙两观，诸侯内阙一观。"

图 5-2-8　敦煌壁画中的门、阙图

　　"阙"实际上就是门前的"观"，也就是瞭望台或岗楼，《风俗通义》有："鲁昭公设两观于门，是谓之阙。"的说法。天子和诸侯在宫门前设"阙"的数量和位置都有不同规定。《周官》记载有："太宰以正月示治法于象魏"，这个"象魏"就是阙，《博雅》的解释很直接："象魏，阙也"。阙的作用本来是用以保卫宫城的岗哨，周代亦有"示治法"也就是颁布法令的作用，但在后代逐渐演变为仪式性设施，"阙"的实际功用后来被城门楼代替了，但阙的位置上遗留下"华表"可以看作阙的延续。

　　历代皇家禁城多数是四面辟门的，各方位上的门功用略有不同，但基本上都以南门为正门，因其在午时方向又称午门。隋唐以后，宫室建设都以周制为蓝本，建筑群沿主轴线南北展开，南部入口方向的空间序列就显得格外重要，空间层次也越来越复杂。以北京故宫南门为例，经由大清门[1]、天安门、端门、午门、太和门才到达前朝太和殿。这里面午门是禁城正门，各门中它的体形最大、造型最复杂、等级最高，而且是举行很多重要仪式的场所，比如：颁朔[2]、出征、凯旋等仪式，因此虽然只是一座门，但它在故宫各建筑中的政治地位居于第二位，仅次于太和殿。

1　明代称"大明门"，现已无存。
2　颁朔即国家颁布次年的历书。

5. 宣传和教育机构

在中国古代的政治生活中，宣传和教育是头等重要的事情。宣传教育的最高机构往往是由帝王及其核心智囊亲自掌握的。因此，教育建筑的布置与帝都和皇宫往往具有某种逻辑上的关系。其中部分教育建筑就直接设在皇宫的核心部分。早在西周时期，国家就设有太学、明堂、辟雍[1]等教育宣传机构。

汉代推崇儒学，标志性举措就是建设明堂、辟雍。其中"太学"是国家最高学府，晋武帝司马炎将太学改称为"国子学"，至隋代改称为"国子监"，直至清末。至唐代以后，全国性的教学体系逐步完善，建立了各级学院、考试院和相应的管理机构，统一归中央政府的"礼部"掌管。

这个全国性教育系统的底层设在县一级，任何人都可以参加被称为"院试"的县一级的选拔考试，通过考试的人被称为"秀才"，意思是"出众的人才"。成为秀才意味着进入了知识分子行列，可进入国立学校读书并享受免除徭役的待遇，甚至国家会提供每月的口粮以利于他们专心于学问。"秀才"们可以参加每三年一次的州府一级的考试，又称"乡试"。通过乡试的人称为"举人"。"举人"的意思即"推举给国家的人才"，这些举人获得两个资格，一是可以直接担任县令及以下的基层职务，另外还可以参加次年的全国性考试——"会试"。会试在首都举行，通过考试后即可参加由皇帝亲自命题和监考的"殿试"以确定名次，最后通过考试的人称"进士"，有"进入士大夫阶层"的意思。"进士"根据所学专业的不同，可以进入教学、研究机构成为"学士"、"大学士"或进入官僚机构成为国家官员。为适应这一制度，全国各县、府直至首都均建有与之配套的学校、考试院和教育管理机构。自从隋代确立科举制度后，科举考试的最后环节一直是由皇帝亲自主持的殿试，而殿试的考场通常就设在皇宫中。比如明、清故宫的核心建筑是三大殿，其中的保和殿在清代就是殿试的考场。

这些国家文化教育建筑在不同朝代内容不完全相同，与宫殿建筑的关系也不尽相同。在内容上通常会包括研究、宣传、教学、考试院及档案馆、图书馆等组成部分。这些建筑或多或少的都与宫殿建筑有某种关系。有些直接设在宫殿建筑群内部，如故宫里面的皇家藏书楼"文渊阁"；有些则是与宫殿建筑具有某些几何构图上的关联，比如"国子监"。源自西周的明堂、辟雍等文教类建筑，在隋以后基本退出历史舞台，但"辟雍"仍作为一种传统符号保留在国子监的前院里。"辟雍"最重要的特征是主体建筑位于一个圆形广场中，广场的外围有一圈环形水面象征着"教化流行"。与此相适应，诸侯或后

---

1 "明堂"本意即"明教化之堂"，是国家宣传治国方针，颁布政令的场所。"辟雍"意为"辟除雍塞"，是国家政治、文化研究和教育机构。明堂、辟雍的设置始于西周，后成为儒家礼制建筑的重要组成。

期的地方学校则在前院里有一个半圆形水面称为"泮池"，含义与辟雍的环形水面相同，但规格降低一级。

6.祭祀建筑及其他附属建筑

另有一些重要建筑通常设在禁城以外，但和皇家宫殿建筑相邻且有着特定的位置关系，这就是太庙和社稷坛、天坛、地坛等祭祀建筑（图5-2-9）。

这些建筑与传统礼制有关又称礼制建筑。不同朝代祭祀天地的天、地坛有时分有时合，多数情况下天坛在南郊，地坛在北郊，祀南北郊是帝王登基宣示于天地的大礼。太庙是皇家供奉和祭祀历代祖先的庙宇，社稷坛是皇家拥有江山社稷的象征，太庙和社稷坛与宫殿建筑联系最为紧密。《考工记》中谈到都城建设时即有"左祖右社，面朝后市"的记叙，意思是太庙应该设在宫殿的左侧，社稷坛设在宫殿建筑右侧。以皇帝南面而坐的视角来看，也就是将太庙建在宫殿建筑群主轴线的东边，而社稷坛则建在西边。北京故宫即遵循了这一制度。就连新中国成立后兴建的历史博物馆和人民大会堂也沿袭了这一传统，将历史博物馆建在主轴线东侧（故宫主轴线左侧），人民大会堂建在主轴线西边（故宫主轴线右侧）。

此外宫殿建筑群中尚有许多不同功用的辅助空间，不同时期内容也不尽相同。例如：作为皇家私立学校的"上书房"、作为皇家档案馆的"文渊阁"、总管宫廷事务的"内务府"，乃至于"御药房"、"御茶房"、"敬事房"等无以数计的各类勤杂事务机构用房，在这里就不再逐一介绍了。通过以上分析任何人都会发现，中国古代的宫殿建筑功能之复杂，空间组织之烦琐，空间形式制度之严密在世界古代建筑史上是绝无仅有的，即便是最复杂的现代大型公共建筑也很少有在功能复杂性上与之相提并论者。

图 5-2-9　天坛鸟瞰

3 宫殿建筑实例

紫禁城

紫禁城，也就是北京故宫，始建于明成祖朱棣时，位于北京市的市中心。这和我国古代的城市规划思想有关，天子居中，也就是居住在皇城里，百姓则居住在皇城的外围。故宫作为明清时代的皇宫，共有24位皇帝在其中居住过，是中国现存最大、最完整的古建筑群，总面积72万多平方米，有殿宇宫室9999间半，被称为"殿宇之海"，气魄宏伟，极为壮观。

在中国古代的城市规划思想中，轴线是十分重要的。整个故宫也被一条中轴线所贯通，这条中轴线又与古北京城的中轴线重叠。三大殿、后三宫、御花园都位于这条中轴线上。其中三大殿和后三宫又分为前后两部分，前一部分是皇帝举行重大典礼、发布命令的地方，即"前朝"，主要建筑有太和殿（图5-3-1）、中和殿、保和殿。

图 5-3-1　太和殿

这些建筑都建在汉白玉砌成的8米高的台基上，建筑形象庄严壮丽，犹如神话中的琼宫仙阙。内部也装饰得金碧辉煌，充分显示了皇家的威严华贵之气。太和殿是皇帝举行大典的地方，又被称为"金銮殿"，光从名字就能想象到它的富丽堂皇。殿高 28 米，东西长 63 米，南北宽 35 米，殿内共使用了 92 根直径达 1 米的大柱，其中围绕御座（也就是龙椅）的 6 根是沥粉金漆的蟠龙柱。御座设在殿内高 2 米的台上，前有造型美观的仙鹤、炉、鼎，后面有精雕细刻的围屏，突出了皇帝至高无上的统治地位。中和殿是皇帝去太和殿举行大典前稍事休息和演习礼仪的地方。

保和殿则是每年除夕皇帝赐宴外藩王公的场所。故宫的后一部分——"内廷"是皇帝处理政务和后妃们居住的地方，这一部分主要包括乾清宫（图5-3-2）、交泰殿、坤宁宫、御花园（图5-3-3）等，三宫的两边是供太后太妃

图 5-3-2 乾清宫

图 5-3-3 御花园

居住的西六宫、供皇妃居住的东六宫和供皇太子居住的东西御所，还分布着一些供宗教和祭祀用的殿堂和供皇帝休息娱乐用的御花园等，都富有浓郁的生活气息。

除了上面所说的这些宫殿之外，故宫重重的宫门也十分有特点，体现了礼制的秩序与等级。故宫的南面有天安门、端门、午门和太和门，北面有一道神武门，前朝和后廷之间还有一道乾清门，它们都位于中轴线上。另外，东西宫墙上各有一座门，分别叫做东西华门。其中，天安门是一座仪式性的大门，在它的南面是一条弯曲的金水河，上面有五座金水桥。金水河的由来和我国古时候的风水观念有关，

因为在古代人看来，背山面水是一种理想的居住模式。在紫禁城的北面，有一座景山，因此在南面也挖出这条金水河来。过了天安门之后便到了端门，端门之后才是午门（图5-3-4），它是整座宫城的大门。

图 5-3-4　午门

图 5-3-5　太和门

午门的建筑形式与别的宫门都不同，它中央是一座九开间的大殿，用的是庑殿重檐式屋顶，两侧各自伸出13间的殿屋。这是中国古代最高级的大门形式，叫做阙门。明清时，皇帝在此下诏书、下出征令，官员如果犯了死罪，就会被推出午门斩首，实际斩首的地方其实是在离午门较远的菜市口，在午门广场只是执行杖刑，但是也足以使人感觉到午门的威严。神武门是故宫的后门，它虽然也使用了最高等级的重檐庑殿顶，但是大殿只有五个开间，也没有伸出的两翼，因此形制上较午门低一个等级。太和门（图5-3-5）和乾清门都不是宫门，而是建筑群体的大门，因此都是宫殿式的。其中太和门是前朝的大门，皇帝平时常在这里接见百官，"御门听政"。乾清门则是后朝的大门。

　　整个紫禁城的守卫异常森严，周围环绕着高 10 米，长 3400 米的宫墙，墙外有 52 米宽的护城河。在 4 个城角都有精巧玲珑的角楼，虽然是用作防御的用途，但是采用了所谓"九梁十八柱"的做法，因此十分美观（图 5-3-6）。故宫历经了清王朝的盛衰，在 1924 年，中国最后一代皇帝溥仪被冯玉祥逐出皇宫，"清室善后委员会"同时成立。1925 年 10 月 10 日故宫被改作故宫博物院。院中收藏了大量的珍贵文物，其中有很多是绝无仅有的国宝。

图 5-3-6　故宫建筑群

　　比如故宫东路珍宝馆展出的一套清代金银珠云龙纹甲胄，通身缠绕着 16 条龙，形状生动，穿插于云朵之间。甲胄是用约 60 万个小钢片联结起来的，每个钢片厚约 1 毫米，长 4 毫米，宽 1.5 毫米，钻上小孔，以便穿线联结。为制造这套甲胄，共用了 4 万多个工时，实在让人感叹中国古代匠人精巧的工艺和为此所花费的心血。

圆明园、颐和园

　　既然说到了故宫，就不得不提一提圆明园（图 5-3-7）。它始建于清代康熙四十六年（1707 年），原本是康熙皇帝赐给皇四子胤禛（雍正）的"赐园"。1722 年雍正即位后，依照紫禁城的格局，大规模建设。到乾隆年间，清朝国力鼎盛，圆明园建设也达到了高潮。乾隆以倾国之力、空前规模地扩建圆明园，以后又经嘉庆、道光、咸丰几代的续建，建造过程中役使了无数能工巧匠，费银亿万，使圆明园达到了极高的艺术价值，做到了宫殿与园林的完美结合。历史上圆明园由圆明、长春、绮春三园组成，占地 5200 余亩（350 公顷），著名景群上百处，乾隆时期，甚至还让当时在清廷做事的意大利传教士郎世宁设计了一群西洋式的石头建筑，就建造在长春园的北部，采

图 5-3-7 圆明园西洋楼遗址

用的是华丽的"巴洛克"风格。圆明园曾以其宏大的地域规模、杰出的造园艺术、精美的建筑和丰富的文化收藏闻名于世。它的盛名传至欧洲，被誉为"万园之园"、"世界园林的典范"。咸丰十年（1860 年），英法联军占领北京，圆明园惨遭劫掠焚毁。中国不仅因此丢失了大量的古代艺术作品，而且园中的中式建筑全部化成了灰烬，只留下几座西洋的门楼，记录下了历史的耻辱。遭遇相似命运的还有颐和园（图 5-3-8）。它始建于乾隆十五年（1750 年），是乾隆为了庆祝母亲皇太后六十大寿和整治京城西北郊水系的双重目的而修建的，于乾隆二十九年（1764 年）建成。在 1900 年八国联军占领时期，它同样也遭到了劫掠。1902 年慈禧太后返回北京后，又动用巨款修复了颐和园，使之成为了古代保存至今最为完整的皇家园林之一。园中的仁寿殿便是光绪

图 5-3-8 颐和园建筑群

与慈禧从事内政与外交活动的地方。

阿房宫

故宫与圆明园、颐和园等作为中国宫殿建筑的顶峰，完美地呈现了中国建筑艺术的辉煌。其实早在秦朝时，就有了一座在后世极负盛名的宫殿——阿房宫（图5-3-9）。现在对阿房宫的了解，多存在于文字之中。唐代著名诗人杜牧创作的散文《阿房宫赋》可以说是脍炙人口，"覆压三百余里，隔

图 5-3-9 阿房宫复原图

离天日。骊山北构而西折，直走咸阳。二川溶溶，流入宫墙。五步一楼，十步一阁；廊腰缦回，檐牙高啄；各抱地势，钩心斗角。盘盘焉，囷囷焉，蜂房水涡，矗不知其几千万落。长桥卧波，未云何龙？复道行空，不霁何虹？高低冥迷，不知西东。歌台暖响，春光融融；舞殿冷袖，风雨凄凄。一日之内，一宫之间，而气候不齐。"在《史记·秦始皇本纪》中也有着相似的记载，"前殿阿房东西五百步，南北五十丈，上可以坐万人，下可以建五丈旗，周驰为阁道，自殿下直抵南山，表南山之巅以为阙，为复道，自阿房渡渭，属之咸阳。"秦代一步约合六尺，三百步为一里，秦尺约合0.23米。如此算来，阿房宫前殿东西大概宽690米，南北进深约115米，占地面积8万平方米。可以想见其规模之大，劳民伤财之巨。根据《史记》的记载，秦始皇统一中国之后，自觉功绩可以与三皇五帝相比。他嫌都城咸阳的宫室太小，不足以显示自己君临天下的威仪。因此在始皇三十五年（公元前212年），秦始皇下令在皇家园囿上林苑所在的渭河之南、皂河之西建造规模庞大的宫殿群落。"先作前殿阿房"，随后，以前殿阿房宫为中心，在周围建造了270余座离宫别馆。宫室之间以"空中走廊"连接。这些走廊又依地势直达终南山下，在山顶建宫阙作为阿房宫大门。秦始皇死后，秦二世胡亥继续修建这座宫殿。然而秦朝的苛政最终还是导致了王朝的灭亡。在一些古代的历史著述中，认为楚霸王项羽军队入关以后，移恨于物，将阿房宫及所有附属建筑纵火焚烧成为了灰烬。但是中国社科院考古研究所研究员、阿房宫考古队队长李毓芳

认为，这些仅仅是文学描写，出土资料才是还原历史最可靠的手段。阿房宫的遗址在西安西郊 15 公里的阿房村一带，从外观上看是一座大土台基，周长约 310 米，高约 20 米，全用夯土筑起，当地人称之为"始皇上天台"，而在阿房村西南附近，迤逦不断的夯土形成一长方形台地，面积约 26 万平方米，当地人称之为"郿坞岭"。这两处地方是阿房宫遗址内最显著的建筑遗迹。

汉三宫

及至汉代，也就是公元前 202 年的时候，汉高祖在秦朝兴乐宫的基础上建成长乐宫，两年之后建成未央宫，于是便把都城从栎阳迁至长安。长安在秦代原是咸阳附近位于渭河南岸一个乡聚的名称，由于成为交通的要冲而成了兵家的必争之地。刘邦采纳了贤臣张良的建议，定都于此。长安城里有三级宫殿：长乐宫、未央宫、建章宫，合称"汉三宫"。长乐宫是西汉的政治中心，它位于城东南角，平面近方形，周围夯筑宫墙，墙基宽 20 米，周长 1 万米，面积约 6 平方公里，相当于汉长安城的六分之一。宫墙的四面都有门。宫内的殿址都已经破坏得十分严重，但是还是可以推断出它是由四组宫殿组成的，分别是长信殿、长秋殿、永寿殿、永宁殿。在历史上，长乐宫又叫"东宫"。淮阴侯韩信就是被刘邦的老婆吕雉和萧何诱杀在长乐宫的钟室之内。刘邦死后，皇帝移住未央宫。长乐宫就专供太后居住，因此而得名。

在对长乐宫遗址的发掘中，出土了罕见的排水渠道，在一米多深的地下，两组陶质排水管道就像两条南北向的巨龙"聚首"在一条排水渠边。排水渠长达 57 米，宽约 1.8 米，深约 1.5 米，在接纳了来自南方和东方的各个排水管道的污水之后，便向西北方向流去。这从侧面表明了西汉时期中国皇宫建筑的高超水平。

"汉三宫"中另外一座宫殿未央宫（图 5-3-10）位于长安城的西南部，

图 5-3-10　未央宫遗址

是皇帝朝会的地方。它始建于高祖七年（公元前200年），自高祖九年迁朝廷于此，以后一直是西汉王朝政治统治中心，所以它的名气之大远远超过了其他宫殿。在后世的诗词中未央宫已经成为汉宫的代名词。未央宫宫内的主要建筑物有前殿、宣室殿、温室殿、清凉殿、麒麟殿、金华殿、承明殿、高门殿、白虎殿、玉堂殿、宣德殿、椒房殿、昭阳殿、柏梁台、天禄阁、石渠阁等。其殿台基础都是用龙首山的土做成的，殿基甚至高于长安城，传达出了君临天下的气魄。由于其处西南，未央宫的宫名很可能是取位于未（西南方）的中央宫殿之意。据历史书籍的记载，未央宫的四面各有一个司马门，东面和北面门外有阙，称东阙和北阙。当时的诸侯来朝入东阙，士民上书则入北阙。

建章宫位于汉长安城直城门外的上林苑，也是一座位于园林中的宫殿。始建于武帝太初元年（公元前104年），由许多宫殿台阁组成，号称"千门万户"，在新莽年末时毁于战火。经过考古发掘，现在尚存前殿、双凤阙、神明台和太液池等遗址。

大明宫

唐朝时最为有名的宫殿建筑便是大明宫（图5-3-11），它初建于公元634年，当时，李世民在城东北角禁苑内的龙首塬上修"永安宫"，让其父李渊在那里临时消暑，但还未完工李渊就驾崩了。贞观九年（公元635年）时"永安宫"更名为"大明宫"。龙朔二年（公元662年）重加修建，改名蓬莱宫。咸亨元年（公元670年）又改名含元宫，长安元年（公元701年）复名大明宫。从此，直至唐末的200余年间，唐皇帝都住在大明宫（除开元年间的唐玄宗一度在

图5-3-11 大明宫复原图

兴庆宫），大明宫就成了皇帝处理朝政、接见群臣、举行阅兵仪式等的地方。

大明宫堪称中国古建筑的杰作，但中和三年（883）、光启元年（885）与乾宁三年（896）连遭兵火，遂成废墟。1957—1962年和1980—1984年，中国科学院考古研究所对遗址进行了两次勘察与发掘，这样才使得遗址内的含元殿、麟德殿、三清殿、翔鸾和栖凤两阁及太液池、蓬莱亭等遗址重新展现在

世人面前。

布达拉宫

上面所介绍的这些宫殿，都位于中原地区，因此在建筑的整体布局跟风格上，有着一脉相承的相似之处，都十分强调轴线对称。但是在西藏自治区拉萨市郊西北海拔 3700 多米的玛布日山上，有一座十分特殊的宫殿——布达拉宫（图 5-3-12）。它是公元 7 世纪时，西藏的吐蕃王松赞干布为迎娶唐朝的文成公主特别修建的。布达拉宫依山而建，规模宏伟，占地 41 万平方米，仅

图 5-3-12　布达拉宫

建筑面积就达到了 13 万平方米。宫体为石木结构主楼有 13 层，自山脚向上，直至山顶高达 115 米。5 座宫顶覆盖镏金铜瓦，金光灿烂，气势雄伟。

由于历史的变迁，当松赞干布建立的吐蕃王朝灭亡后，古老的宫堡也大部分被毁于战火，直至公元 17 世纪（公元 1645 年），五世达赖被清朝政府正式封为西藏地方政教首领后，才开始重建布达拉宫。以后历代达赖又相继进行过扩建，布达拉宫逐渐发展成了今天规模，并且正式成为藏传佛教的圣地。一些重大的宗教、政治仪式均在此举行。

布达拉宫的整体建筑主要由东部的白宫（达赖喇嘛居住的部分），中部的红宫（佛殿及历代达赖喇嘛灵塔殿）及西部白色的僧房（为达赖喇嘛服务的亲信喇嘛居住）组成。在红宫前还有一片白色的墙面为晒佛台，这是每当佛教节庆之日，用以悬挂大幅佛像的地方。布达拉宫是在藏族人民眼里神圣的代名词，素有"高原圣殿"的美誉。它既是西藏的象征也是中华民族团结向上的表征。因为它凝结了藏民无穷的智慧和汉藏文化交流的伟大结晶。布达拉宫不仅是藏式建筑的杰出代表，也是中华民族古建筑的精华之作。在

1961 年被列入中国重点文物保护单位，并在 1994 年 12 月初被联合国教科文组织列入《世界遗产名录》。

沈阳故宫

另一座由非汉族的皇帝建立的宫殿建筑是沈阳故宫（图 5-3-13），它建于 1625 年，由后金第一代汗努尔哈赤开始营建。努尔哈赤死后，第二代汗皇太极继续修建数载终获成功。沈阳故宫占地 6 万多平方米，宫内建筑物保存完好。它的规模虽然比占地 72 万平方米的北京故宫要小得多，但是建筑风格独特。并且，沈阳故宫的文物保存完好，建筑规模十分壮观，皇家宫廷气度非凡，从而和北京的故宫一起成为中国现在仅存的两大宫殿建筑群代表，并成为满清王朝早期历史的见证。

图 5-3-13　沈阳故宫

雍和宫

在北京市，有一座特殊的宫殿：雍和宫。它建于康熙三十三年（1694），占地 66400 平方米。雍和宫并不是一座严格意义上的宫殿，而是清世宗雍正做皇帝前的府邸，曾称为"贝勒府"。雍正即位后第三年，改为行宫。雍正死后，为在殿内停放他的灵柩，将中路殿堂原有的绿色琉璃瓦改为黄色。从此，雍和宫成了一座宫殿般的寺院。雍正、乾隆都很崇信喇嘛教，因此在乾隆九年（1744），雍和宫被改为喇嘛寺庙，这座建筑具有汉、满、蒙、藏民族特色，是中国罕见的重要名胜古迹之一。

雍和宫内保存着数以千计的佛像及丰富的佛教经典文物。还陈设有大量的珍贵文物。其中"五百罗汉山"、"金丝楠木的木雕佛龛"和 18 米高的"檀木大佛"被誉为雍和宫的"三绝"。雍和宫原有 4 个学殿，即医学殿、数学殿、显宗殿和密宗殿。喇嘛分别在这里学习医学、佛教、历法和佛学经典知识，学期一般为十几年。学习佛学的喇嘛从入学到毕业，要用 30 年的时间。

上面所介绍的一些宫殿建筑，在历史上拥有十分重要的地位，代表了宫殿建筑艺术的精华。然而中国历史上历经了 18 个朝代，其中有更多优秀的宫殿建筑，湮没在历史的长河里，使得人们无法一睹其真颜，只能从故宫雕栏画栋的华丽里，感受古代宫殿建筑高超的建筑艺术。

六、祭祀建筑

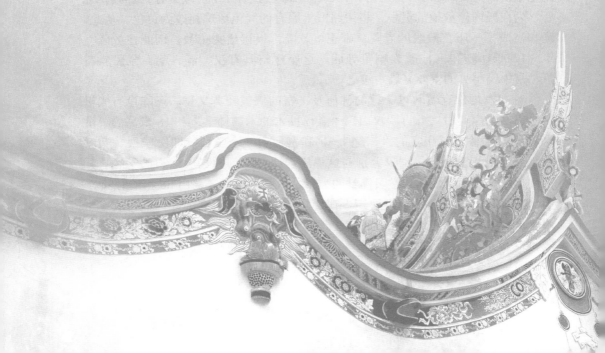

1 祭祀建筑概说

说起祭祀建筑，首先必须了解什么是祭祀。简单地说就是人们通过各种各样的宗教活动来表达对天神、地祇、先祖的敬奉，以及对某种愿望的祈祷。古人祭祀与供奉的主要目的有三层：一是"祭宗庙，追养也；祭天地，报往也"，就是寄托对祖先养育恩情的感激与追念，以及报答自然神祇护佑的恩泽；二是为今人祈求福祉，确保平安；三是起到表达政治目的的宣示作用。从家天下的夏、商、周直到后来的封建时代，祭祀活动一直都是关系到国家兴衰存亡的头等大事。

祭祀建筑因为其建筑形式又可被称为坛庙建筑，祀天神、祭地祇的建筑称之为坛，祭人神的建筑称之为庙。

《说文解字》中对坛的解释是这样的，"坛，祭场也"，坛中包含着"坦"的意思，还有一种说法是封土为坛，即用于祭祀的露天台子，就是人们为了沟通天地、日月、星辰、山川诸神的联系而设立的台子，从原始石器的自然土丘，到人工夯砌的土丘、石台，到层层基台环以栏杆、壝墙、棂星门等附属建筑的祭坛，其形体、材料、做法虽历经改变，但是始终是露天建筑。而《说文解字》中对庙的解释是这样的，"庙，尊先祖貌也"，即用于祭祀先祖的房子。《史记·礼书》中说："天地者，生之本也；先祖者，类之本也；君师者，治之本也。无天地恶生？无先祖恶出？无君师恶治？三者偏亡，则无安人。故礼，上事天，下事地，尊先祖而隆君师，是礼之三本也。"意思是说天地乃生物之本源，祖先是族类之本源，君师是国家治乱之本源；若三者全无，则无法安定人民。所以礼的本源就是要尊天地、祖先与君师。实际上祭祀建筑类型也是与此相对应的。

最早在新石器时代后期，就出现了良渚文化祭坛（图6-1-1）、红山文化祭坛及女神庙等。1987年在对浙江余姚瑶山遗址考古发掘时，发现了良渚文化的祭坛。瑶山是一座人工堆筑的小土山，在其顶部建有一座边长约20米的方形祭坛。从平面上看，祭坛共由三重遗迹构成，最中央的是一个略呈方形的红土台；四周围绕着一条灰土沟；沟的西、南、北三面，是用黄土筑成的

图 6-1-1 良渚文化祭坛

土台，东面则是一座自然土山。从现场残留的遗迹来推断，外面一重台面上原来铺有砾石，现在西北角仍保存着两道石砌墙，残高 0.9 米。在祭坛的中部偏南分布着两排大墓，共 12 座。红山文化的女神庙，位于辽宁建平牛河梁一个平台南坡，由一个多室和一个单室两组建筑构成，附近还有几座积石场群相配属。

奴隶社会时期的重要遗迹有河南安阳殷墟祭祖坑、四川广汉三星堆祭祀坑（图6-1-2）等。根据两处祭祀坑出土文物和遗迹形制来判断，它们既有相同的青铜铸造工艺、相似的都城布局、类似的自然、鬼

图 6-1-2 四川广汉三星堆祭祀坑

神、祖先崇拜以及相同的祭祀方法等，也存在很大差异。殷墟祭祀坑出土的青铜器，铸造技术十分高超，甲骨文金文等文字也日臻成熟，在祭祀中还大量的使用人牲，足以显示当时奴隶制度的昌盛。三星堆的蜀人祭祖虽也祭天、祭地、祭祖先，迎神驱鬼，但祭祀对象多用各种形式的青铜塑像代替，反映了较浓的图腾崇拜。虽然由于地域或民族的不同，导致了这些差异，但是它们均开创了秦汉隋唐乃至明清坛庙的先河。《尔雅·释天》所记载的"祭天日燔柴；祭地日瘗埋；祭山口庪悬；祭川日浮沉"等祭仪，在殷人和蜀人的祭祀中都已具备，只是在后朝更为系统化了。两地的遗址遗物都显示了燔柴祭天的证据，而且殷墟祭祀坑是圆形的，与后代天坛圜丘祭天如出一辙。

到了封建社会，在坛庙进行祭祀是帝王们最为重要的活动之一。京城是否有坛庙是立国合法与否的标准之一。明清北京，宫殿前有左祖右社，在郊外则祭天于南，祭地于北，祭日于东，祭月于西，祭先农于南，祭先蚕于北（已泯灭），这些都是坛庙建筑的重要留存地。

古人视祭祀为立国治人之本，是关系国家兴亡的头等大事，因此祭祀性建筑的地位，远远高于其他的建筑类型，始终处于建筑活动的首位；古往今来，古人在华夏大地上创造了大量的祭祀建筑，其起源之早、延续之久、形制之尊、数量之多、规模之大、艺术成就之高，在中国古代建筑中是令人瞩目的。从礼制内容上来说祭祀性建筑可分为三种，神祇坛庙、宗庙与家庙和先贤祠庙三类。

2 神祇坛庙

神祇坛庙祭祀的对象是自然神，比如天、地、日、月、风、云、雷、雨、社稷、先农等等，因此坛庙的种类也就有这么多种。其中天地、日月、社稷、先农等必须由皇帝亲祭，其余则由皇帝派遣官员进行祭祀。以北京城为例，祭天之礼有冬至的郊祀、孟春的祈谷、孟夏的大雩（祈雨），都在京城南郊的圜丘举行，季秋大享则于明堂举行，祭时以祖宗配祀。历代皇帝把祭天之礼列为朝廷大事，庆典极其隆重，都是为了强调自己"受命于天"、"君权神授"，神圣不可侵犯。祭地之礼，夏至在北郊方丘举行。中国古代认为天圆地方，故分别筑圆坛、方坛来举行祀典。日月星辰既可以在祭天时附祭，也可以另外设坛祭祀，北京城就是在京城东西郊分设日坛、月坛。

社稷坛是祭祀土地之神的，其中社是五土之神，稷是五谷之神。因为古代时以农业立国，因此社稷也象征国土和政权。社稷坛不仅在京师有，诸侯王国和府县也有，只是规制低于京师的太社太稷。明朝皇帝的太社稷坛用五色土，而王国社稷只能用一色土，坛比太社小 3/10，府县要小 1/2。

先农坛（图 6-2-1）是皇帝祭祀神农和行藉田礼之处。为了鼓励耕作，天子有籍田千亩，仲春举行耕籍日礼，并祭神农于此。明代北京的先农坛设

图 6-2-1　先农坛

于南郊圜丘之西。

五岳、五镇是山神，而四海、四渎是水神。在五岳中以东岳泰山为首，自汉武帝以后，历代皇帝都以泰山封禅为盛典。"封禅"是告帝业成功于天地，所以泰山之庙（岱庙）（图6-2-2）仿帝王宫城制度，规模宏大。中岳嵩山之庙的规制和岱庙相近。其他如北岳庙、济渎庙等，规模也很恢宏。

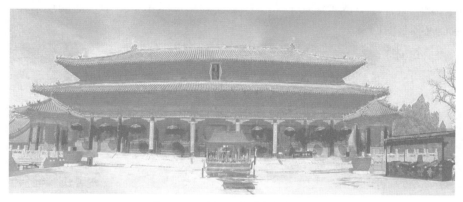

图 6-2-2 泰山之庙（岱庙）

北京天坛

天坛（图6-2-3）位于北京正阳门外东侧。明初时永乐皇帝迁都北京，刚开始仍然按照南京故宫的旧制，天地合在一起祭祀。嘉靖时，天地分祭，分别立天、地、日、月之坛于四郊。清代基本沿袭了明朝的旧制，只是在乾隆时对天坛作了一次大规模重修，祈年殿、皇穹宇、圜丘等均在此时改建，并一直留存至今。天坛建筑除祈年殿和圜丘两组以外，在其西侧有城堡式的斋宫，供皇帝祭扫前夕斋宿之用。宫四周环绕着两道壕沟与围墙，派有军队驻守。整个坛区外围还有两道围墙，可见

图 6-2-3 天坛

戒备之森严。靠近西侧外墙有神乐署和牺牲所，主要用来备祭典所用的舞乐和祭品。整个天坛遍植柏树，绿树成荫。

圜丘（图6-2-4）是一座露天的圆形坛地，有三层，是皇帝冬至祭天的地方。每一层的栏板望柱和台阶数目为了符合"九五"之尊的地位，均使用阳数（又叫"天数"，即九的倍数）。坛面用青石板铺就，其中顶层中心的圆形石板叫做太阳石或者天心石，站在上面呼喊或敲击，由于坛面的反射作用，会形成显著的回音。

图 6-2-4　圜丘

祈年殿（图6-2-5）与圜丘之间以一条长360米、宽30米的步道相连，叫做"丹陛桥"。这条步道高出柏树所在的地平4米，所以走在步道上时，周围一片起伏的绿涛，突出了祭祀所需要的庄严神圣的意境。同时，整个祈年殿也坐落在很高的台基上，这种增高接天的办法，加深了祭祀的人们对于天神的憧憬之情。

图 6-2-5　祈年殿

祈年殿本身是一座圆形的建筑，是一座有鎏金宝顶的三重檐的圆形大殿，覆盖蓝色的琉璃瓦，以象征苍天。这座大殿的出色之处是，殿内有28根楠木大柱，分别具有不同的象征意义：中央的四根柱子叫做通天柱，代表四季；中层十二根金柱，代表十二个月；外层十二根檐柱，代表十二个时辰；中外层相加二十四根代表二十四节气；三层相加二十八根，代表二十八星宿；如果再加上柱顶八根铜柱，就代表三十六天罡；宝顶下有一根雷公柱，代表皇帝一统天下。

皇穹宇是一座鎏金宝顶单檐攒尖顶建筑，大殿直径15.6米，高19.02米，由八根金柱和八根檐柱共同支撑起巨大的殿顶。屋顶上也铺着蓝色的琉璃瓦。内部的三层天花藻井层层收进，构造十分精巧。殿中的汉白玉雕花石座上供奉着"皇天上帝"的牌位。

北京社稷坛

北京社稷坛建于永乐十九年，一直作为明清两代祭祀社稷的场所。坛中的主体建筑有社稷坛、拜殿、戟门（图6-2-6），另外还有一些附属的建筑，

图6-2-6　社稷坛戟门

如神库、神厨、宰牲亭等，其中又以社稷坛最为重要。它是一座用汉白玉砌成的三层的方坛，高出地面约1米。坛面上铺五色土，分别为中黄、东青、南红、西白、北黑，分别以五行学说中的五色对应五方，象征"普天之下皆为王土"。中央有一座土龛，明清时立有代表社神的石柱和代表稷神的木柱各一根，后来两者合为一根石柱，名为"社主石"或"江山石"，象征"江山永固，社稷长存"。坛的四周围有一道矮墙，墙面上也按照东、南、西、北四个方位贴以青、红、白、黑四种颜色的琉璃砖，每面墙的中部各有一座棂星门

（图6-2-7），古人就是以这样一种形式，围合出一个庄严肃穆的祭祀空间。

拜殿（图6-2-8）在社稷坛的北面，也叫祭殿和享殿，是一座斗拱飞檐、金碧辉煌的华丽殿堂。它是为雨天祭祀而建的，没有雨时，皇帝们会在殿外的坛上祭祀。殿中梁架、斗拱全部外露，并有着彩绘的装饰，构成一幅美妙的图案。

图6-2-7 社稷坛棂星门

泰山岱庙

岱庙位于泰山的南麓，又被称为"东岳庙"，是历代帝王举行封禅大典和祭祀泰山神的地方。它始创于汉代，到唐代时，已经形成了相当大的规模。宋真宗时大举封禅，修建了天贶殿等殿宇，规模更为宏大，周环1500余米，有古建筑150余间，堪与帝王宫殿相媲美。

岱庙中的主要建筑有遥参亭、岱庙坊、唐槐院、天贶殿、汉柏院等。其中天贶殿是岱庙的主殿，是东岳大帝的神宫。殿面阔九间，进深四间，通高22米，面积近970平方米。屋顶为重檐庑殿式，覆盖黄琉璃瓦。重檐之间有竖匾，上书"宋天贶殿"。殿内北、东、西三面墙壁上绘有巨幅《泰山神启跸回銮图》，壁画高3米多，长有62米。"启"是出发，"跸"是清道静街，亦作停留意，"回銮"是返回之意，描绘了泰山神出巡的浩荡壮观的场面。画中人马，千姿百态，造型生动逼真，是泰山人文景观之一绝。

图6-2-8 社稷坛拜殿

3 宗庙与家庙

宗庙和家庙，又称为祠堂，是旧时祭祀先贤和祖宗的地方。它最早可追溯至殷商时期，当时同姓者有共同的宗庙，同宗者有共同的祖庙，同族者有共同的祢庙，其中天子的祖庙被称为太庙。到了秦朝，由于尊天子而轻草民，除了皇帝之外，一般人都不敢建祖庙。后朝慢慢地官员们也可以建祖庙了。但是直到明嘉靖（1522—1566）以前，庶人都不能建祖庙。

祠堂的功能十分多样，除了最重要的祭祀祖先的功能之外，还有着提供家族之间的往来空间、开办私塾、惩恶扬善等重要的功能，可以说是整个家族中最为核心的空间。家族中的祠庙，还可以分为宗祠、祖祠和家祠。其中家祠是最小的祠庙，仅仅在家庭内部供奉。

北京太庙

北京太庙（图 6-3-1）可以说是规模最大、等级最高的一座家庙了，是明清两代皇帝祭祀祖先的地方。元大都时按照传统"左祖右社"的做法，把太庙和社稷坛分别设在都城的东西两边。明永乐十八年（1420 年）时，太庙和社稷坛被移到了紫禁城的东西两侧，其中太庙位于天安门与端门的左边。建筑的形制遵循中国古代"敬天法祖"的传统礼制。里外共有三层围墙，院墙之间遍植柏树，第三层院墙之内才是太庙最中心的部分，包括前殿、中殿、

图 6-3-1　太庙

后殿三大殿，是举行大祀的地方。大殿两侧各有配殿十五间，东配殿供奉着历代的有功皇族神位，西配殿供奉异姓功臣神位。大殿之后的中殿和后殿都是黄琉璃瓦庑殿顶的九间大殿，中殿称寝殿，后殿称祧庙。天花板及廊柱皆贴赤金花，制作精细，装饰豪华。此外还有神厨、神库、宰牲亭、治牲房等建筑，充分显示了皇家雄厚的财力。

罗东舒祠

罗东舒祠（图6-3-2）位于安徽省黄山市徽州区呈坎镇呈坎村，是一座聚落中祠堂。根据当地族谱的记载，该祠始建于明嘉靖年间，明万历四十年（1612年）又重新扩建，至万历四十五年（1617年）落成。由于是嘉靖和万历两度建造，因此整个建筑有着迥异形式和风格。祠堂坐西朝东，背山面水，屋顶是歇山顶，气势宏大。祠堂前沿溪的照壁宽29米，呈八字形，暗含财源广进的吉祥寓意。墙后是棂星门、仪门，穿过仪门就是宽大的天井，天井当中是甬道，两旁各有庑廊。甬道尽头是露台（陛），登上露台后进入第二进大厅"善厅"。过大厅又是一个天井，天井内有三条宽阔的石台阶。位于最后的寝殿高出前堂1.6米多，是供奉祖先神位的所在，也是整个祠堂的精华部分，并列三个三开间，加上两进间，共十一间，十根檐柱采用琢成讹角的方形石柱，檐下正中悬着挂吴士鸿手书的匾额"宝纶阁"。寝殿内的梁头、驼峰、脊柱、平盘斗等木构件，用各种云纹、花卉图案组成，雕刻玲珑剔透，并且都绘有精妙绝伦的彩绘，色调以青绿、土黄为主，间以橙、赭、玫瑰红等对比色，图案清晰艳丽，具有很高的艺术价值。

图 6-3-2　罗东舒祠

174

4 先贤祠庙

　　先贤祠庙，顾名思义也就是供奉先贤的地方。早在春秋时候，民间就有尊奉前代贤哲以劝勉后人的传统。到了汉代，祭祀先贤已经被称作是教化黎民的大事。唐贞观四年（630），太宗下诏命令州、县学皆建孔子庙，孔子成为天下州县都可以祭祀的先贤。与此同时，众多地方先贤也被列入祀典，在地方官员主持下加以祭祀。这种祭祀先贤的风气，在后朝一直就被延续了下来，到了明清时期，孔庙又发展为文庙以及书院，以供养孔子像让读书人祭拜。很多县镇，除文庙外，还设武庙，或称关帝庙，内祭关羽，一文一武，成为县府先贤祠庙的基本格局。

　　山东曲阜孔庙

　　曲阜孔庙（图6-4-1）是第一座祭祀孔子的庙宇，初建于公元前478年，也就是孔子死后第二年，为了表彰孔子的学问，鲁哀公将他的故居改为孔庙。后代的皇帝推崇儒家思想，不断加封孔子，扩建庙宇，最终形成了现在这种皇宫的规格，在规模上仅次于北京故宫。

图 6-4-1　曲阜孔庙大成殿

　　孔庙前有一条神道，两侧栽植桧柏，创造出了一种庄严肃穆的氛围。庙内共有九进院落，分左、中、右三路，被南北向的中轴线所贯穿。前三进是引导性院落，只有一些尺度较小的门坊。院落内遍植松柏，绿树成荫。第四

175

进以后的庭院里，黄瓦、红墙的建筑与绿树交相辉映，暗示着孔子思想的博大高深和他对于中国传统文化的深远影响。

孔庙内的重要建筑有金元碑亭、明代奎文阁、杏坛、德侔天地坊等，清代重建的大成殿、寝殿等。这些建筑都有自己的独特之处。正殿采用廊庑围绕的组合方式，是宋金时期封闭式祠庙形制少见的遗例。大成殿、寝殿、奎文阁、杏坛、大成门等建筑采用木石混合结构，在目前来说也十分少见。斗拱布置和细部做法灵活，根据需要，每间平身科多少不一，疏密不一，拱长不一，甚至为了弥补视觉上的空缺感，将厢拱、万拱、瓜拱加长，使同一建筑物相邻两间斗拱的拱长不一，这也是孔庙建筑独特的做法。（图6-4-2）

成都武侯祠

武侯祠位（图6-4-3）于四川省成都市南门武侯祠大街，最早时是一座君臣合祀祠庙，由刘备、诸葛亮蜀汉君臣合祀祠及惠陵组成。千多年来几经毁损，现存祠庙的主体建筑是1672年清朝康熙年间（康熙十一年）重建的。

武侯祠也是一座轴线对称的建筑。进入大门后，在

图 6-4-2　孔庙

树荫中矗立着六座石碑，两侧各有碑廊，其中有一座"蜀汉丞相诸葛武侯祠堂碑"，立于唐宪宗元和四年（公元809年），具有很高的文物价值。穿过第二道门之后，就是刘备殿，刘备殿的后面是诸葛亮殿，殿西侧是刘备墓。

祭祀建筑充分体现了中国的礼制。直到今天，孔庙、武侯祠、关帝庙之类的建筑还在接受人们的朝拜，见证中国人民的礼仪。

图 6-4-3　武侯祠

七、宗教建筑

1 中国宗教

在我国古代，宗教是老百姓生活中十分重要的部分。其中流传最为广泛的有佛教、道教和伊斯兰教。这些宗教不仅为我们留下了丰富的建筑和艺术遗产，对我国古代文化和思想的发展，也带来了深远的影响。

佛教

大约在东汉初期，佛教即已正式传入我国。最早见于史籍的佛教建筑，是明帝（东汉刘庄帝）建于洛阳的白马寺。那时的寺院是按印度及西域式样来建造的，即以佛塔为中心做成方形庭院平面。汉末笮融在徐州兴造的浮屠寺亦是如此。只是寺中的塔已经变成了木阁楼式结构，四周的回廊殿阁也逐渐改为中国建筑的传统式样了。不过汉代的佛寺目前都已无迹可寻，只能从为数不多的石刻画像、铜镜背面和绣作织物上的图案来推断出它们当时的模样。

魏晋、南北朝时佛教得到了很大发展。当时建造了大量的寺院、石窟和佛塔。据文献记载，仅北魏洛阳内外，就建寺 1200 余所；南朝建康一地，亦有庙宇 500 余处之多。现存的著名石窟，如云岗、龙门、天龙山、敦煌等，都肇始于这一时期，并且具有很高的艺术水准。

隋、唐、五代至宋，是佛教的另一个大的发展时期。通过敦煌壁画等间接资料，能够大致了解到此时较大佛寺的主体部分仍采用对称式布置，即沿中轴线排列山门、莲池、平台、佛阁、配殿及大殿；殿堂逐渐成为全寺的中心，而佛塔则退居到后面或一侧，自成院落，或建作双塔，矗立于大殿或寺门之前；较大的寺庙除中央一组主要建筑外，又依供奉内容而划分为若干个庭院。

到元代时，蒙古统治者提倡藏传佛教（俗称喇嘛教），不过除了喇嘛塔和为数不多的局部装饰以外，对中土的佛教建筑影响不大。

明、清时佛寺更加规制化，大多依中轴线对称布置建筑，如山门、钟鼓楼、天王殿、大雄宝殿、配殿、藏经楼等，塔已很少，轮转藏、罗汉寺、戒坛及经幢等仍有兴建，但数量也不多，方丈、僧舍、斋堂等布置于寺侧。

历史上佛教主要分为两支。主要流行于汉族地区的佛教，称为汉传佛教。

其建筑小的称庵、堂、院，大的称寺，最大的再在其前冠一大字，如大显通寺。明、清时期以四大名山为佛教圣地，即山西五台山（文殊菩萨道场）、四川峨眉山（普贤菩萨道场）、安徽九华山（地藏菩萨道场）、浙江普陀山（观世音菩萨道场）。藏传佛教则分布在西藏、甘肃、青海及内蒙古一带，以拉萨、日喀则为中心。在一些大寺内，除一般的佛殿、经堂及喇嘛住所外，还设置供僧人学习的佛学院"扎仓"。汉传佛教与藏传佛教均属于大乘佛教。南传的小乘佛教分布范围很小，仅限于我国云南的西双版纳等地，佛寺的平面与建筑风格与中土大相径庭。

道教

道家思想一般认为始于老子的《道德经》，实际最早的肇源，应是远古时候的巫术，后来发展到战国及秦、汉的方士所用的炼丹术，直到东汉时才正式成为宗教。道教在我国宗教中居于第二位。它所倡导的阴阳五行、冶炼丹药和东海三神山等思想，对我国古代社会及文化曾起过相当大的影响。但就道教建筑而言，却未形成独立的系统和风格。道教建筑一般称为宫、观、院，其布局和形式，大体仍遵循我国传统的宫殿、祠庙体制。即建筑以殿堂、楼阁为中心，依中轴线作对称式布置。与佛寺相比较，规模一般偏小。元代中期的山西黄城县永乐宫是目前保存较完整的早期道观，江西龙虎山、江苏茅山、湖北武当山和山东崂山等是道教最著名的圣地。其他如四川青城山，陕西华山也都是道教的中心。

伊斯兰教

创建于 7 世纪初的伊斯兰教，约在唐代就已经自西亚传入中国。由于伊斯兰教的教义与仪典的需要，礼拜寺（或称清真寺）的布置与佛寺、道观有很大的区别。比如礼拜寺常建有召唤信徒礼拜的邦克楼或光塔（用于在夜间点燃灯火），以及供膜拜者净身的浴室；殿内不放置偶像，仅设朝向圣地麦加供参拜的神龛；建筑常用砖或石料砌成拱券或穹窿；装饰纹样只用可兰经文或植物与几何形图案等等。早期的礼拜寺（如建于唐代的广州怀圣寺，元代重建的泉州清真寺），在建筑上仍保持了较多的外来影响。而建造较晚的寺院（如明西安化觉巷清真寺、北京牛街清真寺等），除了神龛和装饰题材以外所有建筑的结构与外观都已完全采用中土传统的木架构形式。但在新疆维吾尔自治区的伊斯兰教礼拜寺，基本上还保持着本地区和本民族的固有特点。

❖2 佛教建筑

古代佛寺的组合形式，大体上可分为以佛殿为主和以佛塔为主的两大类型。

以佛殿为主的佛寺

这类佛寺的出现最早可能源于南北朝时王公们的"舍宅为寺"。那时正是佛教最为兴盛的时期，贵族们纷纷将自己的宅邸捐给寺院，以显示自己对佛的虔诚。为了利用原有房屋，逐渐发展成了"以前厅为大殿，以后堂为佛堂"的佛寺平面。隋唐以后它成为我国最通行的佛寺制度。

1. 山西五台山佛光寺大殿（图 7-2-1）

唐代是中国建筑发展的高峰，也是佛教建筑大兴盛的时代，但由于木结构建筑不易保存，留存至今的唐代木结构建筑只有两座，其中一座便是佛光寺大殿。它建于大中十一年（857），是我国最早的木构殿堂。佛光寺坐东向西，大殿在寺的最后即最东的高地上，高出前部地面十二三米。大殿的面阔七间，通长 34 米；进深四间，为 17.66 米；殿内有一圈内柱，后部有一道"扇面墙"，三面包围着佛坛，坛上放置着唐代雕塑。大殿的屋顶为单檐庑殿，坡度舒缓，檐下有雄大而疏朗的斗拱，简洁明朗，为唐代遗风。柱高与开间的比例略呈方形，斗拱高度约为柱高的 1/2。粗壮的柱身、宏大的斗拱再加上

图 7-2-1　佛光寺大殿

深远的出檐，都给人以雄健有力的感觉。

大殿的空间构成也很有特点。内柱把全殿分为"内槽"和"外槽"两部分，内槽空间较高较大，加上扇面墙和佛坛，更突出了它的重要性；外槽较低较窄，是内槽的衬托。但外槽和内槽的细部处理手法一致，一气呵成，有很强的整体感和秩序感。雄壮的梁架和天花的密集方格形成粗细对比，突出了整体结构的重量感。佛光寺大殿也很重视建筑与雕塑的默契。佛坛面阔五间，塑像也相应地分为五组。塑像的高度和体量都经过精密设计，使之与空间相协调，同时也考虑了与瞻礼者较为合适的视线。

2. 石家庄正定隆兴寺（图 7-2-2）

隆兴寺原本是十六国时期后燕慕容熙的龙腾苑，隋文帝开皇六年（586年）将其改为寺院，初名龙藏寺。唐时名隆兴寺。宋开宝四年（公元971）年，宋太祖赵匡胤命人修建大悲阁，并铸造起七丈三尺高的千手千眼铜观音像，因此又俗称大佛寺。康熙四十七年（公元1708年）寺西侧增建帝王行宫，形成了东为僧徒起居之处、中为佛事活动场所、西为行宫三路并举的建筑格局，从而达到了鼎盛时期。

图 7-2-2　隆兴寺

隆兴寺现有面积85200平方米，平面呈长方形，布局和建筑保留了宋代的建筑风格。南面迎门为一座高大的一字琉璃照壁，照壁后有三座单孔石桥，再向北依次为天王殿、天觉六师殿（遗址）、摩尼殿、牌楼门戒坛、慈氏阁、转轮藏阁、康熙乾隆二御碑亭、大悲阁、御书楼和集庆阁、弥陀殿、龙泵牛亭等，中轴线末端为1959年从正定城内崇因寺迁来的毗卢殿。院落南北纵深，重叠有序，殿阁高低错落，主次分明，是研究宋代佛教寺院建筑布局的重要实例。

3. 大悲阁（图 7-2-3）

是隆兴寺的主体建筑，五檐三层，高 33 米。阁内矗立着铜铸佛像，这就是名闻遐迩的正定大菩萨。为建造此佛像，宋太祖共投入了 3000 工匠。由于佛像超高，所以采取自下而上、分段接续铸造的办法。第一段铸莲花座，第二段浇至膝部，直到第七段才浇铸至顶部。佛像有 42 臂分别执日、月、净瓶、宝杖、宝镜、金刚杵等法器。面部表情端详恬静，仁慈庄重。达到了"瞻之弥高、仰之益恭"的艺术效果。其下须弥座为铜像铸成后砌筑。平面呈"H"形，其上依位置和内容的不同，采用浅浮雕、高浮雕、圆雕和透雕多种技法，将整体表现得既华美多变又严谨匀称。

图 7-2-3　隆兴寺大悲阁

4. 天津蓟县独乐寺（图 7-2-4）

独乐寺，俗称大佛寺，位于天津蓟县城内西大街。传说安禄山在此誓师起兵叛唐，因他想做皇帝、"思独乐而不与民同乐"而得寺名。古寺建于唐贞观十年，辽统和二年（公元 984 年）重建，是中国仅存的三大辽代寺院之一。

独乐寺山门高约 10 米，气势不同一般，正中匾额有严嵩的题字："独乐寺"，刚劲浑厚。屋顶为五条脊，四面坡，角如翼斯飞，庄重而高昂。

5. 观音阁（图 7-2-5）

在山门的后面，阁上的匾额"观音之阁"是唐朝著名的诗人李白在 52 岁北游幽州时所题写的。阁中的观音像高 16 米，头上还有 10 个小头像，因此

图 7-2-4 独乐寺

图 7-2-5 独乐寺观音阁

也被称为 11 面观音。

　　观音阁后有八角小亭，名"韦驮亭"，韦驮是护法诸天的其中之一。亭中的塑像身着铠甲，双手合十，威武中又有平和。韦驮像一般都设在天王殿或大雄宝殿里，单独给韦驮设亭的寺院是十分罕见的，由此可见独乐寺之特殊。

　　观音阁的西北，有 28 块乾隆皇帝亲笔题书的书法碑帖，如今看上去已经字迹斑驳，不过，在这样一个小小的县城里却能看到如此的珍宝，这只能归功于独乐寺特殊的地理位置。因为清朝的东陵在遵化，蓟县成为皇帝去祭祖的一个重要的中转休息站。

6. 西藏日喀则萨迦南寺（图 7-2-6）

前面介绍的三个古寺，都是汉传佛寺中比较典型的代表。在藏传佛教盛行的地区，佛寺的建筑艺术与中原地区有着明显的差异。

图 7-2-6　萨迦南寺

萨迦南寺是一座建于元代的寺庙。它具有十分鲜明的西藏特色，建筑形体厚重，收分强烈。萨迦南寺的面积并不大，只有 14700 平方米。为了利于防守，寺外筑起了两圈城墙，城墙外还挖筑了护城河，城内也设置了四个城堡和四个角楼。因此，整个平面图就像一个大"回"字套着一个小"回"字。

寺中的主体建筑为大经堂，面积 5700 平方米，高 10 米左右。殿内有 40 根粗犷的柱子直通殿顶，中间四根尤为粗大，当地人给它们起了一些风趣的名字，比如最粗的那根叫"加纳色钦嘎瓦"，意思是元朝送的柱子。大经堂北面的建筑叫做"嵌东拉康"，里面有历代法王的银皮灵塔 11 座，保存完好；大经堂南侧的建筑叫做"蒲康"，是过去密宗念蒲巴终（金刚经）的场所。

寺中的壁画色彩绚丽，最为著名的骑象献宝图更是西藏与国外文化交流的见证。甬道壁画还有边舞边演奏胡琴或边舞边吹奏笛子的乐舞菩萨，形象妩媚动人。通过这些壁画，我们也可以感受到元代时的音乐、舞蹈等其他的艺术特色。

7. 河北承德外八庙（图 7-2-7）

避暑山庄原是清朝皇帝们避暑和处理政务的地方，清朝的皇帝们为了以"深仁厚泽"来归化少数民族，便顺应蒙、藏等少数民族信奉喇嘛教的习俗兴

图 7-2-7　承德避暑山庄外八庙

建了外八庙。

从外形上看，外八庙的建筑都采用彩色的琉璃瓦，有的甚至用镏金鱼鳞瓦覆顶，远远望去，巍峨壮观，金碧辉煌，一派富丽堂皇的景象，与古朴典雅的避暑山庄形成鲜明的对比。

多数寺院建筑依山建造，在布局上运用了一些特殊手法。例如将轴线对称式和自由式布局结合在一起，巧妙利用地形来解决平面高差问题，叠置人工假山来增加空间趣味等。在平面比例关系上多次运用相似比例图形和矩形的构图，以获得和谐感。特别是普宁寺的后半部布局，将一组包括大乘阁、喇嘛塔、小型殿台等 19 座建筑的群体，组成以建筑物来体现的佛教"坛城"，运用象征手法表达出佛经上的天国世界，这是十分罕见的。

以佛塔为主的佛寺

以佛殿为主的佛寺在中国有着广泛的分布，但是最早的时候，佛寺采取的是天竺传来的制式。它们以一座高大居中的佛塔为主体，周围环绕着方形广庭和回廊门殿，如东汉洛阳的白马寺、汉末徐州的浮屠祠以及北魏时洛阳的永宁寺等。由于中国和印度的气候差异很大，特别是北方，冬天十分寒冷，佛殿逐渐就取代了佛塔成为寺庙的主体。

佛塔可以分为很多种样式：

1. 楼阁式塔

楼阁式塔是仿照传统的多层木构架建筑而产生的，很早就出现了，是我

185

国佛塔中的主流。南北朝至唐宋时期，是楼阁式塔的全盛时期，现存的实例以宋代为最多。塔的平面在唐以前都是方形，五代起八角形平面逐渐增多。早期楼阁式木塔和仿木的砖塔只用一层塔壁结构，后来改用双层塔壁（木塔实例有辽代山西应县佛宫寺释迦塔，砖塔有五代苏州虎丘云岩寺塔），完全用木头建造的楼阁式塔在宋代以后已经绝迹。

山西应县佛宫寺释迦塔（图7-2-8）

图7-2-8　佛宫寺释迦塔（应县木塔）

佛宫寺释迦塔也叫做应县木塔，位于山西省忻州市应县县城内西北角的佛宫寺院内，是佛宫寺里最重要的建筑。说它重要，是因为它是我国现存最古老最高大的纯木结构楼阁式建筑，堪称我国古建筑中的瑰宝，世界木结构建筑的典范。

应县木塔建于辽清宁二年（公元1056年），即北宋至和三年，至今已有949年的历史。塔高67.31米，底层直径30.27米，总重量约7400吨。整个建筑由塔基、塔身、塔刹三部分组成。塔基分为上下两层，下层为方形，上层为八角形。塔身平面亦为八角形，塔高九层，从外观上看它是五层六檐的，实际上里面还有四个暗层。塔刹则由基座、仰莲、相轮、圆光、仰月、宝盖、宝珠组成，高耸挺拔，直插云霄。

木塔在设计和施工上匠心独具，采用内外两层结构，增加了塔身抵抗地震等的能力。每一层都向内递收，形成一层比一层小的优美轮廓。全塔没用一个铁钉子，全靠构件互相卯榫咬合；屋檐处总共使用了54种不同形式的斗拱，被称为"斗拱博物馆"，古人誉之为"远看擎天柱，近似百尺莲"。塔内各层由木制楼梯相连，二层以上都设有平座栏杆，形成回廊，人们可以走出古塔，眺望整个佛寺的景象。

江苏苏州虎丘云岩寺塔（图7-2-9）

虎丘塔是一座仿木构的楼阁式砖塔，约有七层，塔顶部分已经有些缺失，如果将它复原到最初建成的状态，大约高60多米。塔身是由青砖和黄泥砌筑而成，甚至用砖砌筑起了来源于木构建筑的柱、枋、斗拱等结构构件，造型非常精致。

塔的平面形状亦是八边形的，和应县木塔一样，也有两层塔壁，仿佛是一座小塔外面又套了一座大塔。每层之间以叠涩砌作的砖砌体连接上下和左右，这样的结构，性能上十分优良，因此虎丘塔也历经千年斜而不倒。

虎丘塔的砌作、装饰等更为精致华美，如斗拱、柱、枋等都是按木构的真实尺寸做出，斗拱出跳两次，形制粗硕、宏伟，并且与柱高的比例较大；其他如门、窗、梁、枋等的尺度和规模也都再现了晚唐的风韵和特点。

在虎丘塔之前的砖塔中，都没有发现塔身外建有平座栏杆的先例，而在虎丘塔的外塔壁外面上却出现了。大家可以走出塔体，登高远眺，而不像之前的砖塔，只能从极小的窗眼里窥视塔外的景象。

图 7-2-9　虎丘云岩寺塔

图 7-2-10　报恩寺塔

江苏苏州报恩寺塔（图 7-2-10）

报恩寺塔建于南宋绍兴年间（1131—1162），为八角形平面，共九层，砖身木檐，是南宋平江（即今苏州）城内重要一景。塔的结构与形制都与山西释迦塔相仿。但副阶屋檐与第一层塔身的屋檐是一坡而下，没有重檐。砖砌的塔身每面分三间，正中一间设门。木结构部分曾在清光绪年间重修，并且又在平座上加了许多擎檐柱，已经部分改变了原样。塔的比例较为瘦长，檐角高举，在宏伟中蕴含着秀逸的风韵，体现了江南建筑的艺术风格。

2. 密檐塔

密檐塔，顾名思义也就是檐口较密的塔。它的主要建筑材料是砖石。现存最早的实例是河南登封嵩岳寺塔。密檐塔的平面在隋唐多为正方形，辽金多为八角形。

河南登封嵩岳寺塔（图7-2-11）

嵩岳寺塔位于登封县城西北的嵩岳寺里，建于北魏孝明帝正光元年（520年），距今已有1470年的历史。

嵩岳寺塔上下都是以砖砌筑而成，外涂白灰。塔分为内外两层，内为楼阁式，外为密檐式，总高41米左右，周长33.72米，外层塔身的平面是等边十二角形，中央塔室为正八角形，上下贯通。塔室之内，原置佛台佛像，供和尚和香客绕塔做佛事之用。这种密檐12边形塔在中国现存的数百座砖塔中，是绝无仅有的，在当时也是少见的。

嵩岳寺塔不仅以其独特的平面形状而闻名，而且还以其优美的体形轮廓而著称于世。全塔刚劲雄伟，轻快秀丽，建筑工艺极为精巧。

图7-2-11　嵩岳寺塔

陕西西安荐福寺小雁塔（图7-2-12）

小雁塔坐落在陕西省西安市南约1公里的荐福寺内，与大雁塔东西相向，是唐代古都长安保留至今的两处重要的标志。因为规模小于大雁塔，而且修建时间偏晚一些，故称作小雁塔。

图7-2-12　小雁塔

小雁塔是一座密檐式方形砖构建筑，初建时为十五层，高约 46 米，塔基边长 11 米，塔身每层叠涩出檐，从下往上逐层内收，形成秀丽舒畅的外轮廓线；每层南北面各辟有一门，门框用青石砌成，门楣上用线刻法雕刻出供养天人图和蔓草花纹的图案，极其精美，反映了初唐时期的艺术风格。塔的内部是木构式的楼层，有木梯盘旋而上，可一直到达塔顶。明清两代时因遭遇多次地震，塔身中裂，塔顶残毁，现在仅存十三层。

由于小雁塔的造型秀丽美观，各地的砖石结构密檐塔大都仿效建造，在云南、四川等地区的唐、宋时期的密檐塔虽各具地方特色，但仍可以看出与小雁塔的继承关系。

3. 喇嘛塔

喇嘛塔多作为寺的主塔或僧人墓，有时也以塔门的形式出现。元代以后，喇嘛塔开始出现在中原地区，并且逐渐变得高瘦起来。

北京妙应寺白塔（图 7-2-13）

白塔的形制渊源于古印度的窣堵坡，由塔基、塔身和塔刹 3 部分组成。塔高 50.9 米，底座面积 1422 平方米。台基分三层，最下层呈方形，台前有一通道，前设台阶直登塔基，上、中二层是亚字形的须弥座。台基上砌基座，将塔身、基座连接在一起。塔身俗称"宝瓶"，形似覆钵，上安 7 条铁箍，其上又有亚字形小型须弥座，再上就是 13 天相轮，顶端为一直径 9.7 米的华盖，华盖以厚木作底，上置铜板瓦并做成 40 条放射形的筒脊，华盖四周悬挂着 36 副铜质透雕的流苏和风铃，微风吹动，铃声悦耳。华盖中心处，还有一

图 7-2-13　妙应寺白塔

座高约 5 米的鎏金宝顶，以 8 条粗壮的铁链将宝顶固定在铜盘之上。1978 年对白塔进行了维修加固。施工过程中，发现了清代乾隆帝十八年（1753）存留在高塔顶部鎏金小境内的大藏经、木雕观世音像、补花袈裟、五佛冠、乾隆帝手书《波罗蜜多心经》、藏文《尊胜咒》、铜三世佛像、赤金舍利长寿佛等。

西藏江孜白居寺菩提塔（图 7-2-14）

"菩提塔"即是白居寺中的白居塔，藏语称这座塔为"班廓曲颠"。它建于明永乐十二年（1414 年），塔身有九层，高达 32 米多。其中有 77 间佛殿、108 个门，神龛和经堂以及壁画上的佛像有十余万个之多，因而得名十万佛塔。

图 7-2-14　西藏江孜白居寺菩提塔

4. 金刚宝座塔

金刚宝座塔来源于印度佛塔的形式，在高台上建塔 5 座（中央一座较高大，四个角上各有一座，比中间的低小）。这种塔仅见于明清二代。高台上塔的式样，或为密檐塔，或为喇嘛塔。

北京正觉寺塔（图 7-2-15）

正觉寺塔建于明永乐年间，原名真觉寺，因有五塔，故又称五塔寺，是我国此类佛塔的最典型实例。塔用砖砌成，外表全部用青白石包砌。塔的下部是一层略呈长方形须弥座式的石台基，台基外周刻有梵文和佛像、法器等纹饰，台基上面是金刚宝座的座身，座身分为五层，每层均有挑出的石制短檐，檐头刻出筒瓦、勾头、滴水及椽子，短檐之下全是佛龛，每龛内雕坐佛一尊，佛龛之间用雕有花瓶纹饰的石柱相隔，柱头并雕出斗拱以承托短檐。宝座的南北两面正中各开券门一座以通入塔室。塔室中心有一根方形塔柱，柱四面各有一座佛龛，龛内的佛像已不存在了。

石台基上是五座密檐式小石塔。小塔为方形，中间一塔较高，有十三层檐，顶部是铜制的覆钵式塔形的刹，传说印度高僧带来的五尊金佛就藏在这座塔中。四隅的小塔只有十一层檐，塔刹为石制。

5. 小乘佛教塔

小乘佛教塔流行于云南傣族地区，外观较瘦高而秀逸，极富当地的民族风格，现存实例均未早于明代。

图 7-2-15　正觉寺塔

云南景洪曼飞龙塔（图 7-2-16）

我国云南傣族南传上座部佛教极具代表性的佛塔，据傣文的记载，它建于傣历五六五年（1204 年）。塔身是砖石结构的，塔基为圆形的须弥座，上为 9 座大小佛塔，总体平面的排列呈八瓣莲花形。

每座小塔的塔座都有一个屋脊外延的佛龛，里面安放着一尊佛像，内壁则排列着整齐的佛像浮雕。佛龛正脊和垂脊上均饰有龙、凤、孔雀等陶塑，

图 7-2-16　云南景洪曼飞龙塔

佛龛卷门沿面有花草、卷云纹饰，刹杆上装置着上下串联的华盖和风铎，微风拂来，叮当作响，悠远肃穆，充分体现了傣族人民的智慧与建造工艺。

石窟、摩崖造像

1. 石窟

石窟的鼎盛时期是北魏至唐，到宋以后逐渐衰落。著名的石窟有甘肃敦煌鸣沙山、山西大同云岗、河南洛阳龙门、甘肃天水麦积山、甘肃永靖炳灵寺、河南巩县石窟寺、河北邯郸南、北响堂山、山西太原天龙山、江苏南京栖霞山、四川广元皇泽寺、四川大足北山等。

河南洛阳龙门石窟（图 7-2-17）

图 7-2-17 洛阳龙门石窟

龙门石窟始建于北魏孝文帝时，后来又历经东西魏、北齐，到隋唐至宋等朝代又连续大规模营造达 400 余年之久，是我国最为著名的石刻艺术宝库。龙门诸窟的平面多为独间方形，没有前后室或椭圆形平面。

宾阳中洞是石窟中最宏伟与富丽的洞窟，也是耗时最长的洞窟。洞口两侧的浮雕"帝后礼佛图"，是我国雕刻中的杰作。它们反映了宫廷的佛事活动，刻画出了佛教徒虔诚、严肃、宁静的心境，造型准确，制作精美，代表了当时生活风俗画高度的发展水平，具有重要的艺术价值和历史价值。非常可惜的是，在上个世纪的三四十年代时被盗往国外。现在分别陈列在美国纽约大都会博物馆和美国堪萨斯州纳尔逊艺术博物馆。

甘肃敦煌鸣沙山石窟（图 7-2-18）

图 7-2-18 敦煌莫高窟

　　鸣沙山石窟，又叫敦煌莫高窟。它始建于十六国的前秦时期，历经十六国、北朝、隋、唐、五代、西夏、元等历代的兴建，形成巨大的规模，现有洞窟 735 个，壁画 4.5 万平方米、泥质彩塑 2415 尊，是世界上现存规模最大、内容最丰富的佛教艺术圣地。鸣沙山是由砾石构成的，并不适宜雕刻，所以用泥塑及壁画代替。壁画的内容十分丰富，提供了珍贵的古代生活的图景。

　　山西大同云冈石窟（图 7-2-19）

　　云冈石窟是我国最早的大石窟群之一，始凿于北魏兴安二年（公元 453 年），大部分完成于北魏迁都洛阳之前（公元 494 年），造像工程则一直延续

图 7-2-19 云冈石窟

到正光年间（公元 520—525 年）。其中最为有名的是昙曜五窟，建于北魏文成帝兴安二年，平面都呈椭圆形，顶部为穹隆顶，前壁开门，门上有洞窗。窟内所凿的佛像大的可以与山相比高，小的仅有几厘米，充分显示了工匠们高超的技艺。

2. 摩崖造像

摩崖造像就是在山体上凿刻出佛像，一般都为露天的。

江苏连云港孔望山摩崖造像

孔望山摩崖造像位于江苏省连云港市南 2 公里的孔望山南麓西端，是我国现存最早的佛教造像。相传孔子曾登临此山以望东海，故名孔望山。古人们依据山岩的自然形势，雕凿出各种形态的造像。佛像们分成 13 个组体，刻在东西长 17 米、高 8 米的峭崖上。最大的高 1.54 米，最小的仅 10 厘米。

四川乐山凌云寺弥勒大佛（图 7-2-20）

乐山大佛是我国现存最大的石刻造像。大佛头与山齐，足踏大江，双手抚膝，体态匀称，神势肃穆，通高 71 米，仅头就高 14.7 米，脚面可围坐上百个人。在大佛左右两侧沿江崖壁上，还有两尊身高 10 余米、手持戈戟、身着战袍的护法武士石刻，以及上千尊石刻造像，它们共同形成了庞大的佛教石刻艺术群。佛像雕刻成之后，曾建有十三层楼阁覆盖，时称"大佛阁"。可惜毁于明末的战乱，只剩雄壮的大佛仍巍然屹立着。

图 7-2-22　乐山大佛

3 道教宫观

湖北均县武当山道教宫观

武当山可以说是明朝皇帝的御用道观，共有200多处庵堂祠庙。经过几百年的扩建，才形成了现在的规模。

其中最为有名的莫过于位于天柱峰南侧的太和宫，它占地面积8万平方米，明永乐十四年初建时，有殿堂道舍500余间，到现在，仅剩正殿、朝拜殿（图7-3-1）、钟鼓楼、铜殿（图7-3-2）等20余栋。在这些建筑中，又以铜殿最为出名。殿身由铜铸鎏金，外形模仿木构建筑，重檐叠脊，翼角飞翘，殿脊装饰有仙人禽兽，造型生动逼真。殿内有十二根圆柱，莲花柱础，斗拱檐椽，灵巧精美。额枋及天花板上雕铸着流云、旋子等装饰图案，线条柔和流畅。殿基为花岗岩砌筑的石台，周绕石雕栏杆，益显庄严凝重。日出第一束日光照射到铜殿上时，殿身像是能发出万丈金光一般，因此又被叫做"金殿"、"金顶"。

图7-3-1 武当山朝拜殿

永乐十七年（公元1419年）时，明成祖朱棣在天柱峰建起了紫金城，周长345米，犹如一道金光环绕着金顶。城墙最高处达10米，用条石依岩砌筑，每块条石重达500多千克，按中国古代天堂的模式，在城上建起了东、南、西、北四座石雕仿木结构的城楼，以象征天门。可以说，明朝的统治者在此创造了一幅仙宫的图景，皇帝们因此而感到与神仙更加的接近了。

南岩位于武当山独阳岩下，在去金顶的必经之路上。它是道教所说的真

195

图 7-3-2　武当山铜殿

武得道飞升的"圣境"，是武当山 36 岩中风光最美的一处。南岩宫（图 7-3-3）始建于元至元二十二年至元至大三年（公元 1285—1310 年），明永乐十年（公元 1412 年）扩建。现存建筑 21 栋，建筑面积 3505 平方米，占地 9 万平方米。有天乙真庆宫石殿、两仪殿、皇经堂、八封亭、龙虎殿、大碑亭和南天门建筑物。天乙真庆宫石殿建于元至大三年（公元 1310 年）以前，是保存至今最早的石殿，梁、柱、门、窗等均以青石雕凿而成。顶部前坡为单檐歇山式，后坡依岩，作成悬山式。殿外有龙头香，长 3 米，宽仅 0.33 米，横空挑出，下临深谷，龙头上置一小香炉，令人叹为观止。

图 7-3-3　武当山南岩宫

南岩往下便到了紫霄宫（图 7-3-4），它位于武当山东南的展旗峰下，始建于北宋宣和年间（公元 1119—1125 年），是武当山八大宫观中规模宏大、保存完整的道教建筑之一。现存有建筑 29 栋，建筑面积 6854 平方米。中轴线上有五级阶地，由上而下分别是龙虎殿、碑亭、十方堂、紫霄大殿、圣文母殿，两侧以配房等建筑分隔为三进院落，构成一组鳞次栉比、主次分明的建筑群。

图 7-3-4　紫霄宫父母殿

　　宫内的主体建筑紫霄殿，是武当山最有代表性的木构建筑，建在三层石台基之上，台基前正中及左右侧均有踏道通向大殿的月台。大殿面阔进深各五间，共有檐柱、金柱36根，排列有序。屋顶为重檐歇山顶，由三层崇台衬托，比例适度，外观协调。上下檐、柱头和斗拱保持明初以前的做法。殿后部建有刻工精致的石须弥座神龛，供奉着明朝时既已存在的玉皇大帝的神像。紫霄殿的屋顶全部盖孔雀蓝琉璃瓦，正脊、垂脊和戗脊等以黄、绿两色为主楼空雕花，装饰丰富多彩华丽，为其他宗教建筑所少见。

　　紫霄宫再往下就到了太子坡（图7-3-5）。太子坡又名复真观，现在基本还是保持着当年规模。它始建于明永乐十年（公元1412年），清康熙二十二年（公元1683年）重修。现存建筑20栋，建筑面积3505平方米，占地6万平方米。中轴线上有照壁、梵帛炉、龙虎殿、大殿、太子殿等建筑。左侧道院建皇经堂、芷经阁、庙亭、斋房，随着山势重叠错落。其中有一栋五云楼，翼角立柱上架设12根梁枋，交叉层叠，为大木建筑中少见的结构，有"一柱十二梁"之称。

　　除了上面所说的几个宫观，还有玄岳门、玉虚宫、磨针井等许多有名的

图 7-3-5　太子坡

宫观，其数量之多、质量之高，也充分说明了武当山皇家道场的地位。

山西芮城永乐宫（图7-3-6）

永乐宫是另一座有名的道教圣殿。它始建于元代，前后历经110年才建成。永乐宫的宫宇规模宏伟，布局疏朗。除山门外，中轴线上还排列着龙虎殿、三清殿、纯阳殿、重阳殿等四座高大的元代殿宇，是中国古建筑中的优秀遗产。在建筑总体布局上风格独特，东西两面不设配殿等附属建筑物，在建筑结构上，吸收了宋代"营造法式"和辽、金时期的"减柱法"，具有极高的艺术价值。

图7-3-6　山西芮城永乐宫

三清殿，又叫做无极殿，是永乐宫的主殿，供奉着"太清、玉属、上清元始天尊"。殿内四壁上布满了元代的壁画。画面上共有人物286个，按对称仪仗形式排列，以南墙的青龙、白虎星君为前导，分别画出天帝、王母等28位主神。围绕主神，28宿、12宫辰等"天兵天将"在画面上徐徐展开。整个画面，气势不凡，场面浩大，人物衣饰富于变化而线条流畅精美，具有极高的艺术价值。

纯阳殿是为了供奉吕洞宾而建。纯阳殿内的壁画绘制了吕洞宾从诞生至"得道成仙"和"普度众生游戏人间"的神话连环画故事。特别是纯阳殿内对扇后壁的"钟、吕谈道图"，是一幅极为珍贵、人物描写极为成功、情景相融得非常好的壁画。

重阳殿是为供奉道教全真派首领王重阳及其弟子"七真人"的殿宇。殿内采用连环画形式描述了王重阳从降生到得道度化"七真人"成道的故事。

纯阳殿、重阳殿内的壁画，虽描述的是吕洞宾、王重阳的故事，却妙趣横生地展示了封建社会中人们的活动。这些画面，几乎是一幅活生生的社会生活的缩影。画中，流离失所的饥民、郁郁寡欢的厨夫、茶役、乐手，朴实善良而勤劳的农民与大腹便便的宫廷贵族、帝王将相形成了非常鲜明的对比。

4 伊斯兰教礼拜寺

福建泉州清净寺（图7-4-1）

清净寺为我国现存最古老的阿拉伯建筑风格的伊斯兰清真寺，位于鲤城区涂门街中段，是全国重点文物保护单位。 它创建于北宋大中祥符二年（公元1009年），公元1309年由伊朗艾哈默德重修。寺是仿照叙利亚大马士革伊斯兰教礼拜堂的形式建筑的，现存主要建筑有大门楼、奉天坛和明善堂。寺内有明成祖于永乐五年（公元1407年）颁发保护清净寺和伊斯兰教的《敕谕》石刻一方，极为珍贵。

图7-4-1　福建泉州清净寺

陕西西安化觉巷清真寺（图7-4-2）

化觉巷清真寺建于明初，时代较早，规模也相当大。全寺总面积1.3万平方米，建筑面积约6000平方米，与其余清真寺不同的是，该清真寺的建筑形式、基调一派汉民族风格。寺院内有建于17世纪初高达9米的木结构大牌坊，琉璃瓦顶，异角飞檐，精缕细雕。寺庙共分为四进院落：第一进院的正中央就是大牌坊。经过五间楼后进入第二进院，中央又立有石牌坊一座，三门四柱，中楣匾镌刻"天监在兹"，两翼各为"虔诚省礼"和"钦翼照事"。

图 7-4-2　陕西西安化觉巷清真寺牌坊

院内还有宋代大书法家米芾和明代大书法家董其昌的书法真迹，其笔力飘逸，走笔道劲，字形匀称，堪称我国书法的杰作。第四进院里有面积约 1300 平方米的殿堂，可容纳千余人做礼拜，还有井画 400 余幅，书以阿拉伯文图案，构图各具千秋。

　　不过虽然建筑采用的是汉族民居的形式，寺院内的一切布置又是严格按照伊斯兰教制度来的，比如殿内的雕刻藻饰、蔓草花纹装饰都由阿拉伯文套雕组成。中国传统建筑和伊斯兰建筑艺术风格如此巧夺天工的结合，令人叹为观止。

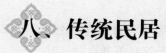

八、传统民居

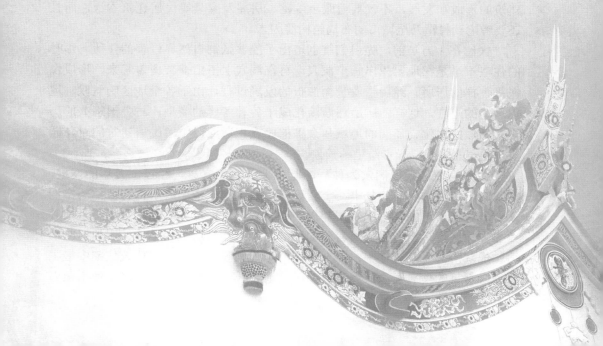

1 居住建筑概说

衣食住行，可以说是人类生存最基本的需求。衣可以遮体，食可以果腹，住得以休息，行得以移动，人们每天都离不开这些活动。要"住"，就要有用于居住的建筑，就要有"家"。当然，"家"的含义是多层次的，但从物质方面来说，"家"是一种供家庭使用的居住建筑。因此，我们无论走到哪里，都会发现居住建筑的存在。因为人人都要"住"，人人都要有一个"家"。我们这里介绍的民居建筑，就属于居住建筑。但是，民居建筑又不是居住建筑的全部。宫殿建筑也属于居住建筑的范畴，与普通的民居却并不属于同一套体系。与宫殿建筑相比，民居建筑的规格较低，因而艺术表现更为素雅。

作为人类最基本的生存活动之一，"住"的含义相当广泛，内容也是丰富多彩。如果把它们转化为居住所需要的生活空间，就包含室内活动空间和室外活动空间。室内活动离不开家具等室内陈设；室外活动，就需要有院落和其他辅助设施。因此，家具陈设和院落等等也是民居建筑的重要组成部分。此外，人们还需要参与社会活动，而社会生活将若干住居聚集于一地，于是就形成了村落、城镇乃至城市。住居的结构直接影响到村镇及城市的选址及布局，村镇的规划同样也影响着住居的发展。因此，我们要了解和认识民居建筑的形成和发展，不仅要着眼于院落、房屋及家具等民居建筑本身，而且还要考虑到村镇乃至城市的布局结构等因素。

大约在 1 万年前，先祖们就创造出了能够抵御自然界侵害的住所。那时的住宅不过是在地上挖出一个洞穴，再在洞穴上搭出支架覆盖起来，形成像帐篷一样的居所。经历了漫长而曲折的发展过程，由于各个地区的气候、地理环境的不同，这样的居所逐渐演化成了各种各样的类型。与中国悠久的历史、灿烂的文化、辽阔的地域和众多的民族相适应，中国民居建筑的百花园呈现出丰富多彩、异彩纷呈的景象。

比如，在以天然洞穴为住居的基础上产生的穴居，经过上万年的发展，在河南、山西、陕西、甘肃、宁夏等广阔的黄土地带形成了富有特色的窑洞式住居。在巢居的基础上发展起来的干栏式建筑，成为广西、贵州、云南等亚热带地区许多少数民族所喜爱的住居。以木构架房屋为单体、用房屋或墙垣构成院落的庭院式住宅，虽然出现的年代稍晚，却是中国传统住宅中最主要、最常见的住居类型，广泛分布于黄河、长江流域及边远地区，使用最多的是汉民族，满族、白族等少数民族中也有使用。青藏高原地区，早在4000多年前就出现了用石块垒砌墙体的平顶住房，后来逐步发展成用土坯或石头砌筑、形似碉堡的"碉房"，是当地藏族同胞所喜爱的住居。中国的西北边陲新疆，是维吾尔族聚居的地方。当地流行的"阿以旺"式住宅，土木结构，密梁式平顶，房屋连成片，与汉民族传统的木构架庭院式住宅迥然不同。生活在中国北方和西北地区广阔草原上的蒙古族同胞，以放牧牛羊为生，逐水草而居，自古以来居住在便于拆装运输的可移动的蒙古包、"帐房"等游牧民族特有的住居中。东北林区及西南山区的多林木地区，有着丰富的林木资源，人们建造房屋不用土石，而是用木料平行向上层层叠置构成房屋四壁，建造成井干式住居。明末清初以后，福建、广东等地沿海居民大量出国谋生，在侨乡地区出现了以传统民居建筑为基础、吸收侨居国建筑文化和艺术的侨乡民居。近代的上海、武汉等地的街区内，出现了毗连建造、分户使用的里弄民居，它们可以说是中国最早的现代住宅。

不仅民居的类型很多，建筑每一类的民居本身又表现出了千差万别。比如窑洞民居，根据其选址和建造方法的不同，可分为靠崖式、地坑式和拱券式三类，每类中又包含若干不同的形态。又如广为游牧民族使用的帐幕式住居，在北方草原流行圆形的蒙古包，而在青藏高原则常见长方形的毡帐。再如干栏式建筑，西双版纳傣族的竹楼是底层架空，而瑞丽傣族则将住居底层封闭。就使用最为广泛的木构架庭院式住宅来说，北京的四合院，内院呈南北长方形，比例大小适中；在关中地区，内院南北狭长，厢房为单坡顶；东北地区的庭院一般为方形或横长方形；河北及辽西一带的房屋一般体量小，多为青灰背草泥平顶；山西一带常见砖瓦到顶的楼房；江浙地区屋面较陡，直接在木椽上铺以小青瓦；昆明一带的"一颗印"式住宅地盘方整，且多为楼房；大理白族的住居虽是庭院式住宅，但却是别具一格的"三坊一照壁"、"四合五天井"。由此可见，中国的民居建筑真可谓千姿百态。

除了姿态各异，各地民居在建筑的细部处理上也各有特色，如门窗的大小、室内外装饰、色彩的运用等。即使是同一地区的同类型民居建筑，也常常表现出因村而异、因宅而异的细部特征，正所谓"百里不同风，十里不同俗"。因此，当人们谈论到中国的民居建筑时，似乎谁都知道几种，但全国究竟有多少种民居建筑，似乎又谁也说不清。不过，以建筑的结构和空间布局为基础，结合地域分布、使用范围、民族差异、文化背景和建筑特色来进行考察的话，还是可以举出以下多种作为中国民居建筑的代表，即北京的四合院、朝鲜族民居、蒙古包、维吾尔族住宅、窑洞式民居、徽派民居、苏杭水乡民居、客家土楼、侨乡民居、上海石库门里弄民居、"一颗印"式住宅、白族民居、傣族竹楼、西南山区木楞房和藏族碉房。

2 北方民居

北京四合院

在上面所说的民居类型中，北京四合院可以说是汉族地区传统民居的代表（图8-2-1、8-2-2）。也许是因为接近皇城的缘故，它也采用与宫殿建筑类似的中轴对称的布局。北京四合院虽是中国封建社会宗法观念和家庭制度在居住建筑上的具体表现，但庭院方阔，尺度合宜，宁静亲切，花木井然，是十分理想的室外生活空间。华北、东北地区的民居大多是这种宽敞的庭院。

北京四合院有着十分固定的形式。进大门后首先看到的是一面影壁，影壁之后才是第一道院子。院南面有一排朝北的房屋，叫做倒座，通常作为书塾，或者是给宾客和男仆居住，也有时用作杂间。自此向前，经过第二道门（或为屏门，或为垂花门）进到正院。这第二道门是四合院中装饰得最华丽的

图 8-2-1　北京四合院

图 8-2-2　北京四合院

一道门，也是由外院进到正院的分界门。正院里，小巧的垂花门和它前面配置的荷花缸、盆花等，构成了一幅有趣的庭院图景。南向的北房是正房，房屋的开间进深都较大，台基较高，多为长辈居住，东西厢房开间进深较小，台基也较矮，常为晚辈居住。正房、厢房和垂花门用廊连接起来，围绕成一个规整的院落，构成整个四合院的核心空间。过了正房向后，就是后院。后院的空间比较次要，有一排坐北朝南的较为矮小的房屋，叫做后罩房，多为女佣人居住，或为库房、杂间。四合院里的绿化也很讲究，各层院落中，都配置有花草树木、荷花缸、金鱼池和盆景等，生意盎然。

　　根据房屋主人政治地位的不同，四合院的形制会有所差异。如果屋主的地位较低，是绝对不能建造不符合自己身份的四合院的。这种地位上的差距，单单从入口的大门上就可以反映出来。四合院的大门有许多种形式，其中等级最高的是广亮大门，它的宽相当于屋子的一间，门在房屋正脊的下方，砖墙和木门的做工都很讲究，一般只有京城的文武百官和贵族富商才能使用这种门。比广亮大门等级略低的是金柱大门，其他还有蛮子门和如意门。要判断大门等级的高低，可以通过门扇在大门里的位置来区分，门扇的位置越靠外，等级越低。普通老百姓居住的四合院甚至不用独立的房屋做门，只在院墙上开出门洞，按上简单的门罩。这种门叫做随墙门，等级最低。

在北京东城区东华门有一条金鱼胡同，里面有一座达官显贵的四合院，叫做"那家花园"。主人那桐曾经是清末时的军机大臣，宅子比起普通人家的四合院来，也是大了许多。不过，由于基地本身受到的限制，那宅并没有像一般的四合院一样一进一进地向纵深发展，而是向左右逐渐扩展成了一个很大的宅邸，东接金鱼胡同东口，西到现在台湾饭店的东墙，整整有半条胡同之长，南北则贯通金鱼胡同与西堂子胡同。宅邸在金鱼胡同开了五座"广亮大门"，由此可见主人当年的地位与财富。

金鱼胡同2号是"那家花园"的正院，是那桐及其眷属的住宅，院落共有四进，大门内悬有"太史第"和"乡举重逢"的匾额。3号院的布局比较别致，根据张寿崇的回忆，3号院"是一座很具格局的院落，西大院一进门有一排顺街南房，进了垂花门，两边抄手游廊，三间带廊北房、东西耳房。这种布局使院子显得特别敞亮。跨院还有些群房，其西边有三大间前后带廊灰砖红瓦楞铁顶的洋式房子，是一个大自然间。过去室内摆放西式餐桌等，附有西式厨房"。1号旁门内是一座花园，园内堆土叠石为山，掘地注水为池，建有爬山游廊和亭台楼榭。比如"吟秋馆"上书一副楹联："有山可观水可听，于室得静亭得闲"；"翠籁亭"的楹联是"嫩寒庭院初来燕，杨柳池塘欲上鱼"，都显示了当年主人的闲情雅致和满腹文骚。

在北京，有名的四合院还有茅盾故居、鲁迅故居等。它们在形制上就是一般的四合院，但是因为居住的人的不同，使这些四合院具有了特殊的历史意义。近年来，由于北京市的飞速发展，四合院也在慢慢地减少。不过政府也已经意识到了这个问题，开始加强对四合院的保护。

窑洞

在北方黄河中上游地区窑洞式住宅（图8-2-3、8-2-4）较多，比如陕西、甘肃、河南、山西等黄土地区，当地居民在天然土壁内开凿横洞，并常将数洞相连，在洞内加砌砖石，建造窑洞。窑洞防火，防噪音，冬暖夏凉，节省土地，经济省工，将自然图景和生活图景有机结合，是因地制宜的完美建筑形式，渗透着人们对黄土地的热爱和眷恋。

窑洞可以分为三种形式，第一种是靠崖式岩洞，也称为崖窑，也就是在山崖上开凿出窑洞来。第二种是下沉式窑洞，也叫做地窑。这种窑洞是先在地上挖出一个方形的地坑，然后再从地坑的四壁挖出窑洞，围合成四合院的

图 8-2-3　窑洞

图 8-2-4　窑洞

形式。人站在地面上时，只能看见窑院里的树梢，不能看见房屋，十分有趣。第三种是独立式窑洞，也叫做箍窑。它是一种掩土的拱形房屋，有土坯拱窑洞和砖拱石拱窑洞两种。箍窑相对于崖窑和地窑来说更为自由，同时又保留了窑洞的优点。

位于陕西省米脂县城东15公里桥河岔乡刘家峁村的姜氏庄园（图8-2-5）是中国最大的城堡式窑洞庄园，陕北大财主姜耀祖于清光绪年间投巨资历时16年亲自监修，终于成就了这栋占地40余亩的大型府第。

图 8-2-5　陕西省米脂县刘家峁村的姜氏庄园

庄园占据了整个山头，由山脚至山顶分3部分：第一层是下院，有块石垒砌高达9.5米的寨墙，上部还砌筑女儿墙，如同城垣一般坚不可摧。沿第一层西南侧道路穿洞门就到达了第二层中院。院西南还有一堵寨墙将庄园围住，并留有通向后山的门洞，墙正中建门楼。沿石级踏步到第三层上院，就到了主宅的部分，坐东北向西南，正面一线5孔石窑，两侧分置对称双院。庄园的后侧设置了一道寨城，可以通向后山。整个建筑设计奇妙，工艺精湛，布局合理，浑然一体，充分显示了先民高超的建筑工艺，是汉民族建筑的瑰宝之一。

3 南方民居

天井式民居

　　南方的住宅虽然有着四合院的形式，但是由于围合出来的庭院空间较小，因此习惯称之为天井式民居。天井式民居在各地也有着不同的表现形式。其中最为有名的莫过于江南的古镇。

　　位于浙江嘉兴桐乡的乌镇（图 8-3-1），已经拥有了 6000 多年的悠久历史。地处江南水乡之中的乌镇，因为丰富的水网而具有独特的美。与中原地区的集镇不同，乌镇以水为街，以岸为市，水面上由一座座古桥相连，充满了浓郁的水乡风情。水中不时有乌篷船依呀往返；岸边店铺林立叫卖声不绝于耳。

图 8-3-1 乌镇

　　岸边的民居比起北方的四合院来，排布的更为紧凑。建筑有三合院和四合院等多种形式，天井较小，而建筑往往又是两层，因此天井中往往不会有大量的光照，在夏日里也不至于特别炎热。住宅的面河与面街的一层部分都用来做商铺，二层才是居住的部分。

与乌镇相似的小镇还有南浔、西塘、同里、角直、周庄，它们合称为江南六大古镇，充分代表了江浙水乡秀丽淡雅的建筑艺术。

徽州民居也是南方天井式民居中重要的一支，其中最著名的莫过于西递（图8-3-2）与宏村（图8-3-3），它们都位于安徽省黟县。

西递四面环山，两条溪流从村北、村东流经村落，然后在村南汇聚，在它们汇聚的地方，村民们架起了一座桥，名为"会源桥"。村落中有一条纵向的街道和两条沿溪的道路，是最主要的道路。所有街巷均

图 8-3-2　西递

图 8-3-3　宏村

以黟县青石铺地。村中古建筑多为木结构砖墙，墙壁粉饰成白色，远远望去，宛如一幅曼妙的水墨画。建筑上的木雕、石雕、砖雕丰富多彩，可以说是中国徽派建筑艺术的典型代表。

宏村位于黟县县城东北10公里处，始建于南宋绍兴元年（公元1131年），村落面积约19公顷，现存明清（公元1368—1911年）时期古建筑137

幢。宏村最有特色的地方在于它的整体规划。整个村庄从高处看，就像一头斜卧在山前溪边的青牛。村中半月形的池塘称为"牛胃"，一条400余米长的溪水盘绕在"牛腹"内，被称作"牛肠"。村西溪水上架起四座木桥，作为"牛脚"。这种别出心裁的村落水系设计，不仅提供了村落的各种生活和消防用水，改善了村落的小气候，还塑造了一个柔和秀美的村落形象。

在云南有一种特殊的天井式民居，叫做"一颗印"住宅（图8-3-4、8-3-5）。之所以这样叫它，是因为这种住宅的基地十分方整，建筑的外观也很方整，就像一颗印章一样。 居住在当地的汉、彝先民共同创造了一颗印住宅，它的平面近乎正方形，正房三间两层，两厢为耳房，组成四合院，中间为一小天井，门廊又称倒座，进深为八尺，所以又叫"倒八尺"。主房的屋顶稍高，双坡硬山式。厢房屋顶为不对称的硬山式，分长短坡，长坡向内院，在外墙外作一个小转折成短坡向墙外，院内各层屋面均不互相交接。整个建筑的外墙封闭，仅在二楼开有一两个小窗。现在，"一颗印"住宅也面临着消失的危险。

图 8-3-4　一颗印内天井

图 8-3-5　一颗印

211

土楼

在闽南、粤北和桂北有一种较为特殊的居住建筑，叫做"土楼"，是客家人聚居的大型集团住宅，其平面有圆有方，由中心部位的单层建筑厅堂和周围的四、五层楼房组成，防御性很强。

在土楼里面，以永定土楼（图8-3-6、8-3-7）最为有名。它位于中国东南沿海的福建省龙岩市，有着难以计数的圆楼和方楼。

首先是振成楼（图8-3-8），它是圆楼中最为富丽堂皇的一座。建于1912年，按八卦图结构建造，卦与卦之间设有防火墙。土楼分为内外两层，内环还有中心大厅、花园、学堂等，雕梁画栋，装饰秀丽，古朴典雅。外圈则用于居住，共4层高，每层48间。1986年4月，在美国洛杉矶举办的世界建筑模型展览会上，振成楼与雍和宫、长城并列为中国三大建筑。

位于永定县高陂乡上洋村的遗经楼是最高的土楼，建于清咸丰元年

图 8-3-7 永定土楼

图 8-3-6 永定土楼

图 8-3-8 振成楼

（1851 年）。主楼高 17 米 5 层，共有房间 267 间，51 个大小厅堂。主楼左右两端分别垂直连着一座四层的楼房，并与平行于主楼的四层前楼紧紧相接，围成一个巨大的方楼，里面又有一组方形的建筑，形成一个独特的"回"字形平面，真是"门中有门，楼中有楼，重重叠叠"，当地人都称它为"大楼厦"。

除此之外，还有宫殿式土楼奎聚楼、府第式土楼福裕楼，以及现存最早的土楼馥馨楼等，它们共同组成了令人惊奇的土楼世界。

傣家竹楼

中国少数民族地区的居住建筑也很多样，其中以云南傣族的竹楼（图 8-3-9、8-3-10）最有特色。它是一种干栏式住宅。所谓干栏式，就是用竹、

图 8-3-9　云南傣族竹楼

木柱子将建筑架起来，使之高于地面。这样做的好处是可以隔离地面的潮气，同时可以减少在建造过程中对地面的处理。

竹楼的平面呈方形，架空的底层不用墙壁分割，主要用来供饲养牲畜和堆放杂物，楼上有堂屋和卧室，堂屋设火塘，是烧茶做饭和家人团聚的地方，因此是十分重要的；屋外有开敞的前廊和晒台，是竹楼不可缺少的部分。由于竹楼在建造过程中受到了许多限制，比如不能超过村里的佛寺中佛像的高度，普通老百姓的住宅上下楼层之间甚至不能用通长的木料，这就影响了竹楼在技术上的发展，使得大量民居不可能保持很长的寿命。

图 8-3-10　云南傣族竹楼

九、桥梁建筑

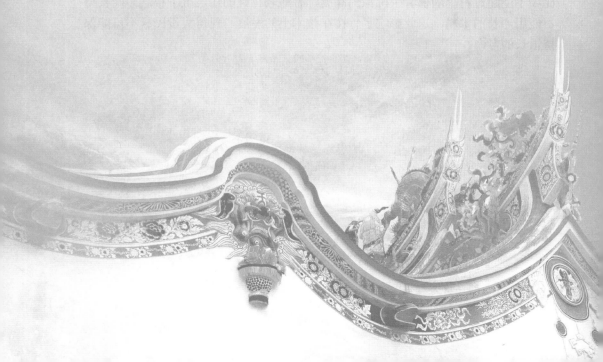

1 浮桥

中国人自古逐水而居，为了生产生活，古人建造了数以万计的桥梁，它们成为文明的重要组成部分，也是十分珍贵的中国传统建筑遗产的一部分。

中国古代辉煌的桥梁成就主要体现在浮桥、梁桥、索桥、拱桥四大类型。拱桥如果以材料划分又可分为石拱桥与木拱桥。从距今1400多年的河北赵州桥到距今400多年的颐和园玉带桥，从《清明上河图》中的虹桥到扬州瘦西湖著名的五亭桥，无不显示出中国古人的智慧和气度。

浮桥（图9-1-1）在古时被称为舟桥，它用船舟代替桥墩，属于临时性桥梁。由于架设简便，成桥迅速，在军事上常被应用，因此又被称为"战桥"。

我国建造浮桥的历史十分悠久，《诗经》中记叙了周文王为娶妻而在渭水上架起的第一座浮桥，距今已有3000来年，比古希腊历史学家所记录的波斯王大流士侵入希腊时在博斯鲁鲁斯海峡所建造的浮桥还早500年。据后人考证，浮桥彼时只有天子才能使用，用毕就要立即撤除，但在战国时期，"礼崩乐坏"，这种规矩也就废除了。

到汉唐时期，浮桥的应用日益普遍，千百年中建造了难以计数的浮桥。许多地区在建造永久性的桥梁以前，总要先造浮桥，以便摸索了解水情，然后再建造合适的永久性桥梁。据粗略统计，仅在长江和黄河上就曾架设过近20座大型浮桥，其中大部分属军用。公元前541年，秦景公的母弟因自己所储存的财物过多，怕被景公杀害，就在今山西临晋

图 9-1-1　赣州古浮桥

附近的黄河上架起浮桥，带了"车重千乘"的财富逃往晋国，这可以算是第一座黄河大桥。第一座长江大桥则是建于公元35年光武帝与四川割据势力公孙述的作战中。公孙述在今湖北宜都荆门和宜昌虎牙之间利用险要的地势架起一座浮桥，取名"江官浮桥"，以断绝刘秀的水路交通，后被东汉水师利用风势烧毁。而第一次用铁链连接船只架成的浮桥是隋大业元年在洛水上建成的天津桥。

浮桥一般是用几十或几百只船舰（或者木筏、竹筏、皮筏）代替桥墩，横排于河中，以船身做桥墩，上铺梁板做桥面。舟船或者系固于由棕、麻、竹、铁制成的缆索上，或者用铁锚、铜锚、石锚固定于江底以及两岸，或者索锚兼用。由于江河水位的起落对浮桥的影响很大，因此必须做到随时可以调节。中小河流一般用跳板来调节，大河则用栈桥；对年水位落差大的季节性河流，采用拆卸或增装船节的方法。宋朝唐仲友在浙江临海修建浮桥时，由于临海距离东海很近，潮汐使得水面在一天内的涨落就达到数米。为了采取正确的处理方式，他在建桥前，先制成1:100的模型在水池中试验，然后才正式开始建造。修建时一端固定于河岸，另一端用可随水位上下而升降桥面的多孔栈桥来衔接浮桥与河岸。这种浮桥的原理与形式已经和现代浮桥相差无几了。

古时地处交通要冲的浮桥也多具军事作用。如明洪武初年在今兰州皋兰县西北建成的镇远黄河浮桥，一直是西北的要冲。明马文升曾上言道："陕西之路可通西凉者，惟兰州浮桥一座，敌若据此桥，则河西隔绝，饷援难矣。"也就是说镇远浮桥一旦失守，甘肃河西走廊等大片领土就会丧失。因此，历代王朝对重要的浮桥，除雇工维修管理外，还派兵守护。如清朝在东北的辽河、浑河、太子河、大小凌河等河流上的浮桥都属水师管辖，派了几十名水手守护。对黄河、长江上的浮桥，州府官员还要经常向朝廷呈报情况。宋朝皇帝主张奖励维护浮桥有功者，惩罚防护不力而被水冲毁者。宋大观三年徽宗曾下诏规定，使桥毁坏的将官要判刑2年，发配1000里，对浮桥不修理者要打一百板子，由此可见浮桥所具有的战略意义。

2 梁桥

　　梁桥又称平桥、跨空梁桥，是以桥墩来支撑起横梁，并在梁上平铺桥面的桥。无论古代还是现代，这种桥都极为普遍。古代的梁桥出现的比较早，有木、石或木石混合等形式。《史记》中曾记载着这样一个故事，一名叫尾生的青年与恋人相约梁桥之下，可是女子没来，大水却来了，尾生一直坚持等待，最后抱柱而死。据记载，殷商时候已经有梁桥，汉唐时长安的渭桥、灞桥就是有名的梁桥。唐代著名诗人温庭筠诗句"鸡声茅店月，人迹板桥霜"中的"板桥"应该也是一座简易的梁桥。

　　梁桥现存的实例比较多，比如福建的洛阳桥（图9-2-1），原名万安桥，位于泉州东郊的洛阳江上，是我国现存最早的跨海梁式大石桥。由宋代泉州太守蔡襄主持建桥工程，从北宋皇佑四年（公元1053年）至嘉祐四年（公元1059年），前后历时7年之久，耗银1400万两，才建成了这座跨江接海的大石桥。桥全部用花岗岩石砌筑而成，桥两旁还立有武士造像，规模巨大，工艺技术高超。建桥900余年以来，先后修复17次。现在桥长731.29米、宽4.5米、高7.3米，有44座船形桥墩、645个扶栏、104只石狮、1座石亭、7座石塔。它所使用的筏型基础在世界桥梁史上都属首例。桥中亭的附近历代

图9-2-1　福建万安桥

碑刻林立，有"万古安澜"等宋代摩崖石刻；桥北有昭惠庙、真身庵遗址；桥南有蔡襄祠，著名的宋碑《万安桥记》立于祠内，被誉为书法、记文、雕刻的"三绝"。

在广东省潮安县潮州镇东有一座广济桥（图9-2-2），又名湘子桥，横跨韩江。它始建于南宋乾道六年（1170年），潮州知军州事曾汪主持建西桥墩，于宝庆二年（1226）完成。绍兴元年（1194），知军州事沈崇禹主持东桥墩，到开禧二年（1206）完成。全桥历时57年建成，全长515米，分东西两段18墩，中间一段宽约百米，因水流湍急，未能架桥，只用小船摆渡，当时称济州桥。明宣德十年（1435年）重修，并增建五墩，称广济桥。正德年间，又增建一墩，总共24墩。桥墩都用花岗石块砌成，中段用18艘梭船联成浮桥，能开能合，当大船、木排通过时，可以将浮桥中的浮船解开，让船只、木排通过。然后再将浮船归回原处。这是中国也是世界上最早的一座开关活动式大石桥。广济桥上有望楼，为我国桥梁史上仅有的一个案例。

图 9-2-2 广济桥

建于明洪武年间（1368年—1398年）的龙脑桥（图9-2-3）位于四川省泸州市泸县大田乡龙华村的九曲河上。东西走向，长54米，宽1.9米，高5.3米，共有14墩、13孔。桥的布局非常奇特，中部8座桥墩分别以巨石雕凿成吉祥走兽，计有四龙、二麒麟、一象、一狮。雕龙造型别致，口中衔"宝珠"，完全镂空，可用手拨动。风起时，龙鼻能够发出响声；象鼻卷曲，长牙上伸，胖身下垂，神态自若，给人以安详、宁静之感；雄狮、麒麟也是栩栩如生，各具特色。龙脑桥的另外一个特色是，全桥既未用榫卯衔接，也

图 9-2-3　龙脑桥

未用粘接物填缝，全靠各构件本身相互垒砌承托。在建筑技术上具有较高的价值，是我国古代桥梁罕见之作。

东关桥（图 9-2-4）又称"通仙桥"，位于福建省永春县东关镇东美村的湖洋溪上。这里历来是交通要冲，为闽中、南往返的必经之地。东关桥始建于南宋绍兴十五年（公元 1145 年），是闽南绝无仅有的长廊屋盖梁式桥，全长85 米，宽 5 米，共六墩五孔两台，桥基采用"睡木沉基"，船形桥墩以上部分为木材构造，技艺之精湛、构造之奇特实属罕见。

在古镇婺源有一种颇有特色的桥——廊桥。所谓廊桥就是一种带顶的桥，这种桥不仅造型优美，还可以在雨

图 9-2-4　东关桥

天里供行人歇脚。宋代建造的古桥"彩虹桥"（图9-2-5）是婺源廊桥的代表作。这座桥的桥名取自唐诗"两水夹明镜，双桥落彩虹"。桥长140米，桥面宽3米多，4墩5孔，由11座廊亭组成，廊亭中有石桌石凳。彩虹桥周围青山如黛，碧水澄清，坐在桥上稍事停留浏览四周风光，会让人深深体验到婺源之美。

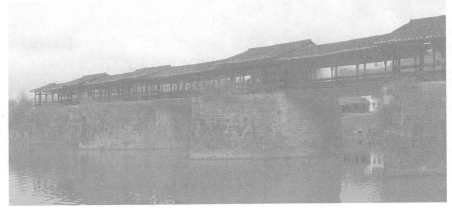

图 9-2-5　彩虹桥

安平桥（图9-2-6）位于福建省晋江市的安海镇，安海古称安平，桥因此得名，因桥长五里，又称它为"五里桥"。它是用花岗岩和沙石构筑的梁式石桥，横跨晋江安海和南安水头两重镇的海滩。始建于南宋绍兴八年（113年），前后历经13年建成，明清两代均有修缮。目前的桥全长为2070米，有

图 9-2-6　安平桥

"天下无桥长此桥"的美誉。桥面以巨型石板铺架，两侧设有栏杆。桥墩用长条石和方形石横纵叠砌筑法，有四方形、单边船形、双边船形三种形式，状如长虹。长桥的两旁，有石塔和石雕佛像，其栏杆柱头雕刻着雌雄石狮与护桥将军石像。整座桥上面的东、西、中部分别设有五座凉亭，以供人休息，并配有菩萨像。两边水中建有对称方形石塔四座，圆形翠堵婆塔一座，塔身雕刻佛祖，面相丰满慈善。中亭有两位护桥将军，高1.59至1.68米，头戴盔，身穿甲，手执剑，是宋代石雕艺术的精华。

程阳桥（图9-2-7）又叫永济桥、程阳风雨桥等，位于广西北部的砟林溪马安寨林溪河上。始建于1912年，历时12年才建成。整座桥长77.6米，宽3.75米，高20米，桥下部分为青料石垒砌的二台三墩，桥墩为六面柱体，尖角朝向河的上下游；桥面是木制的，上面建有19间桥廊，还有五座塔阁式桥亭，飞檐高翘，犹如羽翼舒展；壁柱、瓦檐、雕花刻画无一不是富丽堂皇。整座桥梁不用一钉一铆，全部以榫衔接。桥上设有长凳供人憩息闲谈。程阳桥是侗寨风雨桥的代表作，是目前保存最好、规模最大的风雨桥，也是中国木建筑中的艺术珍品。

图9-2-7 程阳桥

鱼沼飞梁潭（图9-2-8）位于山西省太原市区西南的晋祠圣母殿前，是一座精致的古桥。与圣母殿同建于北宋，为我国现存古桥梁中此类的孤例。古人以圆者为池，方者为沼。因沼中原为晋水第二大源头，流量甚大，游鱼甚多，所以取名鱼沼。沼内立三十四根小八角形石柱，柱顶架斗拱和枕梁，承托着十字形的桥面。桥的东西向连接圣母殿与献殿；南北斜至岸边，与地面平。整个造型犹如展翅欲飞的大鸟，因此被称为"飞梁"。

图 9-2-8　鱼沼飞梁谭

　　八字桥（图 9-2-9）位于绍兴城区八字桥直街东端，始建于南宋嘉泰年间（1201—1204）。这座桥的奇妙之处在于，它正处在三河四路的交叉点上，于是便在三个方向上落坡，其中两个落坡下还设有桥洞，解决了复杂的交通问题，堪称是我国最早的立交桥。

图 9-2-9　绍兴八字桥

3 索桥

在我国四川、云南、西藏等省、自治区，常用抗拉比较好的材料如藤、竹、皮绳等绞成拉索，或锻铁成链，建造索桥。特别是云南，当地凡用"筜"作地名和水名的必有索桥。而四川的茂州（今茂县）古时称为绳州，因那里的峡谷之中"以绳为桥"（《寰宇记》）。徐霞客称拱桥"拱而中高"，索桥"中悬及下"，这正是对桥体本身结构性能的形象表现。

中国古代索桥形式很多，基本上有六种类型：单索溜筒桥，双索双向溜筒桥，上下双索步道桥，V形截面双索或三索步道桥，并列多索步马桥，多索网状桥。

溜筒桥的构造相当简单，是把人和货物（甚至牛马）悬在索上，溜放过江。现在峡谷两边的村落之间仍有许多这样的索桥。

V形桥吊起索链形成斜面，两侧吊索共同吊起中间的步道木板或布道索。它是一个典型的空间结构，与近代斜面吊索管道桥十分相似。

并列多索桥则是在索上横铺木板，可走人马，两侧还有保证安全的栏杆索。

代曹学在《蜀中广记》说："绳桥之法，先立木于水中为桥柱，架梁于上，以竹为緪。乃密布竹緪于梁，系于两岸。……夹岸以大木为机，绳缓则转收之。"这里所说的是调整几条竹索到同一水平来纠正松弛的好办法。铁索桥并不用大木转机，而是用铁锲打入环扣之间以调整索长和它的垂度。

四川灌县珠浦桥建造年代很早，在宋太宗淳化元年（公元990年）便有了记载。这是一座多孔连续并列多索的竹索桥。因历代改弦更张，所以桥址有所移动，桥跨和桥长也有变化。当年桥最长的时候是330米，最大跨长61米。因竹索易朽，现在已经改成钢丝绳，但是仍尽量维持古桥的外形。

四川泸定大渡河铁索桥（图9-3-1）是现存古代铁索桥中制作最精良的一座。桥始建于清代康熙四十四年（公元1705年），次年完成。桥净跨约103米，每根铁链长约127米，桥宽2.8米。共九根底链，底链上横铺木板，纵铺走道板。两侧各有两根栏杆铁链。两岸砌石桥台以锚定铁链，桥台上建有桥屋。当年还在左岸铸铁犀一头，右岸铸铁蜈蚣一条，目的是用来镇压"水妖"。桥位于川藏要道，当年红军抢占泸定桥，使桥具有了特殊的历史价值。

图 9-3-1　大渡河索桥

4 拱桥

我国的拱桥始于东汉中后期，已有 1800 余年的历史。它是由伸臂木石梁桥、撑架桥等逐步发展而成的。在形成和发展过程中又受到墓拱、水管、城门等建筑形式的影响。因为拱桥的主要承重构件的外形都是曲的，所以古时又常称之为曲桥。在古文献中，还用"囷"（qūn 逡）、"窌"（jiào 叫）、"窦"（dòu 豆）、"瓮"（wèng）等字来表示拱。

我国建造拱桥的历史要比以造拱桥著称的古罗马晚好几百年，却独具一格。形式与造型非常丰富，有驼峰突起的陡拱，有宛如皎月的坦拱，有玉带浮水的平坦的纤道多孔拱桥，也有长虹卧波、形成自然纵坡的长拱桥；拱肩上有敞开的（现称空腹拱）和不敞开的（现称实腹拱）；拱形有半圆、多边形、圆弧、椭圆、抛物线、蛋形、马蹄形和尖拱形，可以说是应有尽有。孔数上有单孔与多孔，多孔以奇数为多，偶数较少，一般是中孔最大，两边孔径依次按比例递减。桥墩轻巧，和桥孔搭配适宜，整个协调匀称、自然落坡既便于行人上下，又利于各类船只的航运。建于明崇祯四年（1631 年）的杭州市城北的拱辰桥便是三孔的一例。有的桥孔多达数十孔，甚至超过百孔，如1979 年发现的徐州景国桥，就有 104 孔。多跨拱桥又分为固端拱和连续拱，固端拱采用厚大桥墩，在华北、西南、华中、华东等地都可见到，连续拱只见于江南水乡。按建拱的材料还可以分为石拱、木拱、砖拱、竹拱和砖石混合拱。

河北赵县的赵州桥（图 9-4-1），又名大石桥，是世界上第一座敞肩式单孔圆弧弓形石拱桥。它由著名匠师李春、李通等建于隋朝开皇末、大业初（605 年），到今天已有 1370 余年，是一座高度的科学性和完美的艺术性相结合的精品桥。桥净跨 37.02 米，拱的曲线十分平缓，因此属于坦拱。英国李约瑟教授认为"李春显然建成了一个学派和风格，并延续了数世纪之久"。并指出"弓形拱是从中国传到欧洲去的发明之一"，"李春的敞肩拱桥的建造是许多钢筋混凝土桥的祖先"。千百年中，赵州桥一直是石拱桥最大跨度的保持者，直到法国于 1339 年建成净跨 45.5 米，宽 3.9 米的拱桥时才被打破，保持记录达 730 余年。石拱桥另一个技术指标矢跨比，也就是拱高和跨度的比值，也是由赵州桥保持了近千年的世界纪录，直到 1567 年佛罗伦萨的圣三一

图 9-4-1 赵州桥

桥建成为止。如此大的石拱桥，仅用很小的桥台，又建在勉强能承载桥梁自重的地基上，竟能够维持千年不坠，这在古今中外的建桥史上实属罕见。

卢沟桥（图 9-4-2）位于北京西南郊的永定河上，是一座联拱石桥。桥始建于金大定二十九年（公元 1189 年），成于明昌三年（公元 1192 年），

图 9-4-2 卢沟桥

图 9-4-3 卢沟桥石狮

元、明两代曾经修缮过，到清康熙三十七年（1698 年）又重新修建。桥全长 212.2 米，有 11 孔，边上的孔小，中间的孔逐渐增大。全桥有十个墩，宽度为 5.3 米至 7.25 米不等。桥面两侧筑有石栏，各柱头上刻有石狮（图 9-4-3），或蹲、或伏，或大抚小，或小抱大，共有

485头，没有一头的动作和神态是相同的，堪称鬼斧神工。桥两端各有华表、御碑亭、碑刻等，桥畔两头还各筑有一座正方形的汉白玉碑亭，每根亭柱上的盘龙纹饰雕刻得极为精细。卢沟桥以此享誉于世。

　　泗溪东桥（图9-4-4）位于浙江温州泰顺的泗溪镇下桥村，是一座木拱廊桥。始建于明隆庆四年（1570），清乾隆十年（1745）、道光七年（1827）两

图9-4-4　泗溪东桥

次重修。桥长41.7米，宽4.86米，净跨25.7米。桥拱上建有廊屋15间，当中几间高起为楼阁，屋檐翼角飞挑，屋脊青龙绕虚，颇有吞云吐雾之势。这座桥没有桥墩，由粗木架成八字形伸臂木拱，在桥梁史上十分罕见。并且因为桥的外形美观，被称为"最美的廊桥"。

　　五亭桥（图9-4-5）位于扬州瘦西湖畔，建于乾隆二十二年（1757年）。

图9-4-5　五亭桥

桥上有五座亭子，一座居中，四翼各有一座，亭与亭之间以回廊相连。中间的亭子为重檐四角攒尖式，四角的亭子都是单檐，上有宝顶。桥基则是由12块大青石砌成大小不同的桥墩组成，共15孔，总长55米。桥孔彼此相连，由桥外看去，每个洞都框出了一幅不同的景物。每当晴夜的月满，洞内各衔一月，别具诗情画意。

　　双龙桥（图9-4-6）位于云南省建水县城西3公里处，是一座17孔大石拱桥，横亘于泸江河和塌冲河交汇处的河面上。两河在此地犹如双龙盘曲，桥也因此得名双龙桥。清乾隆年间时只建了3孔，后来塌冲河改道至此，所以又在1839年续建了14孔。整座桥由数万块巨大青石砌成，全长148米，宽3—5米，十分宽敞平坦。桥上建有亭阁3座，中间大阁为三重檐方形主阁，层檐重叠，檐角交错。拾级登楼，可远眺万顷田畴，千家烟火。南北端

图9-4-6　双龙桥

桥亭为重檐六角攒尖顶，檐角飞翘，玲珑秀丽。双龙桥是云南省石拱桥中规模最大的一座，它承袭我国连拱桥的传统风格，是我国古桥梁中的佳作。

　　后门桥原称万宁桥，在地安门以北，鼓楼以南的位置，正处在北京的中轴线上。由于京城百姓俗称地安门为后门，因此逐渐被叫成了后门桥。桥始建于元代的至元二十二年（1285年），开始为木桥，后改为单孔石桥。元代在北京建都城大都后，为解决漕运，在郭守敬的指挥下，引昌平白浮泉水入城，修建了通惠河，由南方沿大运河北上的漕运船只，经通惠河可直接驶入大都城内的积水潭。万宁桥正好是积水潭的入口，并且设有闸口，漕船要进入积水潭，必须从桥下经过。万宁桥在当时所起的作用是巨大的，是北京漕运历史的见证。

广宁桥（图9-4-7）位于浙江省绍兴市区东，是绍兴现存最长的七折边形石拱桥。它始建于南宋高宗以前，明万历二年（1574）重修。桥心正对着大善寺塔与龙山，为极好的"水上"对景，自南宋以来，一直是纳凉观景之处。该桥全长60米，宽5米，高4.6米，跨径6.1米。24根桥栏柱都雕以倒置荷花，雄健厚实，柱板上的花纹也是幽雅大方。桥洞拱顶的石头上，刻着"鲤鱼跳龙门"等六幅石刻，有面目狰狞奇形怪状的，也有虎头狮身振鬣怒吼的，极富生趣。桥拱下还有纤道，可供行走。

图9-4-7　广宁桥

迎仙桥位于浙江省新昌县桃沅乡刘门坞附近的惆怅溪上，该桥是国内首次发现的近似于悬链线拱的古石拱桥，明万历《新昌县志》内就有记载，清代道光年间重修。迎仙桥长29米，宽4.6米，净跨15.6米。悬链线拱桥形是20世纪60年代国外发明的先进桥梁科技，而迎仙桥远早于国外就应用了这项桥型技术。

古代留下的这些丰富多彩的桥梁，给我们留下了深刻的印象。尽管桥本身并不完全属于建筑，但是我国古代的桥梁却常和建筑相伴相生，比如桥旁建庙、桥上作亭等，这也是属于我国古代的独特的桥梁文化，一些唯美浪漫的爱情故事也常常能在这样的桥上发生，白娘子在西湖断桥上遇见了许仙，于是才有了一段旷世的情缘。而这些美丽的古桥，将会一直承载起中国人对于美的体验。

十、会馆建筑

1 会馆的概说

　　会馆是中国明清时因人口大规模迁徙而产生的一种独特的建筑类型，它既不同于官式建筑，也不同于普通民居，在《辞海》中关于"会馆"的解释是："同籍贯或同行业的人在京城及各大城市所设立的机构，建有馆所，供同乡同行集会、寄寓之用。"这是对会馆最简要而权威的解释。但从目前考察资料看，会馆未必仅分布在"各大城市"，特别在因移民而著称的巴蜀地区，几乎所有的水陆要冲、集镇商街都曾经有会馆。会馆与商业场镇的关系，类似于祠堂与南方村落的关系，它们一般占据着场镇核心地段，建筑规模宏大，形式华美，非一般民宅商铺可比。

　　会馆的形式虽然属于公共建筑，但实质上是一种民间性的自我管理的社会组织，主要由异乡人在客地设立，也有一地同业人兴办。它形成的初衷是为了同乡人联络感情，后来逐渐成为有一定的宗旨，依照一定的规则，自愿结成的不以营利为目的的民间社会组织，类似于今天的社团。"所谓仕宦商贾之在他乡者，易散而难聚，易疏而难亲，于是立会馆而联络之，所以笃乡谊也"。同乡组织一般叫会馆，同业组织一般叫公所或行业会馆，但二者的区分并不严格。

　　由于多数会馆都供奉神灵，并定期祭祀，且布局与神庙很类似，所以不少会馆又被命名为"某某庙"或"某某宫"。一般"宫"的规模较大，多为外省人所建，如天后宫（福建人建）、禹王宫（湖广人建）、万寿宫（江西人建）；"庙"的规模较小，多为当地人所建，如四川人在外省建"川主宫"，在本省则建"川主庙"，另外，还有些当地的行业会馆也叫"某某庙"，如王爷庙（船帮会馆）、张爷庙（屠夫会馆）等。当然，也有些大型会馆直接以会馆、公所命名的，如重庆的湖广会馆、齐安公所、自贡的西秦会馆、南阳的山陕会馆等。

　　那么，会馆最早出现于何时呢？《辞海》的"会馆"条目中引用明人刘侗《帝京景物略》："尝考会馆设于都中，古未有也，始嘉隆间。"由此可见，会馆最初是作为同籍在京官吏的聚集之所而出现的，史料表明，在明朝永乐年间，安徽芜湖人、江西浮梁人、广东、山陕人等最先在京师建立会馆，直至正德、嘉靖时，会馆仍主要是官绅聚会的一种场所。也有学者将过去外省进京赶考的学子寄寓的试馆称作会馆，清代闽县陈宗蕃就说"会馆之设，始自明代，或曰会馆，或曰试馆。盖平时则以聚乡人，联旧谊，大比之岁，则为乡中来京假馆之所，恤寒畯而启后进也。"随着科举制度的发展以及朋党政治的需要，大约从明中叶开始，会馆开始接待同乡来京应试士子，有的还添设新馆作为接待应试子弟的场所。于是，会馆与试馆并用的现象在京城非常流行。

商人会馆初见于万历时期，在明清会馆中数量最多、建筑最华丽，散布于全国各地，如北京、天津、上海、南京、开封、洛阳、芜湖、湘潭、汉口、广州、福州、成都、重庆、云南会泽等地，其中，徽商、晋商、广东商、宁波商、陕西西秦商、江西江右商、福建泉州商、山东胶州商、湖北黄州商等都是当时颇具规模、实力雄厚的商帮，在各地建立的会馆最多。手工业在中国有着悠久的历史，明清时期，随着手工业的进一步发展，行业性会馆也在一些地方大量出现，如船帮会馆、屠夫会馆、盐业会馆等。

会馆在各地区出现时间并不相同，北京的试馆在明中期就已风行，湖广地区会馆产生于明末清初，而巴蜀地区会馆却主要出现在清中叶，清末民国初年才比较盛行。抗战结束后，会馆向两个方向转化，地缘性为主的同乡会馆改组成同乡会，而业缘性为主的行业会馆则改组成同业公会。民国晚期，会馆作为一种制度在中国大陆渐衰，仅留下一些宏丽的建筑。

会馆如果以其使用功能进行分类的话，大致可以分为：同乡会馆（移民会馆）、行业会馆、士绅会馆、科举会馆四类。但是，这种分类也不是绝对的，有时多种功能往往又结合起来，很多会馆既是行业会馆又是同乡会馆，虽然，两者侧重点会有所不同。

2 同乡会馆

　　同乡会馆也称作移民会馆，移民包括生活移民和商业移民，在不同地域、不同时期，这两种移民的比重和表现形式各有不同。在东部江浙地区以及运河沿线，商业发展较早，会馆产生较早（明末清初），会馆由旅居异地的商人建造，商人管理，商业移民在同乡会馆中是主要角色，会馆的商业属性比较明显；而西部巴蜀地区，商业发展相对迟缓，明清时移民多是生活移民，他们大多被生活所迫，客居他乡，很少有财力建造同乡会馆，直到清中叶以后，随着长江水道的通畅及四川盐业的发展，大批商人涌入巴蜀，他们与当地同乡一起，在移民通道沿线纷纷建立同乡会馆，但与东部会馆不同，巴蜀同乡会馆多由移民集资建造，由生活移民和商业移民共同管理，因此，同乡会馆的移民属性更加明显。

　　同乡会馆的表现形式多种多样，从范围看，主要以行政区划为单位来划分，有的是以省来划分，如湖广会馆、山陕会馆，还有的因经商的地区相同而建立，如陕西旬阳蜀河镇的黄州会馆、重庆齐安公所等；还有一类"行业会馆"，是由同业组织为应付当地土著的压迫和保护自己利益而组合的行业会馆，如宁波钱业会馆、赤水船帮会馆，颜料行会馆、药行会馆等；从建置看，有的会馆规模宏大，有正殿、附殿、戏台、看楼、义冢、议事厅，有的会馆仅为一小室，以供一神或数神为满足；从经费来源看，有官捐、商捐、喜金、租金、抽厘、放债生息等名目，各个会馆又各有侧重；再从内部管理看，有的是官绅掌印，有的是商人主管，有的还可能是手工业者或农民自理。

表 10.1 同乡会馆名称及供奉神祇先贤列举

所属省份	会馆名称	供奉神祇先祖
山西	山西会馆	关帝
陕西	陕西庙(会馆)、三元堂	刘备、关羽、张飞
山西、陕西	西秦会馆、山陕会馆、关帝庙、春秋祠	刘备、关羽、张飞
江苏、安徽	江南会馆、新安会馆、准提庵、江西会馆、紫阳书院	关羽、准提菩萨、朱熹

所属省份	会馆名称	供奉神祇先祖
湖南、湖北	湖广会馆、禹王宫	禹王
湖北	禹王宫、黄州会馆、鄂州驿、齐安公所	禹王
江西	万寿宫、豫章宫、江西庙、旌阳宫、真君宫、轩辕宫、五显庙、九皇宫、邵武公所	许真人
福建	天后宫、天上宫	天妃、妈祖
广东	南华宫	六祖慧能
浙江	列圣宫	关帝
四川	川主庙	赵公明
贵州	荣禄宫	

现存数量最多的主要是湖广会馆、江西会馆、山陕会馆。

湖广会馆（禹王宫）

湖广会馆主要分布在巴蜀地区。巴蜀毗邻湖广，移民的主体是湖广人，所以湖广文化对巴蜀文化的影响最为深远。据统计，四川的湖广会馆共达172所，而全国的湖广会馆总计219所，四川占了78.5%。

湖广会馆现存较大的有北京湖广会馆、重庆湖广会馆等（图10-2-1），湖广会馆中祭拜禹王，因此，各地湖广会馆也称为"禹王宫"、"禹王庙"，如重庆湖广会馆内就有禹王宫的牌楼，其他如贵州石阡县的禹王宫（图10-2-2）、洛带湖广会馆（禹王宫）（图10-2-3）、河南淅川荆紫关禹王宫（图10-2-4）等，都规模宏大，保存完好。

一般认为，湖广填四川的主要移民集散地在湖北麻城孝感乡，十有八九的四川人族谱上都记载有湖北麻城，因此，麻城作为湖广移民的代表，在巴蜀各地也建有大量地方会馆，统称为帝主宫（图10-2-5），祭拜麻城地方神张七。麻城在明清时一直属黄州府统辖，因此，四川各地黄州会馆也非常多，由于祭拜的地方神张七曾被封为"护国公"（麻城地主宫中至今仍存有"护国佑民"的巨幅牌匾），黄州馆亦称"护国宫"，例如河南蜀河的护国宫即为黄州会馆（图10-2-6）。

此外，湖北的武昌、鄂州也都曾是湖广的府城，因此，各地也多有武昌馆（图10-2-7）、鄂州驿等馆名，这些也都是湖广会馆的分支类别。

江西会馆（万寿宫）

江西会馆主要称为"万寿宫"，其他称谓也很多，例如，全省性的称之

图 10-2-1　重庆湖广会馆（禹王宫）

图 10-2-2　贵州石阡县禹王宫

图 10-2-3　洛带湖广会馆（禹王宫）

"江西庙"、"旌阳宫"、"真君宫"、"轩辕宫"、"五显庙"、"九皇宫"等。府、县人氏建的赣籍会馆称谓更多，如吉安府人氏的"文公祠"、"武侯祠"，南昌府人氏的"洪都府"、"豫章公馆"，抚州府、临江府人氏的"邵武公所"、"萧公庙"、"萧君祠"、"晏公庙"、"三宁（灵）祠"、"仁寿宫"等，还有各县的如"泰和会馆"、"安福会馆"等。

　　江西会馆之所以称为万寿宫，是因为会馆中主要祭祀许逊，即许真君，其主要道场在南昌西山的万寿宫。据文献记载：许真君，原名姓许名逊字敬之，祖籍河南汝南，出生于南昌县长定乡益塘坡。相传许逊生性聪颖，博通

图 10-2-4　河南淅川荆紫关禹王宫

图 10-2-5　湖北麻城帝主宫

图 10-2-6　河南蜀河护国宫（黄州会馆）

图 10-2-7　陕西漫川关武昌会馆

图 10-2-8　四川落带万寿宫

经史，经医理道术。西晋太康元年（280）许逊四十二岁，出任四川旌阳县令。当时旌阳一带疫病流行，许逊为民治病药到病除，深得百姓爱戴。以此之故，江西会馆亦称为"旌阳宫"。

图 10-2-9　重庆龙潭万寿宫

图 10-2-10　贵州石阡县万寿宫

　　现存的万寿宫较多，保存较好的有四川落带万寿宫（图 10-2-8）、重庆龙潭万寿宫（图 10-2-9）、贵州石阡县万寿宫（图 10-2-10）等。

广东会馆（南华宫）

广东会馆大多用"南华宫"命名，也有一些别称，如"龙母宫、元天宫、粤东庙"等。广东会馆之所以用"南华宫"来命名，是因为"南华宫以南华山得名、六祖慧能之道场也。"广东移民会馆祭祀的神大部分都是"南华六祖像"，但也有极少部分例外，如名山县广东移民会馆供奉的是庄子像，中江县广东会馆供奉的是天妃像，简阳县石桥镇的广东移民会馆供奉的却是关羽、周仓、关平像。广东移民供奉六祖慧能像，且以南华宫作为会馆的名称，正说明是以家乡先贤为纽带来联络乡情，加强自身的凝聚力。

广东移民会馆在四川的建筑规模也较为壮观，装饰风格豪华气派，色彩艳丽。如洛带镇的"南华宫"（图 10-2-11），是洛带镇的标志性建筑，清乾隆十一年（1746 年）由广东籍客家人捐资兴建。会馆坐北向南，重檐歇山，龙脊山墙，多重院落，主体建筑面积 3310 平方米，馆内石刻楹联条幅保存完好，联文取意及书法镌刻精美，其中"云水苍茫，异地久栖巴子国；乡关迢递，归舟欲上粤王台"一联最能反映客家先民拓荒异乡的创业艰辛和对故乡的思念之情；现存富顺县大岩乡境内的一所南华宫为砖木结构，面积 900 平方米，正门向西偏北，三重檐角，顶部檐下浮雕五龙缠绕"南华宫"匾额，中部刻有"曹溪香远"四字，该会馆现已被富顺县列为文物保护对象。许多南华宫还建有戏楼舞台，且附设小学校供孩子们读书，如犍为县顺城街的南

图 10-2-11　洛带南华宫（广州会馆）

华宫，内有二重两厢楼戏台抱厅，会馆建筑规模的宏大，一方面与当时每年节庆之日，同籍乡人在会馆"岁时祭祀、演剧、宴会"有关，另一方面两侧厢房用作书院，以期待子孙们学成功名，光宗耀祖。

会馆建筑的宏伟壮丽，成了移民团结力强大的象征。正因为如此，广东移民对会馆的保护和维修也特别关注，如大竹县的东粤宫自雍正元年建成后，以后在乾隆、同治、光绪年间一直修葺不已，使会馆日趋壮观。移民中的乡绅会首也经常出资或同籍人捐资维修会馆，如青神县的南华宫，嘉庆初年就由会首刘思信等出资重修。彭水县的南华宫，咸丰年毁于战火，乡人立即捐资重建。广东移民会馆的不断修葺和重建，以至到民国年间大多数会馆建筑还保存完好。

山陕会馆（关帝庙）

山陕会馆，即明清时山西、陕西两省工商业人士在全国各地所建会馆的名称。陕西、山西两省在明清时代形成两大驰名天下的商帮——晋商与秦商。山西和陕西，一河之隔，自古就有秦晋之好的佳话。当时，山西与陕西商人为了对抗徽商及其他商人的需要，常利用邻省之好，互相结合，人们通常把他们合称为"西商"或"西秦商人"。山陕商人结合后，在很多城镇建造山陕会馆（也称西秦会馆），形成一股强劲的力量。山陕商人在明清时是实力最强的商帮，因此，在全国各地建造的会馆也最华丽。著名的如：山东聊城山陕会馆（图 10-2-12）、安徽亳州山陕会馆（图 10-2-13）、河南南阳山陕会馆（图 10-2-14）、河南开封山陕甘会馆（图 10-2-15）、自贡西秦会馆（图 10-2-16）等。

山陕会馆祭拜关公，因此也叫关帝庙，一般由山门、祭殿、拜殿、春秋阁几部分组成，春秋阁内一般会放一尊关羽坐读春秋的标准像，以显示关羽文武兼备、诚信忠义的品性。巴蜀地区最大的山陕会馆无疑是自贡的西秦会馆，会馆占地面积 4000 多平方米，中轴线上布置主要厅堂，两侧建阁楼和廊房，用廊屋连接组成若干大小院落，四周以围墙环绕，形成多层次封闭式的布局。整个建筑群由前至后可分为 3 个单元：第一单元包括正面的武圣宫大门、献技楼，两侧的贲鼓、金镛二阁，各建筑物间用廊楼相接，与后面的抱厅相望，构成四合院落，中间庭院开阔疏朗；第二单元以参天阁为中心，客廊列居左右，后为中殿，前有抱厅，参天阁两侧配以水池花圃，建筑比肩接踵，密中有疏；第三单元包括正殿和两侧的内轩、神庑。整个建筑物的高度及体量，由前到后逐渐增加。单体建筑内部由几根大柱承托各种横梁，组成坚实的框架，上建外观奇特的复合大屋顶。屋顶造型有歇山式、硬山式、重檐六角攒尖式和重檐庑殿式，重叠、配合使用。这种多檐的复合结构，为明清两代建筑中所罕见，体现山陕匠人的高超工艺。

图 10-2-12 山东聊城山陕会馆

图 10-2-13 安徽亳州山陕会馆

图 10-2-14 河南南阳山陕会馆

图 10-2-15 开封山陕甘会馆

图 10-2-16 自贡西秦会馆

3 行业会馆

　　传统的具有工商性质的"行业会馆"主要是工商界中的同行业者之间为沟通买卖、联络感情、处理商业事务、保障共同利益的需要而设立的。"行业会馆"在清代中后期也有了较大的发展，许多行业会馆为了标榜自己的经济实力，对其建筑往往不惜资金精雕细刻，因而，具有较高的艺术价值。

　　"行业会馆"与"同乡会馆"有着不同的信仰，通常选择历史上同行业的或相关联的名人作为其膜拜的行业神，如屠宰业会馆中通常称为张爷庙或桓侯庙，内供有"张飞"，船帮会馆中则为王爷庙，内供"镇江王爷"等。

　　清前期同乡会馆居多，这时期会馆的兴建，主要是因清前期大量移民的涌入，在异地的客家人或同乡人需要聚会的场所而发展起来的。"后期由于移民入川依旧，'地缘'观念渐弱而'业缘'观念渐兴，会馆性质也渐由移民（同乡）会馆转至行业会馆"，成为行业帮会结社的场所和商业文化活动汇聚之场馆。

　　行业会馆主要包括：船帮会馆（杨泗庙，王爷庙，水府庙）、盐业会馆（盐神庙、池神庙）、屠夫会馆（桓侯宫张爷庙）、火工会馆（火神庙）、骡马会馆、浙江湖州的"钱业会馆"等。

船帮会馆

　　古代交通主要靠水运，因此船帮会馆是水运码头出现最多的行业会馆，船帮会馆在各地叫法不同，名称繁多，如汉水及洞庭湖流域叫"杨泗庙"，长江流域叫"王爷庙"，湘西鄂西则称"水府庙"，还有很多地方叫"平浪宫"，取风平浪静保平安之意。

　　以下将以丹凤县船帮会馆、自贡王爷庙（图 10-3-1）、蜀河杨泗庙、漫川关平浪宫（图 10-3-2）为例作简要论述。

　　（1）丹凤县船帮会馆，又名"平浪宫"，"明王宫"，"花庙"，丹江航道自春秋战国始即为贡道。为建都长安之历代王朝主要补给线，龙驹寨江岸当时是水陆换载的著名码头。船帮会馆，是当时从船上每件运货的运费中抽取三枚铜钱，日积月累，于清朝嘉庆二十年（公元 1815 年）建成。建筑雄伟，高27 米，坐北向南，面临丹江其中又祭祀着丹江水神，故俗称"丹凤花庙"。大门形似一座三开间的牌坊，颇有江南水乡建筑的风格。南面的花戏楼建筑特殊，高 36 米，第二层不用柱支撑，而是用巨木构成多角形构架相叠，层层向上递缩，形成一个锥体笼形结构。从舞台中央仰望，犹如急流中的漩涡，很是巧妙。戏楼是会馆的主要建筑，它集南北建筑之精华，使其既有北方建筑庄重大方的格调，又有南方建筑华丽、细腻的特点。

图 10-3-1　自贡王爷庙

图 10-3-2　漫川关平浪宫

（2）自贡王爷庙坐落在自贡市中区的釜溪河畔，占地面积 1000 平方米，始建年代不祥，但不晚于清同治年间，清光绪三十二年（1906）又新建成一座戏楼。该庙坐东北向西南，总建筑面积 900 平方米。戏楼为抬梁式木结构，

243

单檐歇山式屋顶，通高 4.1 米，面阔 8.9 米，进深 8.85 米，戏楼离地面高度 2.8 米。戏楼采用抬梁式木结构建筑，单檐歇山式屋顶。正脊两端是鸱吻，正中置火龙宝珠一串，色彩斑斓绚丽。王爷庙建造科学，布局独特、结构紧凑、小巧玲珑；装饰华丽、雕刻精细，集雕梁画栋于一身，装饰雕塑以人物戏剧场面为多，这对于研究当时川剧乃至社会习俗、风土人情，都有重要的史料价值。

（3）蜀河杨泗庙位于蜀河镇后坡南端，坐西向东，背依山坡，南临汉江，面对蜀河，站在庙前就直接鸟瞰到码头和船舶，其现存建筑主要有上殿、拜殿、乐楼和门楼。庙内供奉的杨泗，人们说法不同，一说杨泗将军是一个因治水有功而被封为将军的明朝人，一说杨泗将军是晋朝周处那样的敢于斩杀孽龙的勇士，一说杨泗将军就是南宋农民起义领袖杨幺。不管哪种说法，民间特别是船民都把他作为行船的保护神加以膜拜。蜀河镇口的这个杨泗庙是当年的汉江船帮留下的，高大庙门两侧有对联曰"福德庇洵州看庙宇巍峨云飞雨卷，威灵昭汉水喜梯航顺利浪平风静"，寄托的就是当年船帮的祈愿。

（4）荆紫关平浪宫，又叫杨泗庙，是荆紫关古建筑群中较为豪华壮观的一座。平浪宫坐落南街，距关门 50 米，坐东面西，前望丹江河，占地 500 平方米，现有宫房五座，分前、中、后三宫和耳房。前宫是暖阁，中宫是拜殿，后宫供奉的是杨泗爷。宫门的南北两侧有对称的钟鼓二楼，南面叫钟楼，北面叫鼓楼。两楼造型相同，均系正方形，四角攒尖，三层，重檐叠起，尖和檐装饰着木雕的龙头，形象逼真，在同类建筑中实属罕见。楼内各有 4 根大柱和 12 根小柱直托楼顶，它们象征着一年四季十二月风平浪静、风调雨顺。楼内所用木料多为质地硬韧的檀木和杉木，风剥雨蚀不走原样。两楼的木条上是木雕组画，有"二龙戏珠"、"二马奔腾"、"嫦娥奔月"、"天地日月"等，还有一些小巧的草木花卉和山水画幅，都有较高的艺术鉴赏价值。两楼外侧的顶部竖有铁叉，铁叉框内嵌有铁字，钟楼是"风调"，鼓楼是"雨顺"。"风调雨顺"，是船工们的美好愿望，保佑世人永远风调雨顺，平平安安。

骡马会馆

古代陆路运输主要靠人挑马驮，长途贩运的骡马帮为了维护自己的行业利益，往往也会在各商业重镇建立骡马会馆，特别是陆运、水运交汇点，货运繁忙，也是骡马聚集之地，一般骡马帮把货物驮到码头，由船帮接收，并同时将船上的货物卸下，经陆路运送到水运无法到达的地方。

现存最典型的骡马会馆有：漫川关的骡帮会馆（图 10-3-3）、麻城乘马会馆、丹凤马帮会馆。

（1）陕西漫川关的骡帮会馆位于漫川街中部，建于清光绪十二年（1866

图 10-3-3　漫川关的骡帮会馆

年），为两个并连的四合院组成，前面南侧 30 米处是流霞飞彩的双戏楼。会馆的前殿、正殿为硬山顶，木柱高大粗壮，柱础为覆盆式。梁枋、斗拱、檩椽、门窗、山墙、山尖等等，均经过精雕细刻，彩绘油漆，一方面体现了古代工匠精湛的技艺，另一方面也显示了骡帮气派之大，财源之足。骡帮成员大部分为陕北、晋北人，也有少数渭南、潼关一带的驮队。明、清驮运最盛时，每天进进出出各有一百余头驮骡。民国年间，每天进出各数十头驮骡。50 年代前期，减少为每天进出十几头驮骡。1955 年以后，由于公路的不断发展，"统购统销"政策对流通渠道的改变，驮骡随之绝迹。

（2）湖北麻城乘马会馆位于乘马冈镇乘马冈村，是从河南翻越大别山进入湖北的光黄古道上的重要驿站，这里也是黄麻起义的策源地之一，中共乘马第一个党支部于 1926 年 9 月 9 日在这里成立，乘马区农民协会及农民自卫军长期在此开展工作。在乘马冈镇还留存有当年红军与敌人激战过的杨四寨、得胜寨等遗址。

（3）丹凤马帮会馆位于丹凤县龙驹寨，古时为"北通秦晋、南接吴楚、水趋襄汉、陆入关辅"的水陆交通枢纽，古寨帮会会馆林立，有记载的 12 个，其中保存比较完整的有船帮会馆、马帮会馆、盐帮会馆、青瓷器帮会馆。马帮会馆位于西街小学院内，现有大殿两座 8 间，厢房 10 间，为砖木结构，硬山顶，梁架式，青砖砌体，屋面覆灰色筒瓦、猫头、滴水、花脊、曾脊，饰有木刻和砖雕各种花纹图案。

盐业会馆

在人类发展史上，盐业生产和贩运有着举足轻重的地位，盐是人类唯一必不可少而又必须长途贩运才能获得的商品，盐在贩运过程中形成的巨大差价使盐业经营者获得丰厚利润，因此中国自汉代起就执行"盐铁专卖"制度。

245

明清时期，徽州盐商、山陕盐商、四川盐商都曾是中国最富有的商帮集团。盐业经营者为炫耀财富，协调矛盾，纷纷在各个盐产地营造盐业庙宇或会馆，其中现存最有代表性的是四川自贡西秦会馆、罗泉盐神庙（图10-3-4）、山西运城池神庙、江苏盐城水街盐宗祠。

图 10-3-4　罗泉盐神庙

在中国众多的盐神庙宇或会馆中，主要供管仲为盐神，关羽和火神则作为管仲的辅佐相伴左右。管仲（公元前645年），名夷吾，字仲，又叫管敬仲，春秋时期颍上（颍水之滨）人，由具有生死之交的鲍叔牙推荐，被齐桓公任命为卿，尊称"仲父"。盐业是管仲在齐国力主发展的主要产业之一，他制定了《正盐荚》，成为了中国盐政的首部大法。"三代之时，盐虽入贡，与民共之，未尝有禁法。自管仲相桓公。始兴盐荚，以夺民利，自此后盐禁分开"（见《续文通考》）。管仲《正盐荚》创设了计口授盐法、专卖制和禁私法。在此后2000余年中，各朝各代统治者对盐业的管理基本上直接或间接取法于《正盐荚》，利用管仲之术，政府专控食盐产销，即实行盐业专买专卖制度，因此，盐神庙多奉管仲为主神，既受统治者的青睐，又获盐商们的拥护，真是当之无愧。

管仲左侧立关羽神像，一般认为是为宣扬关羽的忠君思想和尊崇关羽重情讲义的精神，以供朝拜者效仿。其实，更重要的是关羽老家解州位于古代内陆最重要的盐产地——运城，关羽追随刘备前就在山西、陕西贩盐，是一个标准的盐贩子，宋以后被追封为神，自然也成为盐商们供奉的对象。

管仲右侧立火神神像，其寓意为盐井下取出的卤水，只有在火神的保佑下，烈火熊熊燃烧，经过长时间的煎熬，使水汽化，盐结晶，才能得到井盐。因此，关羽和火神，陪管仲同为盐神，享受人间烟火，是理所当然的事。

屠夫会馆

屠夫会馆一般也叫张飞庙、桓侯宫。张飞是三国时期蜀汉大将，在桃园与刘备、关羽结为拜把兄弟，东汉末年随刘备起兵，官拜车骑大将军，为刘备三分天下立下汗马功劳。可惜他"敬君子而不恤小人"，常酒后暴怒，鞭挞下属，在刘备伐吴前夕，被部将所杀。后代帝王追谥张飞为桓侯。张飞曾当过屠夫，民间屠帮为纪念他"忠肝义胆"，祭奉为"始祖"。桓侯宫的名字由此而来。但民间都习惯将桓侯宫叫做"张爷庙"。

例如自贡桓侯宫（图 10-3-5）即是自贡本地屠帮商人募资兴建的会馆。据说始建于清乾隆年间，咸丰末年烧毁，同治年间重修，并在同行中商议"每宰猪一只，按行规抽钱贰佰文"，经过众人的锱铢积累，终于在光绪元年（1875）年落成，桓侯宫内的张飞像，圆目怒瞪，拔剑欲动，威风凛凛，两边有对联一副："修旧庙出新意，回想凤雏执法，豹头监讼，文武清廉堪百案；继桓侯鞭督邮，笑谈狼吏丧魂，狗腿断肢，古今腐败怕三爷。"桓侯宫面积仅有1300余平方米，不过，工匠却在如此狭小的空间中巧妙地安插了戏台、大殿、钟楼鼓等众多建筑，毫无拥挤之感；会馆门厅立有 24 根立柱，门厅上是戏台，戏台楼沿饰有木雕，雕刻戏剧场景 18 幅，单人物就有 164 个。台下只有几把竹椅、几张木桌，一切平常得如同一个院落一般。当屠宰匠在会馆中决议重大事项，欣赏大戏时，他们的满足感显然已经超越了那些一掷千金的富商。

云阳张飞庙位于长江南岸飞凤山麓，离重庆市区 382 千米，与云阳县城隔江相望，庙前临江石壁上书有"江上风清"四个大字，字体雄劲秀逸，庙内塑有张飞像，珍藏有汉唐以来的大量诗文碑刻书画及其他文物数百件。三峡大坝建成以后，此庙被整体搬迁，现为云阳打造三峡游的重点项目。现在屠夫似乎已不是光彩职业，打造旅游品牌时，当地已绝口不提张飞屠夫之勇，而只谈三国文化以及张飞的侠胆忠义，历史的原貌只能淹没在后人的附会之中了。

图 10-3-5 自贡桓侯宫

4 士绅会馆

　　士绅会馆主要由寓居京师的官员倡建或捐建，是明清会馆的最早形式。随后的科举会馆、工商会馆都是在士绅会馆的示范或直接参与下兴建起来的，如最早的安徽芜湖会馆就是士绅会馆。起初为官员聚会场所，后转为服务于科举，兼具科举会馆的功能。对于寓居京师的官员来说，能集中于会馆共叙乡情，既是封建经济条件下人们浓郁的乡土观念的一种本能的驱使，也便于同籍官员在政治上相互扶植，共谋发展。同时，由士绅首先倡建会馆，也有其现实的可能性。

　　首先，兴建会馆需要一定的资金，绝非普通百姓所能支付，而士绅则可因地制宜，根据财力多少，或出资新建，或捐宅为馆，也可利用自己的影响力和威望在同乡中筹措资金。其次，居京官员也可运用自己的政治地位和声望为同乡人提供庇护，实施管理，并保证本乡会馆免受外人干涉。无论财力还是政治影响力，都是会馆存在和发展的前提。于是，京师各地域性士绅会馆纷起频出，蔚成风气。但随着各地流寓北京人口的增多，流寓人群的成分亦复杂多样，出于为同乡谋福利的目的，士绅会馆随后已不再是单纯的官员聚会场所，而是更多具备了服务于科举和商业的功能。

5 科举会馆

　　明清时依然沿用前朝的科举制度选拔官吏，所以在举行乡试的各省省城及会试和殿试的北京聚集了大量科举士子。尤其是每逢大比之年，全省或全国参加考试的士子纷纷云集省城或京师，造成住房紧缺，食宿困难，一些当地人趁机抬高物价。如明清时，北京的一些民户在临近考期之时，便出赁单间客房以供赴试举子食宿。清《天咫偶闻》中记载："每春秋二试之年，去棘闱最近诸巷，……家家出赁考寓，谓之'状元吉寓'"，但是这类"状元楼"租金昂贵，一般贫寒子弟是负担不起的，他们中不少人来京的路上省吃俭用，有的甚至被迫乞讨，到处受白眼和冷遇。因此，举子们迫切企盼解决到京后的住宿问题，只好依傍同乡京官。同时，在京任职的官员，亦非常渴望自己乡并的子弟科举及第以便入朝为官，于是开始把会馆逐渐转化为安顿来京应试子弟的理想场所。他们或辟出一室以寓乡人，或干脆捐出作为公产，专门服务于科举的会馆便应运而生。这种以接待举子考试为主的会馆，有的就叫做"试馆"。例如北京花市上头条的遵化试馆，花市上二条的蓟州试馆等。如果说起初的士绅会馆仅为同籍官僚宴饮娱乐的场所，那么其后便体现出与科举结合的优势。他们不仅出资另建专门的科举会馆，还将原有的士绅会馆改造为科举会馆，如其中的一些官员每逢春秋闱时搬出会馆，为同乡应试举子提供住所、食宿之便利。北京的会馆后期几乎都有服务于科举的功能。

另外，建于一些省会城市的会馆中也有专为科举服务的建筑，有时也兼具科举会馆的功能，如贡院、状元楼、文昌阁、文庙、孔庙、书院，它们虽然都是古代文人聚集的地方，但形式略有不同。贡院、试馆、状元楼主要功能是科举考试，闲时则为外省人科举考试提供食宿，因此较偏重科举会馆功能。文昌阁、文庙、孔庙、书院多为本地读书人设置，以教书讲学为主，食宿为辅，他们的功能跟会馆有交集，但并不是严格意义上的科举会馆。

构成明清会馆的各类会馆之间并无绝对严格的界限，从明中叶始兴的晋商会馆，各类人群在资本上就已经相互渗透。主要服务于科举的会馆有商业资本渗入其中，主要服务于商人的会馆有时是由官绅来掌权，在移民区域的会馆既可以是工商会馆，同时兼移民会馆。

从根本上说，各类会馆间相互交错的特性与会馆的"同乡会"性质有关，同乡性是各类会馆兴建的基础。士绅会馆也罢，科举会馆也罢，抑或是工商会馆也罢，都是在同乡基础上分群体的联合，也是一种纵向联合。同时，受浓郁乡土观念的驱使或是家族裙带关系下亲情的影响，各类会馆还会在同乡性的旗帜统一下实现各群体间的横向联合，无论这一"乡"的概念有多大或是有多小，无论是大到数省，还是小到一镇，都是人们可接受的"乡"的概念。正如窦季良先生所说，乡土从来就没有绝对的界限。正是基于上述原因，才形成了明清会馆间相互联合，彼此渗透的局面。但从分布到规模以及主要投资群体来讲，同乡会馆是绝对的主体。

十一、书院建筑

1 书院概说

书院作为中国特有的一种文化教育场所，在我国人才的培养、文化的传播中发挥了不可替代的作用，历时千余年，分布遍及全国各地。在科举制度的影响之下，书院与理学相结合，在吸收和改造官学与私学优缺点的基础上建立了以育人为主、学术自由等优良传统和完善的管理制度，成为巩固统治者地位的社会保障，并在封建制度的消亡与新生事物的推进中退出了历史的舞台。

书院之名始于唐玄宗在长安设置的丽正书院、集贤书院，为朝廷修书、征集贤才之所。而《玉海》一书中也提及"院者取名周垣也。"可见，最初的书院只是用来藏书的，而非士子读书治学、祭祀先贤之所，与后来聚徒讲学的书院本质大相径庭。根据史书的记载，具有学校性质的书院大约始于中唐时期，这是由于宦官败坏朝政、军阀混战、世人无安定之所再加上官学废坏，"士病无所于学"，只好穷居于草野，避乱于相对安定的幽静的山林，再受禅林大师公开讲经说法和道观法师的影响，使得原本私人读书治学、藏书之地逐渐演变成学者聚徒讲学、士子求学的场所，从而使书院转变成具有学校性质的场所。江西的桂岩书院大致创于此时，为高安幸南容告老归于故里之后在唐洪州高安县内创办，其创办学院的初衷为为本族弟子创造良好的读书环境以求得入仕为官的机会。桂岩书院成为江西最早创建的书院，也是中国最早从事教学活动的书院之一，可以说，江西是讲学书院的发源地，也是目前书院遗存最多的省份。

宋朝是书院发展的兴盛时期，究其原因，主要有以下几点：首先，北宋初由于五代的战乱使得政局不稳定，赵宋皇朝为巩固中央政权的统治，需要思想武器，强调"建国君民，教学为先"。朝廷通过增加科举的名额，高官厚禄那些登科及第之人，使得"学而优则仕"、"唯有读书方可光耀门第"的思想深入士子之心，读书风气日益兴盛起来。然而，由于朝廷经济的薄弱使得官学在五代战乱中遭受破坏后未能大力兴办，朝廷只能依靠书院来满足对文人的需求，这使民间的书院得到了较大的发展，书院起到了补充官学的作用同时也成了社会文化生活中的重要场所。其次，南宋时期由于统治阶级将理学推崇为正统的"官学"，使得以理学为指导思想传播各大学派的书院大为发展，达到了高峰时期，并培养了大批人才。宋代书院的发展，不仅满足了统治阶级巩固政权的要求，还满足了士人读书的需求，补充了官学与科举的不足之处，此时的书院多以纠正官学之偏、发展学术、培养人才为主。书院的大量增加，使其规制和经验日趋成熟，最终形成了以讲学、藏书、祭祀为主要功能特点包含学规、学田、学舍等完善的书院体系。

据有关史料记载，江西在宋朝大约建书院210所，其中北宋约建40所，南宋约建170所，其建设数目在全国仍继续领先。而江西书院之所以兴盛，除了所处的社会背景这一元素外，还要归功于理学及心学大师在江西的传道授学和各个学派在江西书院的发展等。如理学创始人周敦颐曾经很长一段时间在江西任官并从事教学活动，并在江州（今九江市庐山区域内）建有濂溪书堂作为讲学之地、与志同道合者汇聚于此谈学论道。周敦颐还曾在江西其他地方讲过学，如修水、萍乡、虔州等，因而可以说，江西是理学发源之地。再如素有天下"四大书院"[1]称号的白鹿洞书院，建于北宋初期，南宋理学家朱熹为了实践自己的教学理念兴建与修复落败的它，并在该书院中以前人的办学经验为基础总结出了一套自己的教学模式和制度，其所著的《白鹿洞书院揭示》成为了今后各书院办学所依照的标准，就连四大书院之一的岳麓书院（图11-1-1）的教学制度也是参照于此，其影响极为深远。又如鹅湖书

图 11-1-1　岳麓书院

1　四大书院：应天书院（河南商丘）、岳麓书院（湖南长沙岳麓山）、嵩阳书院（河南郑州登封嵩山）、白鹿洞书院（江西九江庐山）。

院、白鹭洲书院与象山书院，都是在宋代建设的，在此就不一一详述了。

元代，由于受官府的影响，大量书院走上了官学化的道路，而宋以来所建书院继续发展，并向官学化靠近。明初，由于朱元璋的尊孔崇儒、治世用文的政策使得科举大为发展，又由于其对官学的重视与修建以及对书院的撤销的举动，使得江西书院一蹶不振。然而这种冷落的局面并没有持续很久，随着明初动乱的褪去，统治者在对待书院的态度上有所缓解，因而部分书院在地方官吏的带头作用下得以修复。直到明正德、嘉靖间，书院才恢复了往日的建设高潮，这与王阳明等人在书院中发展新的学术思想是分不开的。王阳明，心学代表人物之一，以发扬陆九渊的学说为己任，其影响主要在江西。江西学者多以陆九渊学派为宗派，故而"讲心即理，知行合一，致良知"的王学在江西得以发展昌盛。明中叶以后，讲会作为一种学术组织遍布各地，并在书院中产生了新的教学形式，与此相应的产生了讲会式书院，在江西尤为兴盛。江西在明代建有书院约288所，其中以讲会式类型著名的书院有复古书院、连山书院和复真书院。明末，王学渐衰，由于士人求学目的转向科举，为清代江西书院沦为科举的附庸打下坚实的基础。

清初，朝廷为巩固政权对书院的控制加强，主要表现在不许别创书院、不许聚徒讲学、不许创会结社等，不过对书院的修复却没有较严的政策，此时的主要活动为修复原有的书院，而新建书院数量极少。直到康熙时期，由于清廷继承了前代的崇文重儒，发扬了理学的缘故，书院才有了大的发展，其中比较著名的有南昌的豫章书院、上饶的信江书院以及南康的阳明书院等，与此同时前朝的书院也有了新的发展。雍正到嘉庆时期，由于官府对书院的控制更加严格，大部分书院都推行考课制度以适应政局的需要，为了便于官府的监督管理，书院开始出现在了城中的闹市区，最终使得书院沦为科举的附庸，此时书院新建数量不多，整体处于下滑趋势。道光以后，书院新建数量虽多，然而有名家讲学的书院却不多，大多数书院都是为应对科举考试而设置的，自由讲学、创新学术、师生的"质疑问难"等优良传统已不复存在，书院失去了原本的特色，以致书院被官学最终取代。鸦片战争以后，由于国民思想的封闭，旧有的教育形式已不能满足社会发展的需求，为改革教育以与时俱进，清廷下诏将书院改为学堂来兼习中西学术。江西地区如兴鲁书院改为抚郡学堂，豫章书院改为江西大学堂，信江书院改为广信府中学堂等，自此书院史走向了完结篇。

2 书院选址

书院作为教化地方，化民成俗的场所，其建筑的选址和布局历来受到创办者、文人雅士等的重视。由于书院文化和风水学的影响，书院多依山傍水而建，或选择文人古迹之处，大多数远离尘世的喧闹，寻求风景优美、环境清幽的修身养性之地。故而书院的选址多为背山面水、群山环绕及呈山水并列之势，少数书院因受官府影响而设于城镇郊区或边缘。

书院多选址在风景优美的山水田野，即便不能与山水为伴，也要通过内在的环境营造来创造优美的自然景观，其原因主要有以下几点：

儒、释、道三教的文化产物

书院基址之所以多依山傍水而建，这与以理学为主导思想和学术传统的书院文化是儒、释、道三教的文化产物分不开的。理学创始人周敦颐"天人之际"的宇宙观，王阳明的"心即性，性即理"以及程颐"人性本明"的禅宗观等无一不透露着佛教禅学的痕迹。在佛教山林文化的影响下，书院多在名山秀水之间选择清净幽僻的地方建房盖舍。

书院教学自身需求

从书院育人角度而言，宁静僻远的风景名胜地区既避免了尘世的喧闹提供给文人们安静的读书环境，又能使他们在景色秀丽的自然环境之中修身养性、陶冶情操，感受"山之大气，水之辽阔"以及"智者乐水，仁者乐山"的意境，满足了"藏、修、息、游"的书院文化，同时也与儒家天人合一的思想相吻合。如坐落在庐山五老峰脚下由卓尔山、后屏山、古翼山环合着的江西白鹿洞书院，"观其四面山水清邃环合，无市井之喧，有泉石之胜，真群居讲学，遁迹著书之所"[1]，书院基址除环境优美外还因其为庐山国学的旧址以及文人李渤在此读书而颇具人文气息。

风水影响

书院的建造还受风水学说的影响，主要表现在书院建筑的选址与朝向上。《阳宅十书》中说："人之居处，宜以大地山河为主，其来脉气势最大，关系

1　朱熹《朱文公集·白鹿洞碟》，转引自《白鹿洞书院的环境特色》一文。

人祸富，最为切要。"又如《博山篇·论水》中所说："洋潮汪汪，水格之富。弯环曲折，水格之贵。"可见水处于建筑环境中的重要性。在现实生活中，靠近水源，不仅交通便利、便于生活取水，而且肥沃的土壤有利于农业生产的发展，还能避免受洪水侵袭。对于书院而言，这是保证学田制度得以实施的关键。"五行说"认为，草木生长好、茂盛的地方可以兴"文运"，而水又能生木，故而书院建筑的选址多选在能"藏精聚气"、"钟灵毓秀"的山水宝地，这又与中国传统文化思想中"地灵"则"人杰"的观念相吻合。根据以上的分析可知，书院的选址除了受江西境内以山地、丘陵为主的地形地貌的条件限制外，还受中国传统文化思想以及建筑风水学等的影响。

依据书院周围的自然环境状况主要可分为群山环绕、背山面水、四周环水与市井之中四种类型，以前三种类型较为多见。

这里所谓的群山环绕形式，是指书院建于山岭之上，其四周均为山体，掩盖于绿树之中。此类书院依山就势，气势宏伟，空间较为丰富，如九江的白鹿洞书院、宜春的昌黎书院（图11-2-1）、余干县的东山书院、万年县的石洞书院等。

图 11-2-1 昌黎书院环境示意图

所谓背山面水，即书院建筑群体背靠大山，面朝江水，两侧较为开阔。如修水的聚奎书院、弋阳的叠山书院、上饶的信江书院（图11-2-2）等。

图 11-2-2　信江书院环境示意图

四周环水的书院较为少见，多建于江水环绕的洲之上，既阻隔了外界的打扰又创造了视野开阔的优美环境，书院以四周之水为血脉，符合了风水中"水注则气聚"的思想。如吉安的白鹭洲书院，位于赣江江心的白鹭洲尾部的平坦之地，四周以水围合，环境较为清雅。

现存书院中还有选址于市井之中的，此类书院多为官助民办性质，为便于官府控制，故而建在城郊之处，如江西濂江书院。或是由民间集资创办、由民居改建以纪念先贤为主的书院，如江西仰山书院。虽然此类书院建于市井之中，无山水田园之秀美景色，但由于受禅学、儒家思想的影响，故而多建在城镇之中的小山丘之上，或是将水这一元素引入书院之中，并种有大量草木，增加其文化氛围，以补自然环境之不足。

3 书院布局

书院的布局形式主要有两种：一种是以比较规则的四合院串联或并联的形式组成中轴对称、多轴并列的布局形式，这种型制主要受学宫以及官式建筑的影响；另一种是不规则的自由布局形式，主要受地形条件的限制。无论是哪种平面布局，它们都充分利用自然地形条件与环境，因地制宜，建筑以院落或天井组合有序，反映中国建筑以群体组合为主的传统共性，与周围的自然环境及庭院绿化有机结合，融为一体。

中轴对称

多用于官办或私办官助性质的书院，在"礼"制的束缚下，将讲堂、藏书楼、祭祀建筑按等级依次排列在一条轴线上，其他建筑以对称的形式布置在轴线两侧，也有将祭祀建筑按"左庙右学"的型制放在主轴线的侧旁，以突出书院讲学的重要性。此种类型布局的书院多以合院的形式为单位，根据书院的规模形成一到五进院落形式。江西上饶的鹅湖书院（图11-3-1），中轴线上从北到南依次串联着照壁、头门、牌坊、泮池、仪门、讲堂、四贤祠（今已毁）及御书楼，两侧分列东西号舍、杂屋及关帝庙和文昌阁。吉安的白鹭洲书院（图11-3-2），虽然现今只留有云章阁、风月楼、仪门和泮池，但是根据其元、明、清三朝的平面形制，依然不难看出其中轴对称的严整布局。此外，井冈山的龙江书院、吉水的皇寮书院、遂川县的燕山书院也都属于此种类型。

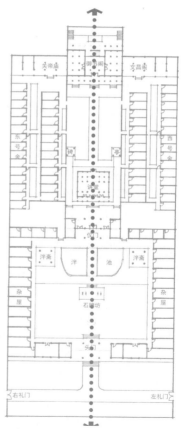

图11-3-1 鹅湖书院布局形式

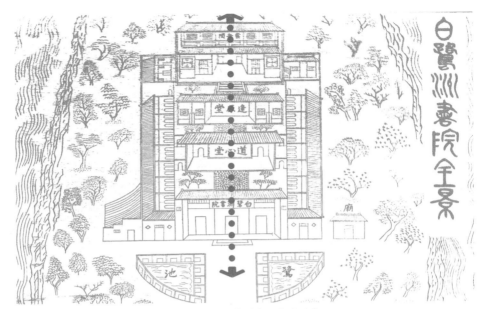

图 11-3-2　白鹭洲书院布局形式

多轴并列

　　此种形式主要由于地形条件的限制，南北向地域过窄书院建筑只能横向发展的结果，江西书院大多采用此种布局形式。将讲堂、藏书楼与祭祀性建筑和厢房等分开，各成院落并以讲堂或藏书楼为主要轴线、多个轴线并列相连，以适应不同功能的需要，区别安排，主次分明，更能显示书院建筑主体的严整庄重气氛。如九江庐山五老峰脚下的白鹿洞书院，根据其功能需要形成了以御书阁、明伦堂为主轴，以祭祀性建筑和厢房为副轴的多轴并列的布局形式。再如金溪县的仰山书院（图 11-3-3），以讲堂所在轴线为主轴线，祭祀建筑、藏书楼及生活区自成轴线分列两旁，形成了三轴并列的布局形式。此种书院类型还见于赣州兴国县的潋江书院（图 11-3-4）之中。

自由布局

　　此种类型的书院多为民间自发组织而建，受学宫影响较小，又由于江西地貌以山地、丘陵为主，地形较为复杂的缘由，大多数书院依山就势，采取灵活自由的布局形式，将书院的"讲学、藏书、祭祀"三大功能建筑及其附属功能建筑根据需要安排在内。然而，书院所推崇的理学的核心思想毕竟为儒家思想，孔子的"礼乐"思想使得此类书院虽然大体呈现活泼自由的布局形式，但局部还是会以轴线的形式串联单体建筑，该轴线多围绕书院主要建筑而展开，如江西弋阳的叠山书院（图 11-3-5），将礼圣门、文昌阁与明伦堂置于东侧轴线之上，其他建筑则因地制宜散落于书院之中，形成了错落有致、灵活自由的空间格局。

综上所述，书院建筑的布局往往因地制宜，不拘一格，通过大小不一的院落及天井的组合形成了丰富的布局形式及错落变化的空间层次，独具特色，这也是江西书院多样性的表现之一。

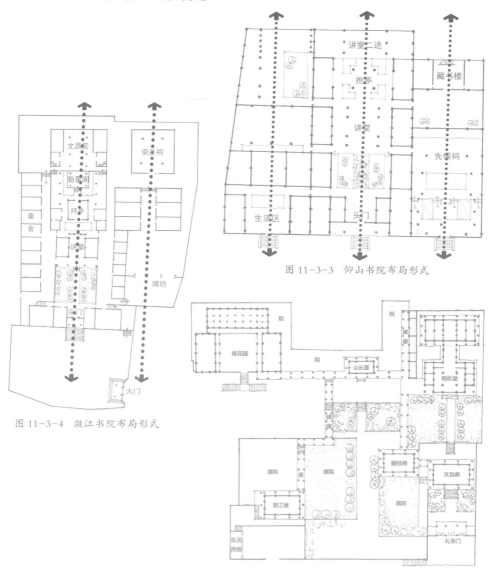

图 11-3-3　仰山书院布局形式

图 11-3-4　潋江书院布局形式

图 11-3-5　叠山书院布局形式

4 书院功能

　　书院以讲学、祭祀、藏书为其三大主要功能，书院师生的主要活动也都是围绕着它们而展开，其对应的讲堂、祭殿与藏书楼便成为了历代书院建设的重点。而建筑的形制是了解书院最好最快的方式之一，本章节主要从平面形制的角度来研究江西书院的单体建筑，探讨在不同建筑功能及等级制度的影响下讲堂、祭殿、藏书楼及其他建筑的处理手法。

讲堂

　　讲堂是老师传学授道、师生探讨学术的场所，是书院教书育人的第一课堂，一般以明伦堂命名。书院讲学有三种形式：第一种是针对书院内部的学子传授学派思想、排疑解难，是书院主要培育人才的手段，多由山长主持；第二种是为扩大本派学术思想、教化地方化民成俗而开展的宣讲教化式的讲学活动，体现书院门户开放的政策；第三种是为了交流学术、相互探讨争辩而展开的讲会式的讲学，以南宋鹅湖寺中朱熹与陆氏两兄弟有关"性理"之辩为先例。

　　为了保障各种讲学活动的进行，讲堂的平面形制及其空间处理尤被重视。江西书院中的讲堂，其平面形制一般为五开间，个别书院讲堂也有三开间的，依据书院的规模及教学要求而定。为满足讲学的需求，讲堂中部多有"减柱造"或"移柱造"的处理，使讲堂空间更加开敞。江西书院中的讲堂多在稍间置有辅助用房，也有将整个空间呈现在人眼前不做分割的，扩大其讲学面积，如鹅湖书院和白鹿洞书院。讲堂前多设有廊道与外部环境相接，既是过渡空间又能增加其活动区域，也能增加空间的深邃之感，突出讲堂大气庄严而又不失亲切之感。

祭殿

　　祭殿既是书院祭祀先贤先圣的场所，又是进行思想教育的第二课堂，《礼记·祭统第二十五》言："凡治人之道，莫急于礼。礼有五经，莫重于祭。夫祭者，非物自外至也，自中出生于心也。心怵而奉之以礼，是故惟贤者能尽祭之义"，故而历代受书院建设者们的重视。江西书院祭祀对象多样，有专门祭祀孔子的礼圣殿（又称大成殿），也有祭祀本派学术代表人物的崇圣祠以正学统，有祭祀为书院做出巨大贡献或是对书院有较大影响的人物的祠堂，也有祭祀主宰文运的神而设立的文昌阁、魁星阁以求多福等，其中以学派师承为主要祭祀对象。

书院的祭祠，其平面形制一般为三开间，也有五开间的，如白鹿洞书院的朱子祠。祭祠多为穿斗式构架，其空间大小与立面形制没有严格的限定，以单檐歇山顶居多，立面以表现祭祠庄严肃穆为主。常置于轴线之上，位于讲堂之后，也有置于主轴线一侧的，如鹅湖书院中的关帝庙与文昌阁等，视书院情况而定。入口多设有廊道增加祠堂的神圣感，前为院落，也有与魁星阁相连的，如濂江书院，烘托祭祀气氛。

藏书楼

书院最初的功能是收藏、校勘、编辑整理等，由于理学的发展及学子向学的浪潮书院逐渐演化为教化民众、化民成俗的场所。书院中师生的活动都是围绕着书来展开的，而藏书量又是书院展现其社会地位、招募学员的根本保障，因而书院中大都设有藏书楼，有的书院中称其为藏经阁、尊经阁，获得皇上赏赐的书楼一般称为御书楼。

书院藏书楼的平面形制一般为三至五开间，个别也有九开间的。如鹅湖书院的御书楼，两层楼阁式的建筑，四周用砖墙围合，多为重檐歇山顶，建于石台之上，其前设有廊道，丰富建筑立面，使其空间更加深邃，同时两层的高度又能使整个建筑群的天际线起伏更为丰富。其平面布局较为灵活，没有严格的定制，多在一层次间、稍间设辅助用房，或是作为山长之室，而明间作为"门厅"较为开敞；也有不划分空间的，多见于占地面积较小、平面呈方形的藏书楼，如白鹿洞书院中的御书阁。书院的藏书楼多位于建筑群空间序列的尾部，前附以庭院绿化，形制最高，也有置于讲堂之前的，如白鹿洞书院的御书阁，但是都以创造静谧、不被打扰的读书环境为主。

吟诵之所

当书院建于环境优美之地时，还会设置供文人墨客登临吟诵、观赏周围美景的楼阁，以具诗意的美词命名，附庸风雅。平面形制以三至五开间为主，建于高台之上，为二、三层的阁楼形式并在周围附以廊道丰富立面，重檐歇山顶居多。如叠山书院中的望江楼，靠近信江建设，为便于人们俯视全城及一览周边美景，建在约为 1.5 米的高台之上，以 2 层高的楼阁式建筑扩大人们的视野。

十二、古代园林

1 园林概说

园林起源

中国园林是中国经济发展到一定阶段的产物，据考证，殷商时代的甲骨文中，已经有了园、圃、囿这些一直沿用至今的园林用词，但当时的含义与现在不同。园，指种植果树的地方，即为果园；圃，指培养蔬菜的地方，即为菜圃；囿，则是指放养和繁殖禽兽的地方。

1. 囿 —— 中国园林的起始时期

根据文献记载，早在商周时期，就已经开始了利用自然的山泽、水泉、鸟兽进行初期的造园活动。园林的最初形式为囿。囿是指在圈定的范围内让草木和鸟兽自生自育。囿中还挖池筑台，供帝王和贵族们狩猎和娱乐。公元前 11 世纪，周武王曾建"灵囿"。

2. 苑 —— 中国园林的进一步发展时期

春秋战国时期的园林中有了进一步的风景组合，有土山等，已经开始营构自然山水园林。在园林中造亭筑桥，种植花木，园林的组成要素已经基本具备，不再是简单的囿了。秦汉时期出现了以宫室建筑为主的宫苑。

3. 园 —— 中国园林的转变、成熟与精深时期

魏晋南北朝时期是中国园林发展中的转折点。佛教的传入及老庄哲学的流行，使园林转向崇尚自然。私家园林逐渐增加。自然山水园林形成。

唐宋时期园林达到成熟阶段。唐宋写意山水园林在体现自然美的技巧上取得了很大的成就，如叠石、堆山、理水等，都有了一定的程式。

明清时期，园林艺术进入精深发展阶段，无论是江南的私家园林，还是北方的帝王宫苑，在设计和建筑上，都达到了高峰。现代保存下来的园林大多属于明清时代，这些园林充分表现了中国古代园林的独特风格和高超的造园艺术。

历代园林

中国历代封建王朝，在他们取得政权之后，总要大兴土木营建都城宫殿，以象征封建皇权和用来临朝听政，同时构筑离宫别馆，兴造园林，供帝王出宫时居住享乐。历史上把这些处所称为囿、苑、宫苑、园囿、御园、上林等等，这些都是今天所说的皇家园林。当社会生产力发展到一定程度，与皇家园林并行的景观艺术——私家园林以及自然风景寺庙园林也相应出现。

1. 殷商及更早时期

从迄今发现的最早的文字——殷商（公元前 16—前 11 世纪）甲骨文中发现了有关园林的最初形式——"囿"的论述。据此，有关专家们推测，中国皇家园林始于殷商。据周朝史料《周礼》解释，当时皇家园林是以囿的形式出现的，多是借助于天然景色，让自然环境中的草木鸟兽及猎取来的各种动物滋生繁育，加以人工挖池筑台，掘沼养鱼。当时著名的皇家园林为周文王的"灵囿"。

在商朝末年和周朝初期，不但"帝王"有囿，等而下之的奴隶主也有囿，只不过在规模大小上有所区别。从各种史料记载中可以看出商朝的囿范围宽广，工程浩大，一般都是方圆几十里，或上百里，供帝王贵族在其中游玩、打猎、进行礼仪等活动，已成为贵族娱乐和欣赏的一种精神享受。在囿的娱乐活动中不只是供狩猎，同时也是欣赏自然界动物活动的一种审美场所。

2. 秦汉时期

秦汉两代（公元前 221 年—220 年），皇家园林是当时造园活动的主流。此时的皇家园林以山水宫苑的形式出现，即皇家的离宫别馆与自然山水环境结合起来，其范围大到方圆数百里。秦始皇在陕西渭南建阿房宫不仅按天象来布局，而且"弥山跨谷，复道相属"，在终南山顶建阙，以樊川为宫内之水池，气势雄伟、壮观。他在自己兰池宫的水池中筑起蓬莱山，表达了对仙境的向往，对长生不老的追求。汉武帝在秦代上林苑的基础上，大兴土木，扩建成规模宏伟、功能更多样的皇家园林——上林苑。上林苑囊括了长安城东、南、西的广阔地域，大规模理水、建宫，是中国皇家园林也是整个古代园林建设的第一个高潮。上林苑中既有皇家住所，欣赏自然美景的去处，也有动物园、植物园、狩猎区，甚至还有跑马赛狗的场所。最值得一提的是在上林苑建章宫的太液池中建有蓬莱、方丈和瀛洲三仙山。这三座水中神山的出现，形成了后世皇家园林中被奉为经典、历代仿效的"一池三山"的皇家模式。西汉建于长安附近的上林苑，奠定了皇家园林的基本内容和形式，它本身存在了 100 年左右。然而其规模虽然极其宏大，但却比较粗犷，殿宇台观只是简单的铺陈罗列，并不结合山水的布局。此时的皇家园林尚处在发展成型的初期阶段。

3. 魏晋南北朝到明朝时期

魏晋南北朝时期（220 年—589 年），皇家园林的发展处于转折时期，此时战乱频繁，在或逃避或不满或讽刺社会时期士大夫玄谈玩世，崇尚隐逸，寄情山水，受到这种观念的影响，皇家园林虽然在规模上不如秦汉山水宫苑，但内容上则有所继承与发展，有着更严谨的规制，表现出一种人工建构结合自然山水之美，标志着皇家园林已升华到较高的艺术水平。例如，北齐高纬在所建的仙都苑中堆土山象征五岳，建"贫儿村"、"买卖街"体验民间生活等。

与统治者已利用明山秀水的自然条件，兴建花园，享受特权的同时私家园林也已同步进行。东晋顾辟疆在苏州所建辟疆园，应当是这个时期江南最早的私家园林了。汉初商业发达，富商大贾的奢侈生活不下王侯。地主、大商为此也经营园囿，来满足他们精神享受的需要。

在三国魏晋南北朝时期，出现了许多山水画大师，他们善于画山峰、泉、丘、壑、岩等。造园师在造园的过程中往往借鉴画家所提供的构图、色彩、层次和美好的意境。这时文人士大夫更是以玄谈隐世，寄情山水，以隐退为其高尚，更有的文人画家以风雅自居。因此，该时期文人富豪纷纷建造私家园林，把自然式的山水风景缩写于自家园林之中，为私家园林中山水艺术的发展打下了基础。

在这一时期政治混乱，军阀混战，社会动乱，各种思想也竞相出现，受其影响私家园林大为兴盛，寺观园林也开始出现，从早先的以皇家造园为主流，变成为皇家、私家、寺观三大园林类型的并行发展。这个时期也成为中国古典园林发展史上的一个承先启后的转折期。总之，私家园林从汉代的宏大变而为这一时期的小型规模，意味着园林内容从粗放到精致的跃进。造园的创作方法从单纯的写实，到写意与写实相结合的过渡。小园获得了社会上的广泛赞赏。私家园林因此而形成它的类型特征，足以和皇家园林相抗衡。它的艺术成就尽管尚处于比较幼稚的阶段，但在中国古典园林的三大类型中却率先迈出了转折时期的第一步，为唐、宋私家园林的臻于全盛和成熟奠定了基础。西晋石崇的"金谷园"，是当时著名的私家园林。

4. 隋唐时期（581年—907年）

这是中国封建社会统一鼎盛的黄金时代，皇家园林的发展也相应地进入一个全盛时期，皇家园林的建设也更体现出这个时代对美的进一步认识。园林华丽精致，园林的建造因地制宜，人为与自然高度和谐统一，已初步具有"虽由人作，宛如天开"的风范。隋代的西苑和唐代的禁苑都是山水构架巧妙、建筑结构精美、动植物各类繁多的皇家园林，洛阳的"西苑"和骊山的"华清宫"为此时期的代表作。

唐长安私家园林的艺术性较之上代又有进一步升华。唐长安私家园林的山体、水体、植物、动物、建筑等景观要素和谐融汇，园池构筑日趋洗练明快，士人将诗情画意引入园林，使崇尚自然的美学原则充分实现，为后世的写意山水园奠定了基础。此时期园林的特点是：园景与住宅分开，园林单独存在，专供官僚富豪休息、游赏或宴会娱乐之用。这种小康式的私家园林，只是私家游赏。

5. 宋金

到了宋代（960年—1279年），统治阶级沉湎于声色繁华，北宋东京、南宋临安，金朝中都，都有许多皇家园林建置，规模远逊于唐代，然艺术和技法的精密程度则有过之。皇家园林的发展又出现了一次高潮。其中代表之作当属位于北宋都城东京的艮岳。宋徽宗建造的艮岳是在平地上以大型人工假山来仿创中华大地山川之优美的范例，它也是写意山水园的代表作。此时，假山的用材与施工技术均达到了很高的水平，成功开创了中国以及世界园林艺术中使用假山的先河，后经历朝历代成为典范。

宋以前园林多为写实的意境，到了南宋南迁江南，经济文化方面给当地人的冲击很大，文人大量的参与设计，把园林从简单的模仿山林野趣，演变成集山水植物和建筑于一体的园林概念。

到了金代（1115年—1234年），园林艺术进一步发展，皇家帝王营建了西苑、同乐园、太液池、南苑、广乐园、芳园、北苑等皇家园林，并修建离宫禁苑，其中最大的是万宁宫，即今天的北海公园地段。并在郊外建玉泉山芙蓉殿、香山行宫、樱桃沟观花台、潭柘寺附近的金章宗弹雀处、玉渊潭钓鱼台等。玉渊潭钓鱼台的"燕京八景"之说就起源于金代。

6. 元代

元明时期（1271年—1644年），元代统治者为游牧民族且统治时期不长，明初朱元璋厉行节俭之风，明中后其虽奢侈但也未曾大兴土木，在这一时期内皇家造园活动相对的处于迟滞局面，除元朝大都御苑"太液池"，明代扩建为西苑外，别无其他建设。其中元代以万岁山（今景山）、太液池（北海）为中心发展。当时将太液池向南扩，成为北海、中海、南海三海连贯的水域，在三海沿岸和池中岛上搭建殿宇，总称西苑。在宫廷之内有宫后苑（今故宫御花园），宫廷外的四面东苑、西苑、北果园、南花园、玉熙宫等，近郊有猎场、南海子、上林苑、聚燕台等。此外，明代还大建祭坛园林，如圜丘坛（现天坛）、方泽坛（现地坛）、日坛、月坛、先农坛、社稷坛等；庙宇园林也开始盛行。

元代的私家园林主要是继承和发展唐宋以来的文人园形式，其中较为著名的有河北保定张柔的莲花池，苏州的狮子林，浙江归安赵孟頫的莲庄以及元大都西南廉希宪的万柳园、张九思的遂初堂、宋本的垂纶亭等。有关这些园林详尽的文字记载较少，但从留至今日的元代绘画、诗文等与园林风景有关的艺术作品来看，园林已开始成为文人雅士抒写自己性情的重要艺术手段，由于元代统治者的等级划分，众多汉族文人往往在园林中以诗酒为伴，弄风吟月，这对园林审美情趣的提高是大有好处的，也对明清园有着较大的影响。在元代苏浙一带最终完成了从写实到写意的过渡。

7. 清朝时期

清朝时期（1616 年—1911 年），皇家园林的建设趋于成熟，高潮时期奠定于康熙，完成于乾隆，由于清朝定都北京后，完全沿用明朝的宫殿，这样皇家建设的重点自然的转向于园林方面。在这一时期从海淀镇到香山，共分布着静宜园、静明园、清漪园（颐和园）、圆明园、畅春园、西花园、熙春园、镜春园、淑春园、鸣鹤园、朗润园、自得园等 90 多座皇家园林，连绵 20 余里，蔚为壮观，此外在北京城外还有许多皇家御苑。其中以圆明园、清漪园（颐和园）、避暑山庄、北海最为出名。

颐和园这一北山南水格局的北方皇家园林在仿创南方西湖、寄畅园和苏州水乡风貌的基础上，以大体量的建筑佛香阁及其主轴线控制全园，突出表现了"普天之下莫非王土"的意志。北海是继承"一池三山"传统而发展起来的。避暑山庄是利用天然形胜，并以此为基础改建而成。因此，整个山庄的风格朴素典雅没有华丽夺目的色彩，其中山区部分的十多组园林建筑当属因山构室的典范。圆明园是在平地上，利用丰富的水源，挖池堆山，形成的复层山水结构的、集锦式皇家园林。此外在中国造园史上圆明园还首次引进了西方造园艺术与技术。在清朝时期私家园林已经有相当大的影响力，其中园林精品层出，在修建皇家园林时往往会在整个大园林中的某几处或者某几十处景点对某些江南袖珍小园的仿制和对佛道寺观的包容。同时出于整体宏大气势的考虑，势必要求安排一些体量巨大的单体建筑和组合丰富的建筑群，这样也往往将比较明确的轴线关系或主次分明的多条轴线关系带入到原本强调因山就势，巧若天成的造园理法中来了。

由于经济繁荣，社会稳定，封建士大夫们为了满足家居生活的需要，还在城市中大量建造以山水为骨干、饶有山林之趣的宅园，作为日常聚会、游息、宴客、居住等需要。封建士大夫的私家园林，多建在城市之中或近郊，与住宅相连。在不大的面积内，追求空间艺术的变化，风格素雅精巧，达到平中求趣，拙间取华的意境，满足以欣赏为主的要求。此时期的私家园林几乎遍布全国各地，其中比较集中的地方有北方的北京，南方的苏州、扬州、杭州、南京。私家园林大都是王公贵族和封建文人、士大夫及地主经营的，园林面积较小所以更讲究细部的处理和建筑的玲珑精致。私家园林建筑的室内普遍陈设有各种字画、工艺品和精致的家具。这些工艺品和家具与建筑功能相协调，经过精心布置，形成了我国园林建筑特有的室内陈设艺术，这种陈设又极大地突出了园林建筑的欣赏性。明清江南私家园林的造园意境达到了自然美、建筑美、绘画美和文学艺术的有机统一。与一般艺术不同的是，它主要是由建筑、山水、花木组成的综合艺术品。成功的园林艺术，它既能再现自然山水美，又高于自然，而又不露人工斧凿的痕迹。

2 古代园林的分类

中国古代园林，依据不同方法有多种分类，但主要有以下两种分类方法。按园林性质的从属关系划分，主要分为皇家园林、私家园林（宅第园林）、寺庙园林以及风景名胜园林。按地域和园林艺术风格划分，主要分为北方园林、江南园林和岭南园林3种。北方园林以北京和承德等地的皇家园林及王府园林为代表，私家园林以江南园林、岭南园林为代表，江南园林以苏州园林为代表，岭南园林以广东四大名园为代表。

皇家园林

历史上帝王营造的离宫别馆，专供帝后游乐、居住、听政，与规模巨大、象征至高无上皇权的帝王宫殿有着相仿的规制，往往建筑庞大，装饰奢华，色彩绚烂。皇家园林主要分布在古代都城以及都城郊野的自然山水之中，有的也选择在离都城较远的风景胜地。

现存的皇家园林，主要是明清两代的遗物。其中，以北京颐和园保存最为完整。其他如始建于辽金时代的故宫西苑北海和中南海，以及承德始建于清代康熙年间的避暑山庄，都有着相当的规模。最负盛名的"万园之园"圆明园，是清代经营了100多年的皇家园林，1860年毁于英法联军之手，只剩下了残基废址。但在未毁以前宏伟的规模和高超的造园艺术，被记录在大量的文字和绘图之中，至今，人们仍以圆明园作为皇家园林的典范进行深入的研究。

历史上更为久远的皇家园林，如唐长安临潼的华清池，又经过历代改建，已经不是原来的面貌，还有一些，如秦代的阿房宫、宋代的艮岳，只能作为考古遗址、遗迹挖掘搜寻，以历史文字佐证，想象复原其原貌。皇家园林的兴建是随着皇权的结束而终止的。颐和园作为我国最后一个封建王朝的晚期作品，至今有100多年的历史，它集中体现历史上皇家园林的造园特点和精华，成为皇家园林中布局完整、建筑完好、绿化完美、陈设完备、功能齐全的唯一代表。

如果说，皇家园林是与宫殿建筑同步发展的产物，那么，私家园林应该和我国民居住宅有着不可分割的关系。私家园林比起皇家园林来，规模要小得多，一般不能将自然山水圈入园中。正是在突破这些不利因素和制约过程中，形成了私家园林小中见大、造园手法丰富多样的特色。

私家园林

现存的私家园林，多半是明清两代的作品，年代最早的可以追溯到宋元时期，绝大多数则为清中叶以后所兴建。几乎都是官僚、地主、富商以及文人的宅园。分布地区较为广泛，但以江浙一带比较集中，岭南地区也有不少遗存。其中以苏州的沧浪亭、狮子林、拙政园、留园、扬州的个园、何园，无锡的寄畅园和广东顺德的清晖园最为著名。一般公认，苏州和扬州的私家园林，是这一类园林的代表，艺术成就最高，风格也最为典型。

风景园林

自然风景园林，在古代具有一定的开放性，它们离城市都不远，不像皇家园林和私家园林那样锁闭。像杭州的西湖，扬州的瘦西湖，济南的大明湖，兰州的五泉山等，都可以划入这一些园林之中。这类园林是在自然山水中发展起来的，历代都有兴毁，有的几经兴毁而保留到现在。自然风景园林由于它的公用性和地处交通方便的自然景区里，与市民生活关系密切，与乡土文化、民间传说、地方人物关系源远流长。更有闻名遐迩的景区，四方来游，骚人墨客题咏不断，成为历史人文景观。

自然风景园林的内容丰富多彩，亭台楼阁自不必说，更有道观、佛寺、寺院置于其中，还有英雄、美人、忠臣、名士的陵墓加以点缀，有的还是前朝皇家弃苑。这种园林大小不一，自然景色各有不同，但是分布最广，为当地人士所珍爱，尤其是在许多历史文化名城中，更是少不了的组成部分。

寺庙园林

寺庙园林附属于寺庙，以烘托宗教主体建筑的庄严、肃穆和神秘为宗旨，有超脱尘俗和精神审美的功能。寺庙园林一定的公共性，对香客、游人、信徒开放，不同于皇家园林和私家园林的私有性，是宗教建筑与园林相结合的产物。宗教寺庙园林选址多远离城市，园内主要种植松柏，依据不同地理环境，创造出具有宗教文化内涵的特色园林。

寺庙园林主要有两种不同风格，一种是以自然为主的寺庙园林，另一种是以建筑为主的寺庙园林。自然为主的寺庙园林：大多选择远离城市的名山大川，环境容量大，融真山真水于一体，将静穆、朴实的优美环境，完全融于自然山水之中。这种嵌缀在自然山水之中的园林往往和风景园林交混存在，成为自然风景园林的组成部分。建筑为主的寺庙园林：多位于城市，魏晋南北朝盛行"舍宅为寺"的风气，贵族、官僚等将自己的住宅捐献成为佛寺，因此格局与私家园林宅院相似，但寺庙园林比较严整，而私家园林曲折幽深。

有代表性的寺庙园林如北京的潭柘寺、戒台寺，太原的晋祠，苏州的西园，杭州西湖的灵隐寺，承德外八庙等等。

从类型上说，古代园林可以划分为以上四种，但是从风格流派上去划分，至今还没有一个统一的标准。有的用南方和北方来区分。一般南方园林多指私家园林的小桥流水、玲珑剔透的娟秀；北方的园林多指皇家园林的高阁长廊、富丽堂皇的雄伟。

江南园林

江南园林常是住宅的延伸部分，基地范围较小，因而必须在有限空间内创造出较多的景色，于是"小中见大""一以当十""借景对景"等造园手法，得到了十分灵活的应用，因而留下了不少巧妙精致的佳作。如苏州小园网师园殿春簃北侧的小院落，十分狭窄地嵌在书斋建筑和界墙之间，而造园家别具匠意地在此栽植了青竹、芭蕉、腊梅和南天竹，还点缀了几株松皮石笋，这些植物和石峰姿态既佳，又不占地，非常耐看。

岭南园林

岭南园林主要指广东珠江三角洲一带的古园。现存著名园林有顺德清辉园、东莞可园（图12-2-1）、番禺余荫山房及佛山梁园，人称"岭南四大名

图 12-2-1　东莞可园

园"。岭南气候炎热，日照充沛，降雨丰富，植物种类繁多。岭南花园的水池一般较为规正，临池向南每每建有长楼，出宽廊；其余各面又绕有游廊，跨水建廊桥，尽量减少游赏时的日晒时间。其余部分的建筑也相对比较集中，常常是庭园套庭园，以留出足够的地方种植花树。受当地绘画及工艺美术的影响，岭南园林建筑色彩较为浓丽，建筑雕刻图案丰富多样。

蜀中园林

四川虽地处西南，但历史悠久、文化发达，那里的园林亦源远流长，富有自己的特色。蜀中园林较注重文化内涵的积淀，一些名园往往与历史上的名人轶事联系在一起。如邛崃城内的文君井，相传是在西汉司马相如与卓文君所开酒肆的遗址上修建的，井园占地 10 余亩，以琴台、月池、假山等为主景。再如成都杜甫草堂、武侯祠、眉州三苏祠、江油太白故里等园林，均是以纪念历史名人为主题的。其次，蜀中园林往往显现出古朴淳厚的风貌，常常将田园之景组入到园内。另外，园中的建筑也较多地吸取了四川民居的雅朴风格，山墙纹饰、屋面起翘以及井台、灯座等小品，亦是古风犹存。

北方园林

北京是我国北方城市中园林最集中之处，其中很大部分是古代皇帝的御园，如圆明园、北海、中南海、颐和园、玉泉山等。这些皇家园林在建造时集中了全国的人力、物力和财力，规模宏大，建造精良，是我国古典园林中的精华。另外北京还有许多皇亲国戚和官僚建造的私家园林，现存较为完好的有恭王府花园、承泽园、可园等。

另外，北方还保留了一些历史较悠久的古园，如山西新绛原绛州太守衙署的花园（古称绛守居园池），建于隋开皇十六年（596 年），至今还丘壑残存，是我国留存最早的园林遗址；山东青州的偶园，建于清康熙年间的大假山，其阜麓风貌，具有明末清初之际造园世家张南垣家族叠山的典型艺术特征。再如西安骊山华清池、山东潍坊十笏园和曲阜孔府铁山园等，亦均是北方园林中的代表作。

一般说来，江南园林比较典雅秀丽，岭南园林比较绚丽纤巧，蜀中园林则比较朴素淡雅。但具体到每一个园林它们都有自己鲜明的个性和特色。

3 造园手法

中国古代造园艺术，在世界园艺史上独树一帜，有着自己独立的体系，形成了多种风格和流派，习惯以北方风格和南方风格来区分。北方园林，风格宏伟、雄壮，南方园林风格清秀、婉约，但是它们所具有的艺术语言和词汇是同一的，凭着这些丰富的词汇作出了许多流传千古的好文章。

造景

出现于明代末年的园林专著《园冶》出自经验丰富的造园名家之手，书中的经验是从实践中来，很实用。其中总结的造园手法仍是现代园林艺术家所遵循的重要准则。在修缮维护古代园林时，离不开这本书，一些通用于园林艺术中的专用手法很多源于这本书，而有的则是经过发展演变而来的。

《园冶》详细地将造园选址用址的过程，称为相地。在相地过程中，许多因素要综合考虑。如造园的地址，一般来说园林的占地面积有限，环境也受到已经存在的周围条件的制约；再如室内外的采光，既决定全园的向背，又要照顾厅堂的位置和建筑出檐的深浅（图12-3-1）；绿化植物的生长条件既要考虑光照、水源、风向，又要考虑与周围环境建筑的协调，甚至于造景的寓意也要考虑其中。

图 12-3-1 扬州何园复廊假山

在分析古代园林艺术时，经常用到的造景手法有以下几种：

对景：所谓对景即两个景致相隔一定的空间彼此遥遥相对，可使有人观赏到对方景色。这是平面构景的基本方法之一，也是中国古典园林应用较多的造园手法，几乎每个园中都能看到，比如万寿山倒影在昆明湖中。湖心岛和万寿山互为对景。

借景：借景多是立面景观的构景手法。就是将园外甚至更远的景观组合到园内某一方向的立面景观中，使之景深增加，层次丰富，造成在有限空间看到无限景致的效果。中国古典园林也是以围墙环绕，与外界隔绝的封闭空间。在拙政园中北寺塔被借景到拙政园景区中，使视觉上加大景深，使远山古塔和园林相互交融（见图12-3-2）。

添景：是一种立面景观的构景手法。在空间比较空旷、景观比较单调而无景深层次感的地方，由于某种景观的添置而改变上述状况。比如昆明湖，如果昆明湖上没有十七孔桥（图12-3-3），那么就显得过于空旷，添上十七孔桥和湖心岛使得景观更有层次。

框景：是用有限的空间框架去采收无限空间的局部画面的构景手法。在中国古代园林中，多采用建筑的门框、窗框或亭、楼阁外廊的柱与檐、构成的方框构景。当然颐和园中很多细微处可以看到，比如乐寿堂的花窗。

图 12-3-2　苏州拙政园借景北寺塔

图 12-3-3　北京颐和园昆明湖上十七孔桥

抑景："先抑后扬"是抑景手法的指导思想。就是通过某景物对游人实现暂时的阻挡作用，产生其绕过此物眼前景致豁然开朗的艺术效果。比如假山，颐和园中最经典的就是勤政殿后的山丘，通过小径先阻挡视线，穿过假山看见宽阔的昆明湖突然眼前豁然开朗（图12-3-4）。

障景：在园中起到屏障作用的景观，为了满足园林主人各方面的行为需求，在园中难免有不雅致的场所或器物，为不使之影响全园的景致，往往在其前方造一景观将其遮挡住。

理水

《园冶》中有记载："池上理山，园中第

图 12-3-4　拙政园中的抑景

一胜也。"把这种山与水相互依存、相互映照的池山排为园林中第一的景致，主要是指的水。谁是园中必备的景物，有时候，因为有水才有园（图12-3-5、6、7）。

图 12-3-5　苏州虎丘真山水与人工山水的巧妙结合

图 12-3-6　上海青浦曲水园

古代园林理水之法，一般有三种：一为掩。以建筑和绿化，将曲折的池岸加以掩映。二为隔。或筑堤横断于水面，或隔水浮廊可渡，正如计成在《园冶》中所说"疏水若为无尽，断处通桥"。如此则可增加景深和空间层次，使水面有幽深之感。三为破。水面很小时，如曲溪绝涧、清

图 12-3-7　上海豫园中的水花墙，似隔非隔水而有源

泉小池，可用乱石为岸。在集理水之大成的私家园林中，从观赏的角度对水的要求主要是：一水位需恰到好处，和岸边的建筑需要高低错落有致；二是活，这样才有生机的感觉，即便是死水也要用山石堆叠遮挡，做出一个假的活水源头；三是要曲，水道要弯转有度，不能一眼望到头，这也是障景的手法；四要宽窄相间，空间上产生变化；五要区分景区，要求一区一水，区区有水。

叠山

中国园林最典型有特色的造园手法要数假山。和理水一样，筑山也是对自然环境追求的体现。同时假山在造园手法上起了障景、抑景等作用。秦汉的上林苑开创了人工造山的先例。东汉梁翼开创了从神仙世界的向往转向对自然山水模仿的先例，标志着造园艺术以现实生活作为创作起点。此后历朝历代均在前朝的基础上对筑山手法的运用有所发展（图12-3-8、9）。

图 12-3-8　北海公园

假山，可以分为土山、石山、土石结合山三种类型，其中以土山出现最早。最早的工程手法始于秦汉，在平地造园中采用的挖湖堆山，也是最早的土山。后因土山容易造成水土流失，在山脚用石块垒砌防护，产生土石假山，后因土石山到一定高度后须占很大地盘，故而出现了石山。假山的创造使得中国园林将祖国河山缩于庭中，同时也使得山水相映，"山因水而活，水因山而媚"。

图 12-3-9　苏州留园冠云峰

4 园林建筑类型

榭

建于水边或花畔，借以成景。平常为长方形，一般多开敞或设窗扇，水榭则要三面临水（图 12-4-1）。

图 12-4-1　上海嘉定秋霞浦一厅堂一水榭是典型明末清初之际园林的构筑手法

轩

小巧玲珑、高敞精致的建筑物，室内简洁雅致，室外或可临水观鱼，或可品评花木。

舫

是仿照舟船造型的建筑，常建于水际或池中。著名的舫有北京颐和园的海晏舫、南京煦园的不系舟等（图 12-4-2）。

亭

一种开敞的小型建筑物。主要供人休憩观景（图 12-4-3）。

廊

"一步一景，景随步移"，多半是在廊中的感觉。造园师总是用这种建筑将园内各个散落的景点串联起来。廊不仅有交通的功能，更重要的是有观赏的作用，其自身也是景，是中国园林中最富可塑性与灵活性的建筑（图 12-4-4）。

图 12-4-2　南京煦园不系舟

图 12-4-3　北京北海琼岛上的皇家殿宇亭台

图 12-4-4　北京北海静心斋爬山廊

桥

一般采用拱桥、平桥、廊桥、曲桥等，不但有增添景色的作用，而且用以隔景，在视觉上产生扩大空间的作用（图12-4-5、6、7）。

图12-4-6　北京昆明湖玉带桥

图12-4-5　扬州何园复廊与小瀛舟相连的曲桥

图12-4-7　苏州拙政园"小飞虹"廊桥